"十四五"职业教育国家规划教材

高等职业院校"互联网+"立体化教材——软件开发系列

Java Web 应用开发项目教程
（第 3 版）

王俊松　　王玉娟　　主编

U0282307

电子工业出版社

Publishing House of Electronics Industry

北京·BEIJING

内 容 简 介

本书以一个 Web 应用系统——E-Store（电子商城）项目开发为主线，从实际项目开发的角度出发，采用"项目和任务驱动"教学法，系统、全面地介绍如何应用 Java Web 的基本技术开发 Web 应用系统。重点介绍 E-Store 的商品信息浏览、商品信息查询、用户注册、用户登录、购物车、购物结算与订单查询，以及后台管理等模块的设计与实现，将 Java Web 的基本技术合理地分解到各个模块中介绍，每一个模块的设计和实现按照"功能说明→分析设计→编程详解→知识拓展"的顺序进行介绍，符合高职学生的认知规律和职业技能的形成规律。

本书将专业知识讲解、职业技能训练、综合能力提高进行有机的结合，适用于项目教学或理论、实践一体化教学，融"教、学、练"于一体，强化技能训练，提高实战能力，让读者在反复动手的实践过程中，学会如何应用所学知识解决实际问题。

本书可以作为高职高专计算机应用技术、软件技术、计算机网络技术、计算机信息管理、电子商务等专业的教材，也适用于 Web 技术开发人员作为参考用书。

图书在版编目（CIP）数据

Java Web 应用开发项目教程 / 王俊松，王玉娟主编. —3 版. —北京：电子工业出版社，2021.12（2024.12重印）

ISBN 978-7-121-37936-9

I. ①J … II. ①王… ②王… III. ①JAVA 语言－程序设计－高等学校－教材 IV. ①TP312.8

中国版本图书馆 CIP 数据核字（2019）第 253166 号

责任编辑：贺志洪
印　　刷：大厂回族自治县聚鑫印刷有限责任公司
装　　订：大厂回族自治县聚鑫印刷有限责任公司
出版发行：电子工业出版社
　　　　　北京市海淀区万寿路 173 信箱　邮编 100036
开　　本：787×1092　1/16　　印张：22.75　字数：582.4 千字
版　　次：2009 年 9 月 第 1 版
　　　　　2021 年 12 月 第 3 版
印　　次：2024 年 12 月第13次印刷
定　　价：59.00 元

凡所购买电子工业出版社图书有缺损问题，请向购买书店调换。若书店售缺，请与本社发行部联系，联系及邮购电话：（010）88254888，88258888。

质量投诉请发邮件至 zlts@phei.com.cn，盗版侵权举报请发邮件至 dbqq@phei.com.cn。

本书咨询联系方式：（010）88254609，hzh@phei.com.cn。

第3版序言

《Java Web 应用开发项目教程》自出版以来得到了来自兄弟院校和其他同行的广泛关注，教材以"项目和任务驱动"教学法探讨如何应用 Java Web 技术开发 Web 应用系统。本书的整体设计以开发者视角为切入口，将技术的学习融入到实际的动手操作中，让学习者一边做一边学，强化了实践能力的培养。本书的编写团队在教学过程中也在不断思索如何在帮助学生构建知识的体系化和提升动手实践能力这两个方面取得平衡。为了更好地帮助学生构建相对完备的 Java Web 知识体系，本书增加了第 12 章"JSP 技术"，该章节涵盖了"JSP 简介、JSP 基本语法、JSP 隐藏对象、JDBC 的使用"等内容，翔实地介绍了 JSP 基础知识。对于 Java Web 的初学者来说，建议的学习顺序为先学第 1 章，然后学第 12 章，完成后再回到第 2 章开始"E-STORE 电子商城项目"相关内容的学习。这样的顺序改变的意义在于，通过第 12 章的学习构建相对完整的 Java Web 知识体系，并通过该章的 7 个小实验先行了解相关知识的应用。这次优化考虑到了"E-STORE 电子商城项目"的项目开发还具备较高的难度，通过 JSP 技术的引入会降低读者学习的门槛。

本书改版的第二个动力来自技术的演进。伴随着 Web 技术的不断演化，Java Web 开发用到的框架也在不断更迭。原来常用的 Java Web 框架是 SSH（Struts+Spring+Hibernate），后来伴随着 Spring 的逐步强化及 Struts 漏洞等问题，演变为 Spring+SpringMVC+ Hibernate/Mybatis。也因此，本次改版将原来书中的第 9~11 章的 Struts 框架更换为 SpringMVC 框架，用以响应软件开发产业对于技术的最新需求。考虑到 Java Web 开发项目中的实际应用，改版中将原有的 SQL Server 替换为 MySQL，开发工具替换为当前使用频率较高的 Eclipse。此外，改版中还考虑了软件版本的升级，例如，服务器的版本换成更高级别的 Tomcat9。应用这些新的技术和新的工具，书中的项目开发过程和软件代码做了相应的优化。另外，由于增加了第 12 章"JSP 技术"，所以编者对原有的第 1~5 章的 JSP 内容进行了合理删减。

本书第 3 版由南京信息职业技术学院的王俊松、王玉娟老师担任主编，周亚凤、韩金华和虞振峰老师担任副主编，全书由王俊松统稿。

由于编者水平有限，书中难免有不妥和疏漏之处，敬请各位读者提出宝贵意见。

编　者

第 2 版序言

本书是教育部示范性（骨干）院校重点建设专业（软件技术专业）的特色教材和校企合作教材，是开展项目化课程教学改革、教学方法创新、实践技能提升的强化教材。

随着 Internet 的普及和推广，Web 开发技术得到了迅速发展，对 Web 应用程序开发人员的需求也越来越多。自从 Sun 推出 Java 技术之后，经过了十几年的不断完善，越来越多的 IT 厂商纷纷对 Java 技术提供支持，基于 JavaEE（Java Enterprise Edition）的企业级解决方案已经成为目前一个事实上的标准。在 JavaEE 体系中，Java Web 技术占据了非常重要的位置，为 Web 应用开发提供有力的支持。由于 Java 先天具备的跨平台性、安全性、超强的网络功能，Java Web 技术已成为 Web 应用开发的主流技术之一。

本书以一个 Web 应用系统——E-STORE 电子商城开发为主线，采用"项目和任务驱动"教学法探讨如何应用 Java Web 技术开发 Web 应用系统。重点介绍 E-STORE 电子商城的商品信息浏览、商品信息查询、用户注册、用户登录、购物车、购物结算与订单查询，以及后台管理等模块的设计与实现，将 Java Web 的基本技术合理地分解到各个模块，读者在实现这个项目的同时，也掌握了 Java Web 基本技术的具体应用。系统实现始终以功能实现为任务驱动，对系统的不同模块分别采用不同的开发模式进行实现，每一开发过程和技术都做了详细的介绍。

本书将专业知识讲解、职业技能训练、综合能力提高进行有机的结合。每一个模块教学内容和教材结构的设计按照"功能说明→设计实现→编程实战→知识拓展"的顺序进行介绍，符合高职学生的认知规律和职业技能的形成规律，适用于项目化教学或理论、实践一体化教学，融"教、学、练"于一体，强化技能训练，提高实战能力，让读者在反复动手的实践过程中，学会如何应用所学知识解决实际问题。

本书按照 E-STORE 电子商城的不同功能模块的开发顺序，分别采用 JSP、JSP+JavaBean、JSP+JavaBean+Servlet 及基于 Struts 框架等技术的顺序来组织内容，全书共分 11 章。全书贯穿技术和应用两条主线，功能模块与开发技术的对应关系如下页图所示。

第 1 章：Java Web 应用开发基础，介绍常用的 Web 编程技术，静态网页和动态网页，动态网页技术 CGI /ASP/ PHP/JSP，JSP 的常用开发模式及 Java Web 开发环境的安装和配置。

第 2 章：E-STORE 电子商城项目概述，介绍 E-STORE 需求和总体设计，包括系统架构设计、功能结构划分、业务流程设计、开发环境搭建及 E-STORE 项目的创建。

第 3 章：商品展示模块，介绍商品展示功能的实现，JSP 访问数据库，前台商品展示功能的优化、网站页面风格统一及商品检索功能的实现。本章对 JSP 基本语法进行了详细阐述。

第 4 章：商城会员管理，介绍用户登录模块功能的实现，用户密码找回功能的实现，前台会员注册功能的实现及前台会员信息修改功能的实现，介绍了 JSP 中如何使用 JavaBean 的方法。

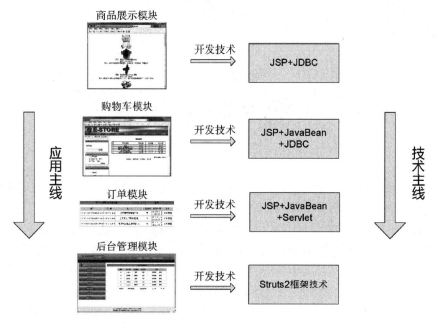

第 5 章：购物车模块，介绍显示商品详细信息功能的实现，购物车功能的实现及 JSP 的错误处理。

第 6 章：基于 MVC 模式的订单模块，介绍前台用户的订单生成功能的实现，前台订单查询，后台订单出货、删除等操作功能的实现，Servlet 及 MVC 开发模式。

第 7 章：使用过滤器实现用户授权验证，介绍 Servlet 过滤器，用户授权验证功能的实现。

第 8 章：使用监听器实现在线人数统计，介绍 Servlet 监听器，在线人数统计功能的实现。

第 9 章：基于 Struts 框架的应用开发，介绍了 Struts2 框架、Struts2 核心组件，使用 MyEclipse 开发 Struts 应用的流程，管理员登录功能的实现。

第 10 章：后台用户管理模块，介绍后台管理总体设计，后台用户管理实现。

第 11 章：后台商品管理模块，介绍后台商品管理的实现，商品类别管理的实现。

本书第 2 版由南京信息职业技术学院计算机与软件学院聂明博士、王俊松老师担任主编，徐绕山、韩金华、李建林担任副主编，全书由王俊松统稿。南京信息职业技术学院王玉娟、虞振峰、邵向前、刘新娥等参与了本书的部分工作。南京信息职业技术学院大学科技园入园企业上海伯俊科技软件公司的陈雨露、徐光飞等工程师在教材编写过程中给予了大力支持。书中整个项目的全部源代码都经过精心调试，在 Windows XP/Windows 7 操作系统下全部调试通过，能够正常运行。

为了方便教师教学，本书还配有完备的电子教学资源，包括：

1．电子教学课件

2．教学视频

3．配套源代码

4．配套软件开发工具包

5．练习题参考答案

6．课程标准

7．授课计划

8．教学设计

请有此需要的教师登录华信教育资源网（www.hxedu.com.cn）免费注册后再进行下载，若有问题请在网站留言板留言或与电子工业出版社联系（E-mail：hxedu@phei.com.cn）。

由于编者水平有限，加之时间仓促，书中难免有不妥和疏漏之处，敬请各位读者提出宝贵意见。

编　者

目　　录

第 1 章

Java Web 应用开发基础

Java 从 1995 年发布以来，刮起的热潮从未消退。这个最初为电视盒等小型设备设计的编程语言，到如今已经成为网络应用领域当之无愧的王者。TIOBE 每月发布的世界编程语言排行榜上，Java 总是占据第一的位置，没有半点悬念。

随着网络技术的迅猛发展，国内外的信息化建设已经进入以 Web 应用为核心的阶段，而 Java 语言与平台无关、面向对象、安全性好、多线程等优异的特性很适合进行 Web 开发。也正因为如此，越来越多的程序员和编程爱好者走上了 Java Web 应用开发之路。本章将介绍 Web 应用开发领域的相关基础知识，是为读者进行 Java Web 应用项目开发做好铺垫，读者也可以跳过本章直接从第 2 章的项目开发开始阅读。

本章要点：

◆ Java Web 应用成功案例
◆ 软件常用程序开发体系结构 B/S 与 C/S
◆ 静态网页和动态网页
◆ Web 应用和 Web 应用技术
◆ 动态网页技术 CGI /ASP/ PHP/JSP
◆ JSP 的常用开发模式
◆ Java Web 应用的运行环境
◆ JDK 的下载、安装和配置
◆ Tomcat 的下载、安装和配置
◆ 编写简单的 JSP 程序，并能够使之在 Tomcat 等 JSP 服务器上运行

1.1 Java Web 应用成功案例

在我们还没有展开具体的知识学习之前，先来看看目前 Java Web 应用的一些成功案例。Java Web 应用已经渗透在我们实际生活中的各行各业，例如，网易的邮件系统、清华大学的本科招生网等，如图 1.1 和图 1.2 所示。

此外，由于 Java 提供了较高的安全性能，在安全级别要求高的领域，Java Web 应用技术得到了广泛的应用。例如，在银行金融行业中，中国工商银行、中国农业银行、中国建设银行、中国交通银行、中国邮政储蓄银行、中国光大银行的网上银行都采用了 Java Web 技术，其页面的效果如图 1.3～图 1.8 所示。

图 1.1　网易的 163 邮箱登录界面

图 1.2　清华大学本科招生网站首页

图 1.3　中国工商银行网上银行首页

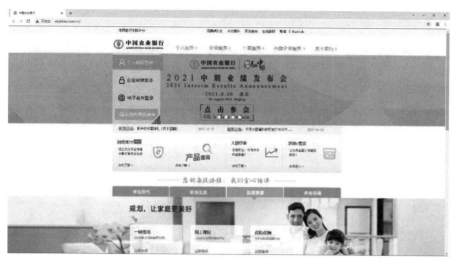

图 1.4　中国农业银行网上银行首页

图 1.5　中国建设银行网上银行首页

图 1.6　中国交通银行网上银行首页

图 1.7　中国邮政储蓄银行网上银行首页

图 1.8　中国光大银行网上银行首页

上面提到的这些案例只是很小的一部分，应用 Java Web 技术开发的项目还有很多，其成功的案例数不胜数。目前掌握 Java Web 开发技术的编程人员在软件行业拥有着很强的就业竞争力。

1.2　程序开发体系结构

随着网络技术的不断发展，单机的应用程序已经无法满足网络应用的需要。因此，各种网络体系结构应运而生。其中，运用最多的网络应用程序体系结构可以分为两种，一种是基于浏览器/服务器的 B/S 结构，另一种是基于客户端/服务器的 C/S 结构。下面将对这两种结构进行详细介绍，通过 B/S 和 C/S 的对比，我们不难发现 Java Web 应用选择 B/S 软件体系结构的原因。

1.2.1　C/S 结构

C/S 结构，即 Client/Server（客户机/服务器）结构，是一种软件系统体系结构。它把整个软件系统分成 Client 和 Server 两个部分，Client 和 Server 通常处在不同的计算机上。例如，早期的企业财务系统、仓库管理系统、生成管理系统等都采用这种结构开发。此结构充分利用两端硬件环境的优势，把数据库内容放在远程的服务器上，而在客户机上安装应用软件。传统的 C/S 软件一般采用两层结构，其分布结构如图 1.9 所示。Client 端程序的任务是将用户的请求提交给 Server 端程序，再将 Server 端程序返回的结果以特定的形式显示给用户；Server 端程序的任务是接收客户端提出的服务请求，进行相应的处理，再将结果返回给客户端程序。

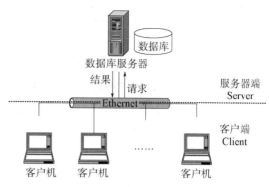

图 1.9　客户机/服务器结构

C/S 结构中，常见的软件功能的划分如下：首先，数据库的管理由数据库服务器完成。其次，应用程序的功能，如数据访问规则、业务规则、数据合法性校验等可能有两种情况：一是全部由客户机来完成，客户机向服务器传送的只是数据查询请求，服务器只负责响应请求、返回查询结果，数据的处理和用户的交互都放在客户端进行，这种结构也称为胖客户机/瘦服务器结构；二是由客户机和服务器共同来承担，程序处理一部分由客户端以程序代码来实现，另一部分在服务器端以数据库中的触发器或存储过程实现，如果业务逻辑都在服务器端运行，而客户端只负责一些简单的用户交互的结构也称为瘦客户机/胖服务器结构。

C/S 结构在技术上很成熟，它的主要优点是人-机交互性强、具有安全的存取模式、网络响应速度快、利于处理大量数据。但是该结构的程序一般采用针对性开发，程序变更不够灵活，维护和管理的难度较大。C/S 结构的系统每台客户机都需要安装相应的客户端程序，分布功能弱且兼容性差，不能实现快速部署安装和配置，因此缺少通用性，不利于扩展，通常只局限于小型局域网。C/S 结构的软件需要针对不同的操作系统开发不同版本的软件，由于产品的更新换代十分快，较高的维护代价已不能很好地适应工作的需要。随着计算机网络技术的发展，尤其在 Java 跨平台语言出现之后，B/S 结构的软件克服了 C/S 结构的不足，对其形成挑战和威胁。

1.2.2　B/S 结构

B/S 软件体系结构，即 Browser/Server（浏览器/服务器）结构，是随着 Internet 技术的兴起，对 C/S 体系结构的一种变化或者改进的结构。B/S 结构的特点是将整个应用的主要业务逻辑集中在服务器端执行，而客户端只负责简单的数据表示和交互，一般在总体上分为表示层、业务逻辑层和数据存储层三个不同的处理层次，如图 1.10 所示。三个层次是从逻辑上划分的，具体实现可以有多种组合。其中业务逻辑层作为构造 B/S 结构应用系统的核心部分，提供了以下主要功能：负责客户机与服务器、服务器与服务器间的连接和通信；实现应用与数据库的高效连接；实现用户业务逻辑。三层结构中层与层之间相互独立，每一层的改变都不会影响其他层的功能。

在 B/S 体系结构下，客户端软件被 Web 浏览器（Browser）替代，客户机上只要安装一个浏览器就可以完成客户端的所有功能，常用的浏览器有 Internet Explorer、Netscape Navigator 或 Mozilla Firefox 等。数据库服务器端安装 Oracle、Sybase、Informix 或 SQL Server 等数据库。浏览器通过 Web 服务器同数据库进行数据交互，系统功能实现的核心部分集中到应用服务器上，简化了系统的开发、维护和使用。B/S 结构利用不断成熟和普及的浏览器技术实现原来需要复杂专用软件才能实现的强大功能，并节约了开发成本，系统安装、修改和维护都在服务器端解决。

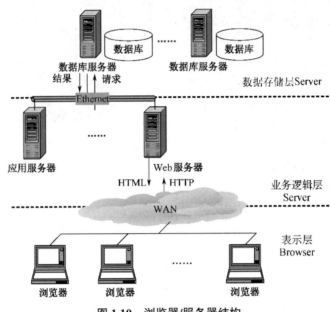

图 1.10　浏览器/服务器结构

在 B/S 体系结构系统中，用户通过浏览器向分布在网络上的服务器发出请求，服务器对浏览器的请求进行处理，将用户所需信息返回到浏览器。而其余如对数据请求的加工、结果返回、动态网页生成、对数据库的访问和应用程序的执行等工作全部由服务器完成。

B/S 结构的主要特点是分布性强、维护方便、开发简单且共享性强、总体拥有成本低。但数据安全性问题、对服务器要求过高、数据传输速度慢、软件的个性化特点明显降低，这些缺点使 B/S 结构软件难以实现传统模式下的特殊功能要求。例如，通过浏览器进行大量的数据输入或进行报表的应答、专用性打印输出都比较困难和不便。

1.2.3　C/S 和 B/S 的比较

1. 软/硬件支撑环境

C/S 通常是建立在局域网的基础之上的，而 B/S 是建立在广域网的基础之上的。C/S 通过专门服务器提供连接和数据交换服务，所处理的用户不仅固定，并且处于相同区域，要求拥有相同的操作系统。B/S 具有比 C/S 更广的适应范围，一般只要有操作系统和浏览器即可。

2. 安全控制

由于 C/S 采用配对的点对点的结构模式，并采用适用于局域网、安全性比较好的网络协议（如 Windows NT 的 NetBEUI 协议），安全性可得到较好的保证。C/S 一般面向相对固定的用户群，程序更加注重流程，它可以对权限进行多层次校验，提供了更安全的存取模式，对信息安全的控制能力很强。一般高度机密的信息系统采用 C/S 结构适宜。而 B/S 采用浏览器访问的模式，并采用 TCP/IP 这一类运用于 Internet 的开放性协议，其安全性通常依靠服务器上管理密码的数据库来保证，安全控制不及 C/S 结构。

3. 程序结构与处理模式

C/S 程序一般采用两层结构，而 B/S 程序采用三层结构。这两种结构的不同点是：两层结构中客户端参与运算，而三层结构中客户端并不参与运算，只是简单地接收用户的请求，显示最后的结果。由于三层结构中的客户端并不需要参与计算，所以对客户端的计算机配置要求较低，只要装上操作系统、网络协议软件及浏览器即可，这时的客户机称为瘦客户机，而服务器则集中了所有的应用逻辑。虽然 B/S 采用了逻辑上的三层结构，但在物理上的网络结构仍然是原来的以太网或环形网。这样，第一层与第二层结构之间的通信、第二层与第三层结构之间的通信都需占用网络资源，网络通信量大。而 C/S 只有两层结构，网络通信量只包括 Client 与 Server 之间的通信量，网络通信量低。所以，C/S 处理大量信息的能力是 B/S 无法比拟的。

4. 系统开发与维护

C/S 程序侧重于整体开发，构件的重用性不是很好；B/S 程序一般采用三层或多层结构，要求构件有相对独立的功能，能够相对较好地重用。系统维护是在软件生存周期中开销最大的一部分。C/S 程序由于其本身的整体性，必须整体考察并处理出现的问题。而 B/S 结构中客户端不必安装及维护。B/S 结构在构件组成方面只变更个别构件，开发、维护等工作都集中在服务器端。当需要升级时，只需更新服务器端的软件，而不必更换客户端软件，实现系统的无缝升级，减轻了系统维护与升级的成本和工作量。

5. 交互性

交互性强是 C/S 固有的一个优点。在 C/S 中，客户端有一套完整的应用程序，在出错提示、在线帮助等方面都有强大的功能，并且可以在子程序间自由切换。B/S 虽然由 JavaScript、VBScript 等客户端脚本程序提供了一定的交互能力，但与完整的 C/S 结构的用户交互设计相比显得逊色了许多。

总的来说，B/S 与 C/S 这两种结构各有利弊。C/S 技术是 20 多年前的主流开发技术，它主要局限于内部局域网的需要。因而缺乏作为应用平台的一些特性，难以扩展到互联网这样的环境上去，而且要求开发者自己去处理事务管理、消息队列、数据的复制和同步、通信安全等系统级的问题。这对应用开发者提出了较高的要求，而且迫使应用开发者投入很多精力来解决应用程序以外的问题。这使得应用程序的维护、移植和相互操作变得复杂，成了 C/S 的一大缺陷。但是，与 B/S 结构相比，C/S 技术发展历史更为"悠久"。从技术成熟度及软件设计、开发人员的掌握水平来看，C/S 技术更成熟、更可靠。在某些情况下，采用 100％的 B/S 方式将造成系统响应速度慢、服务器开销大、通信带宽要求高、安全性差、总投资增加等问题。而且，对于一些复杂的应用，B/S 方式目前尚没有合适的方式进行开发。因此，在相当长的一段时间内 B/S 与 C/S 这两种结构的软件将长期共存并相互补充。

1.3　Web 应用基础

从软件工程学来看，Web 应用是在 Internet 或 Intranet 通过 Web 浏览器访问的应用，也可以说是由 Web 浏览器支持的语言（如 HTML、JavaScript、Java 等）开发的应用程序，这些程序运行在 Web 服务器上，可供浏览器访问。

Web 应用程序一般采用 B/S 模式，是典型的浏览器/服务器结构的产物。Web 应用程序首先是"应用程序"，和用标准的程序语言如 C、C++等编写出来的程序没有本质上的不同。然而 Web 应用程序又有自己独特的地方，就是它是基于 Web 的，而不是采用传统方法运行的。

对于 Web 应用，我们需要使用 Web 浏览器，通过网络访问在远程服务器上运行的程序。通过浏览器可以访问新浪网、淘宝网、谷歌、微软及 Sun 公司的网站，事实上这些网站中运行的程序就是一个 Web 应用。在上网时对这些网站的访问，也就由这些应用来实现。

打开浏览器，输入网址或单击链接，网站经过一段时间的处理将网页内容显示在浏览器上。然后可以在网页上继续进行其他操作。不管是在地址栏中输入地址，还是单击超链接或者单击按钮，都需要等待浏览器中内容的更新。等待浏览器内容更新的过程，实际上是浏览器访问 Web 应用的过程。这个过程是使用统一资源标识符（Uniform Resource Locator，URL）请求 Web 应用中的某个文件，请求及响应的工作过程如下：

（1）浏览器根据输入的 URL 找到相应的服务器，这个服务器可以接收浏览器发送的请求，通常称为 Web 服务器。

（2）Web 服务器将请求交给应用服务器，应用服务器上运行着由若干不同的文件构成的 Web 应用。

（3）应用服务器接收到请求之后分析这个请求，判断该请求的文件是否需要处理，若不需要处理，将文件直接返回给浏览器，否则，启动相应的处理程序执行业务逻辑。执行的结果通常是 HTML 文档。

（4）应用服务器执行完业务逻辑后，把执行的结果返回给 Web 服务器，Web 服务器再把这个结果返回给浏览器。

（5）浏览器解析 HTML 文档，然后把解析后的网页显示给用户。

> **提示**：Web 服务器、应用服务器是 Web 应用中服务器端程序运行的容器，一般使用目前成熟的产品，不需要 Web 应用程序员开发。

至此，我们对一个 Web 应用的执行过程有了一个大致的了解。Web 应用为了能够实现各种功能，需要包含各种类型的文件，每一种类型的文件都实现其独特的功能。Web 应用中涉及的文件类型通常有以下几种。

（1）网页文件：主要是提供用户访问的页面，包括静态的和动态的网页，这是一个 Web 应用中最重要的部分，该文件扩展名有.html、.jsp 等。

（2）网页的格式文件：可以控制网页信息显示的格式、样式，该文件扩展名有.css 等。

（3）资源文件：网页中用到的文字、图像、声频、视频文件等。

（4）配置文件：用于声明网页的相关信息、网页之间的关系，以及对所在运行环境的要求等。

（5）处理文件：用于对用户的请求进行处理，如供网页调用、读/写文件或访问数据库等。

1.3.1 静态网页

静态网页是相对于动态网页而言的，是指没有后台数据库、不含程序和不可交互的网页。网页的内容是固定的，不会根据浏览者的不同需求而改变。静态网页更新起来相对比较麻烦，适用于更新较少的页面。早期的网站一般都是由静态网页制作的，通常以.htm、.html、.shtml、.xml 等为文件扩展名。静态网页的网址形式如 http:/www.163.com/index.html。在 HTML 格式的网页上，也可以出现各种"动态效果"，如 GIF 格式的动画、Flash、滚动字符等，但这些"动态效果"只是视觉上的，与下面将要介绍的动态网页是不同的概念。

静态网页的特点简要归纳如下：

（1）静态网页的每个网页都有一个固定的 URL，且网页 URL 以.htm、.html、.shtml 等常见形式为后缀。

（2）网页内容一经发布到网站服务器上，无论是否有用户访问，每个静态网页的内容都是保存在网站服务器上的，也就是说，静态网页是实实在在保存在服务器上的文件。

（3）静态网页的内容相对稳定，因此容易被搜索引擎检索。

（4）静态网页没有数据库的支持，在网站制作和维护方面工作量较大，因此当网站信息量很大时，完全依靠静态网页制作方式比较困难。

（5）静态网页的交互性较差，在功能方面有较大的限制。

静态网页的设计和开发相对要简单一些，但采用静态网页会导致很大的局限性，由于 HTML 页面构成的 Web 应用程序的内容是不变的，不会对用户的动作做出动态响应。

1.3.2　动态网页

动态网页是与静态网页相对应的，与网页上的各种动画、滚动字幕等视觉上的"动态效果"没有直接关系，动态网页也可以是纯文字内容的，也可以是包含各种动画的内容，这些只是网页具体内容的表现形式，无论网页是否具有动态效果，采用动态网站技术生成的网页都称为动态网页。

动态网页是指在接到用户访问要求后动态生成的页面，页面内容会随着访问时间和请求信息的不同而发生变化。动态网页是在服务器端运行的程序、网页或组件，具有动态性，即使是访问同一个网页，也会随不同客户、不同时间，返回不同内容的网页。动态网页的 URL 的扩展名不是.htm、.html、.shtml、.xml 等静态网页的常见形式，而是以 .asp、.jsp、.php、.perl、.cgi 等形式为扩展名。并且在动态网页的网址中往往有一个标志性的符号——"？"，如一个典型的动态网页 URL 形式：http://www.Webhome.com/ index.jsp?id=1。

动态网页有如下特点：

（1）动态网页以数据库技术为基础，网页内容是动态生成的，可以大大降低网站维护的工作量。

（2）采用动态网页技术的网站可以实现更多的功能，如用户注册、用户登录、在线信息管理、控制等。

（3）动态网页实际上并不是独立存在于服务器上的网页文件，只有当用户请求这个网页时服务器才返回一个完整的网页。

静态网页和动态网页各有特点，网站采用动态网页还是静态网页主要取决于网站的功能需求和网站内容的多少。如果网站功能比较简单，内容更新量不是很大，采用纯静态网页的方式会更简单，反之一般要采用动态网页技术来实现。静态网页是网站建设的基础，静态网页和动态网页之间也并不矛盾，为了让网站适应搜索引擎检索的需要和加快页面的访问速度，即使采用动态网页技术，也可以将网页内容转化为静态网页发布。

动态网站也可以采用静动结合的原则，适合采用动态网页的地方采用动态网页，如果有必要使用静态网页，则可以考虑用静态网页的方法来实现。在同一个网站上，动态网页内容和静态网页内容同时存在也是很常见的。

1.3.3　Web 应用运行环境

Web 应用是运行在服务器上的程序。客户端通过网络与服务器相连接，并使用浏览器访问 Web 应用，因而 Web 应用的运行需要涉及客户端环境、服务器端环境和网络环境。

1. 客户端环境

Web 应用的用户通常分布在不同的地方，要访问 Web 应用需要客户端安装相应的程序，Web 应用的客户端程序为浏览器。现在流行的浏览器包括微软的 IE 浏览器、Netscape 的 Navigator 浏览器和 Mozilla 的 FireFox 浏览器等。

浏览器的主要功能如下：

（1）用户可以通过在浏览器的地址栏中输入地址向服务器发送请求。

（2）建立与服务器的连接，接收从服务器传递回来的信息。

（3）把用户在客户端输入的信息提交到服务器。

（4）解析并显示从服务器返回的内容。

2. 服务器端环境

服务器端程序用于接收客户端发送的请求，根据请求选择服务器上的资源对用户响应，并管理服务器上的程序。Web 服务器主要与客户端进行交互，接收用户请求信息并对用户进行响应；应用服务器是完成具体业务逻辑的地方，例如进行数据库访问、运行业务逻辑代码等。比较著名的 Web 服务器有微软的 IIS 服务器和 Apache 基金会的 Apache 服务器。对于使用不同语言编写的 Web 应用来说，应用服务器是不同的，同一种语言编写的多个 Web 应用可以使用同一个应用服务器，常见的应用服务器有 Weblogic、Websphere、Tomcat 等。为了管理 Web 应用中的数据，网站在服务器环境中还需要数据库服务器。

3. 网络环境

Web 应用必须有网络的支持，用户通过客户端浏览器访问，客户端和服务器之间必须有网络连接。

> 提示：在学习过程中如果只使用一台计算机来开发和运行 Web 应用，这台计算机既作为服务器又作为客户端来使用，这台机器在逻辑上就分为两台计算机。

1.3.4 Web 客户端技术

在进行 Web 应用开发时，离不开 Web 应用技术的支持，这里的技术既包括客户端技术也包括服务器端技术。客户端技术包含 HTML、CSS、Flash 和 JavaScript、VBScript、动态 HTML、Java Applet 等。当然，Web 应用程序是建立在 HTTP 协议基础之上的。

1. HTTP 协议

Internet 的基本协议是 TCP/IP 协议，而 TCP/IP 模型的应用层（Application Layer）又包含了文件传输协议 FTP、电子邮件传输协议 SMTP、域名服务 DNS、网络新闻传输协议 NNTP 和 HTTP 协议等。HTTP 协议是 Web 应用的基础，对 HTTP 协议细节的理解是编写 Web 应用程序的开发人员所必须要掌握的。

HTTP 协议（Hyper Text Transfer Protocol，超文本传输协议）是用于从 WWW 服务器传输超文本到本地浏览器的传送协议。它可以使浏览器更加高效，减小网络传输。它不仅保证计算机正确快速地传输超文本文件，还确定传输文件中的哪一部分，以及哪部分内容首先显示（如文本先于图形）等。这就是在浏览器中经常看到文本先于图片显示的原因。对网页的访问通常以"http://"作为起始字符。

在学习 Web 程序设计技术之前有必要理解 HTTP 访问的流程，一次 HTTP 访问称为一个请求和响应过程，可分为以下 4 个步骤：

（1）客户端与服务器建立连接。例如，在客户端浏览器上单击某个超级链接，HTTP 的工作就开始了。

（2）建立连接后，客户端浏览器发送一个请求给服务器，请求方式的格式为：统一资源标识符（URL）、协议版本号，后边是 MIME 信息，包括请求修饰符、客户机信息和可能的内容。

（3）服务器接到请求后，给予相应的响应信息，其格式为一个状态行，包括信息的协议版本号、一个成功或错误的代码，后边是 MIME 信息，包括服务器信息、实体信息和可能的内容。

（4）客户端接收服务器所返回的信息，通过浏览器显示在用户的显示屏上，客户机与服务器断开连接。

其中，MIME（Multipurpose Internet Mail Extensions，多功能 Internet 邮件扩充服务），是一种多用途网际邮件扩充协议，在 1992 年最早应用于电子邮件系统，但后来也应用于浏览器。服务器会将它们发送的多媒体数据的类型告诉浏览器，而使用的方法就是说明该多媒体数据的 MIME 类型，即通过将 MIME 标识符放入传送的数据中来告诉浏览器文件类型，常用的 MIME 类型及其所代表的媒体类型的文件扩展名如表 1.1 所示。

表 1.1　MIME 类型及其所代表的媒体类型的文件扩展名

MIME 类型/子类型	文件扩展名
application/msword	.doc
application/vnd.ms-excel	.xls
application/pdf	.pdf
audio/x-wav	.wav
audi/x-mid	.mid，.midi
image/gif	.gif
image/jpeg	.jpg，.jpeg，.jpe
text/html	.html，.htm
text/css	.css
video/mpeg	.mpeg，.mpg，.mpe
video/x-msvideo	.avi

提示：访问一个网页构成了一次请求及相应的过程，但客户端每次访问某个网站时与服务器的交互可能涉及一个或多个请求和响应的过程。

2. 动态 HTML

动态 HTML（DHTML）支持 JavaScript 和 Java 等多项技术，但其重要的特性是层叠样式表（Cascading Style Sheets，CSS）。动态 HTML（DHTML）文档对象模型（Document Object Model，DOM）使网页制作者可以直接以可编程的方式访问 Web 文档上每个独立的部分，而不论被访问的是元素还是容器。这种访问方式包括了事件模型。事件模型使浏览器可对用户输入做出反应，通过执行脚本，无须从服务器下载一个新的页面就可以根据用户输入显示新的内容。动态 HTML 文档对象模型（DHTML DOM）以一种便捷的方式为广大普通网页制作者提供了丰富的网页交互性。

3. CSS

CSS 是动态 HTML 技术的一个部分，可以和 HTML 结合使用。CSS 简洁的语法可以容易地控制 HTML 标记，最大的特点是可以帮助页面开发人员将显示元素从内容（HTML）与格式分开处理（以.css 为后缀存储成一个独立的文件）。CSS 利用各种样式来支持颜色、字体规范、显示图层和页边空白这样的页面元素特征，辅助开发 HTML 网页。例如，统一页面的布局和页面元素控制就可以使用 CSS，易于网页的维护和改版。

4. JavaScript

JavaScript 是用于浏览器的第一种具有通用目的、动态的客户端脚本语言。Netscape 于 1995 年首先提出了 JavaScript，但当时将其称为 LiveScript。后来 Netscape 迅速地将 LiveScript 改名为 JavaScript。一个 JavaScript 程序其实是一个文档、一个文本文件。它是嵌入 HTML 文档中的。所以，任何可以编写 HTML 文档的软件都可以用来开发 JavaScript。常用的网页开发工具都能编辑 JavaScript。

JavaScript 是适应动态网页制作的需要而诞生的一种新的编程语言，如今被越来越广泛地应用于 Internet 网页制作上。JavaScript 是一种脚本语言（Scripting Language），或者称为描述语言。在 HTML 基础上，使用 JavaScript 可以开发交互式 Web 网页。JavaScript 的出现使得网页和用户之间实现了一种实时性的、动态的、交互性的关系，使网页包含更多活跃的元素和更加精彩的内容。运用 JavaScript 编写的程序需要能支持 JavaScript 语言的浏览器。Netscape 公司 Navigator 3.0 以上版本的浏览器都能支持 JavaScript 程序，微软公司 Internet Explorer 3.0 以上版本的浏览器基本上都支持 JavaScript。另外，微软公司自己开发的 JavaScript，称为 JScript。JavaScript 和 JScript 基本上是相同的，只是在一些细节上有出入。JavaScript 短小精悍，又是在客户机上解释和执行的，大大提高了网页的浏览速度和交互能力。同时它又是专门为制作 Web 网页而量身定做的一种简单的编程语言。

很多人看到 Java Applet 和 JavaScript，事实上，Java Applet 与 JavaScript 是完全不同的。首先，Java Applet 是运行于客户端的，是嵌在网页中而又有自己独立的运行窗口的小程序。Java Applet 是预先编译好的一个二进制文件（.class），不能直接使用 Notepad 等软件打开阅读。Java Applet 的功能很强大，可以访问 HTTP、FTP 等协议，甚至可以在计算机上种植病毒。相比之下，JavaScript 的能力就比较小。JavaScript 是一种"脚本"（Script）程序，它直接把代码写到 HTML 文档中，浏览器读取它们时才进行编译、执行，所以能查看 HTML 源文件就能查看 JavaScript 源代码。JavaScript 没有独立的运行窗口，浏览器当前窗口就是它的运行窗口。

5. VBScript

VBScript 是 Visual Basic Script 的简称，即 Visual Basic 脚本语言，有时也被缩写为 VBS。是 ASP 动态网页默认的编程语言，Microsoft 在发布 JScript 的同时，开发了 VBScript 作为其 Visual Basic 程序设计语言的解释子集，用于在 Microsoft 的 Internet Explorer 上编写动态网页脚本程序。像 JavaScript 一样，VBScript 需要在浏览器中有解释器支持。Microsoft 将 VBScript 定位于 JavaScript 的一种变化形式，以供已经掌握了 Visual Basic 的程序员使用。Microsoft 的浏览器和 Microsoft 的 Web 服务器 IIS（Internet Information Server，Internet 信息服务）支持 VBScript。

6. Java Applet（Java 小应用程序）

Java Applet 就是用 Java 语言编写的一些小应用程序，它们可以直接嵌入网页中，并能够产生特殊的效果。当用户访问这样的网页时，Applet 被下载到用户的计算机上执行，但前提是用户使用的是支持 Java 的浏览器。由于 Applet 是在用户的计算机上执行的，因此它的执行速度不受网络带宽的限制。

在 Java Applet 中，可以实现图形绘制、字体和颜色控制、动画和声音的插入、人-机交互及网络交流等功能。Applet 还提供了名为抽象窗口工具箱（Abstract Window Toolkit，AWT）的窗口环境开发工具，但 AWT 的设计是存在缺陷的，取而代之的 Swing 技术为 Java GUI 编程提供了强大丰富的 API 和灵活的结构设计，并在 AWT 基础上，提供了替代 AWT 重量组件的轻量组件。它们利用用户计算机的 GUI 元素，可以建立标准的图形用户界面，如窗口、按钮、滚动条等。目前，在网络上有非常多的 Applet 范例来生动地展现这些功能，实现许多动态的效果。

1.4　动态网页技术 CGI/ASP/PHP/JSP

1.4.1　CGI

CGI（Common Gateway Interface，通用网关接口）是早期的 Web 服务器端开发技术，是能在 Web 服务器上运行的一个程序，并由访问者的输入触发。在 Web 服务器上，CGI-BIN 目录是存放 CGI 脚本的地方。这些脚本使 WWW 服务器和浏览器能运行外部程序。CGI 能够让浏览者与服务器进行交互，比如我们曾经遇到过在网络上填表或者进行搜索，可能就是用 CGI 实现的。

CGI 应用程序可以由大多数的编程语言编写，如 Perl（Practical Extraction and Report Language）、C\C++、Java 和 Visual Basic 等。

CGI 应用程序可以动态产生网页，其工作过程如下：

（1）浏览器通过 HTML 表单或超链接请求指上一个 CGI 应用程序的 URL。

（2）服务器收发到请求，执行指定的 CGI 应用程序。

（3）CGI 应用程序执行所需要的操作，通常是基于浏览器输入的内容。

（4）CGI 应用程序把结果格式化为 Web 服务器和浏览器能够理解的文档（通常是 HTML 网页）。

（5）Web 服务器把结果返回到浏览器中。

CGI 应用程序的优点是可以独立运行，易于使用，但是当大量用户同时访问同一网页时会同时使用一个 CGI 应用程序，响应会变慢，Web 服务器速度也会受到很大的影响。更严重的是，CGI 应用程序运行在浏览器可以请求的服务器系统上，执行时需要占用服务器 CPU 时间和内存。如果有成千上万的这种程序同时运行，则会对服务器系统提出极高的要求，目前 CGI 技术已经被下述的 JSP、ASP、PHP 等技术所替代。

1.4.2　ASP

ASP（Active Server Pages，活动服务器页面）是由 Microsoft 公司开发的可以产生动态网页内容的技术。ASP 向用户提供动态网页的功能和 CGI 应用程序非常相似。它可以在 HTML 程序代码中内嵌一些脚本语言（Scripting Language），如 JavaScript 和 VBScript。只要服务器端安装了适当的编译程序引擎，服务器便可以调用此编译程序来执行脚本语言，然后将结果传送到客户端的浏览器上。

ASP 虽然功能非常优越，但目前只能在微软公司的 Windows NT 平台的 IIS 服务器上执行，限制了 ASP 的应用。

> 提示：现在也有第三方插件使 ASP 可以在 Linux 上运行，但效果并不是很好。

1.4.3　PHP

PHP 是一种 HTML 内嵌式的语言，PHP 与微软的 ASP 颇有几分相似，都是一种在服务器端执行的嵌入 HTML 文档的脚本语言，语言的风格有点类似于 C 语言，现在被很多的网站编程人员广泛运用。PHP 独特的语法混合了 C、Java、Perl 及 PHP 自创新的语法。它可以比 CGI 或者 Perl 更快速地执行动态网页。PHP 是将程序嵌入 HTML 文档中去执行，执行效率比完全生成 HTML 标记的 CGI 要高许多，与同样是嵌入 HTML 文档的脚本语言 JavaScript 相比，PHP 在服务器端执行，充分利用了服务器的性能。PHP 执行引擎还会将用户经常访问的 PHP 程序驻留在内存中，其他用户再一次访问这个程序时就不需要重新编译程序了，只要直接执行内存中的代码就可以了，这也是 PHP 高效率的体现之一。PHP 具有非常强大的功能，所有的 CGI 或者 JavaScript 的功能 PHP 都能实现，而且支持几乎所有流行的数据库及操作系统。

PHP 原先是 Hypertext Preprocessor（超级文本预处理语言）的缩写，在 1995 年以 Personal Home Page Tools（PHP Tools）开始对外发布第一个版本，可以应用于 Linux 的服务端脚本语言。PHP 通常在以 MySQL 数据库为后台数据库的小型动态网站的开发上得到了较广泛的应用。

1.4.4　JSP

JSP（Java Server Page）是 Sun 公司推出的新一代动态网站开发技术，使用 JSP 标识或者小脚本来生成页面上的动态内容，完全解决了目前 ASP 和 PHP 的脚本级执行的缺点。JSP 可以在 Servlet 和 JavaBean 的支持下，完成功能强大的动态网站程序的开发。JSP 的主要技术特点包括以下内容。

1. 将内容的生成和显示进行分离

使用 JSP 技术，Web 页面开发人员可以使用 HTML 或者 XML 标签来设计和格式化最终页面。生成内容的逻辑被封装在标识和 JavaBean 组件中，并且捆绑在小脚本中，所有的脚本在服务器端运行。如果核心逻辑被封装在标签和 JavaBean 中，那么其他人，如 Web 管理人员和页面设计者，能够编辑和使用 JSP 页面，而不影响页面内容的生成。

在服务器端，JSP 引擎解释 JSP 标签和小脚本，生成所请求的内容（例如，通过访问 JavaBean 组件，使用 JDBC 技术访问数据库，或者包含文件），并且将结果以 HTML（或者 XML）页面的形式发送回浏览器。这有助于作者保护自己的代码，同时保证任何基于 HTML 的 Web 浏览器的完全可用性。

2. 强调可重用的组件

绝大多数 JSP 页面依赖于可重用的、跨平台的组件（JavaBean 或者 Enterprise JavaBean 组件）来执行应用程序所要求的更为复杂的处理。开发人员能够共享和交换执行普通操作的组件，或者使得这些组件能为更多的使用者或者客户团体所使用。基于组件的方法加速了总体开发过程，优化了程序的结构。

3．采用标识简化页面开发

JSP 技术封装了许多功能，这些功能是在易用的、与 JSP 相关的 XML 标签中进行动态内容生成所需要的。标准的 JSP 标签能够访问和实例化 JavaBean 组件、设置或者检索组件属性、实现页面之间的跳转，以及实现用其他方法更难于编码和耗时的功能。

通过开发定制标签库，JSP 技术是可以扩展的。第三方开发人员和其他人员为常用功能创建自己的标签库，这使得 Web 页面开发人员能够使用如普通的页面标签一样的组件来工作，执行特定功能，简化开发过程。

JSP 技术很容易整合到多种应用体系结构中，以利用现存的工具和技巧，并且扩展到能够支持企业级的分布式应用。作为采用 Java 技术家族的一部分，以及 Java 2（企业版体系结构）的一个组成部分，JSP 技术能够支持高度复杂的基于 Web 的应用。

由于 JSP 页面的内置脚本语言是基于 Java 编程语言的，而且所有的 JSP 页面都被编译成为 Java Servlet，所以 JSP 页面就具有 Java 技术的所有优点，包括健壮的存储管理和安全性。作为 Java 平台的一部分，JSP 拥有 Java 编程语言"一次编写，各处运行"的特点。随着越来越多的供应商将 JSP 支持添加到自己的产品中，用户可以使用自己所选择的服务器和工具，更改工具或服务器并不影响当前的应用。

JSP 同 PHP 类似，几乎可以运行于所有平台，如 Windows NT、Linux、UNIX。Windows NT 下的 IIS 通过一个插件，如 JRUN 或者 ServletExec 就能支持 JSP。著名的 Web 服务器 Apache 已经能够支持 JSP。由于 Apache 广泛应用在 Windows NT、UNIX 和 Linux 上，因而 JSP 有更广泛的运行平台。虽然现在 Windows NT 操作系统占了很大的市场份额，但是在服务器方面 UNIX 的优势仍然很大，而新崛起的 Linux 更是来势不小。从一个平台移植到另外一个平台，JSP 和 JavaBean 甚至不用重新编译，因为 Java 字节码都是标准的、与平台无关。

从性能、开发效率、支持平台等各角度综合考虑，我们可以认为 JSP 是未来 Web 程序开发的主要技术。

1.5　JSP 的开发模式

JSP 自产生到现在，应用越来越广泛，其相关技术也越来越多，各种技术的整合也越来越成熟。从技术发展的演变来看，应用 JSP 及相关技术进行 Web 应用开发经历了从简单 JSP 到框架技术的应用，具体包括纯粹 JSP 技术实现、JSP+JavaBean 实现、JSP+JavaBean+Servlet 实现、J2EE 实现等。最常用的开发模式是基于 MVC 的 JSP+JavaBean+Servlet 组合。

1.5.1　纯粹 JSP 实现

使用纯粹 JSP 技术实现动态网站开发，是 JSP 初学者经常使用的技术，这种实现方式的优点是简单，它屏蔽掉 Java Web 应用开发中各种复杂的配置和技术细节，让初学者迅速学会使用 JSP 编程。JSP 页面中包含所有完成页面功能的元素，如 HTML 标记、CSS 标记、JavaScript 标记、逻辑处理、数据库处理代码等。当使用 JSP 实现一个比较复杂的功能时，由于 HTML 标记和 Java 代码混在一起，容易出现错误，出现错误后不容易查找和调试。因此在实际应用中，一般不会将所有页面全部采用纯粹的 JSP 实现。

1.5.2　JSP+JavaBean 实现

JSP+JavaBean 技术的组合，很好地使页面静态部分和动态部分相互分离。在这种模式中，JSP 使用 HTML、CSS 等可以构建数据显示页面，而数据处理部分，可以交给 JavaBean 处理。执行业务功能的代码被封装到 JavaBean 中，起到了代码重用的目的。例如，可以编写一个 JavaBean 来显示当前时间，这个 JavaBean 不仅可以用在当前页面，还可以用在其他页面。由于实现了页面显示与业务处理的分离，JSP+JavaBean 相对纯粹的 JSP 实现方式，其结构上更加清晰。

1.5.3　JSP+JavaBean+Servlet 实现

JSP+JavaBean+Servlet 技术的组合，很好地实现了 MVC 模式，MVC（Model-View-Controller），中文翻译为"模型-视图-控制器"。Event（事件）导致 Controller 改变了 Model 或 View，或者同时改变两者。只要 Controller 改变了 Model 的数据或者属性，所有依赖的 View 都会自动更新。

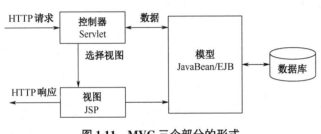

类似地，只要 Controller 改变了 View，View 会从潜在的 Model 中获取数据来刷新自己。MVC 模式最早是 Smalltalk 语言研究团提出的，应用于用户交互应用程序。MVC 三个部分的形式如图 1.11 所示。

图 1.11　MVC 三个部分的形式

视图（View）组件代表用户交互界面。在 MVC 中视图组件通常只用来完成用户交互和数据显示，不会在视图中完成业务逻辑处理。例如，在一个有关订单操作的 Web 应用中，视图组件（JSP）可以用来完成显示订单信息和提供订单信息的提交界面。

模型（Model）组件用来完成具体的业务逻辑处理。业务流程的处理过程对其他层来说是黑箱操作，控制器组件接收视图组件传递的数据并调用模型组件完成业务功能，模型组件将处理结果返回给控制器，由控制器将负责跳转至某个视图组件显示处理结果。按照 MVC 设计模式的要求，业务逻辑操作应该被抽取出来封装在模型组件中。Model 常由 JavaBean 或 EJB 实现。

控制器（Controller）组件控制整个业务处理的流程，控制器相当于一个分发器，它根据用户请求，调研模型组件完成用户请求的处理，并转向 JSP 页面显示处理的结果。

模型、视图与控制器的分离，简化了 Web 应用程序开发的复杂性，提高了程序的复用性。MVC 开发模式是目前 Java Web 应用开发的主流开发模式，目前已经有多种框架技术实现了这种模式，其中 Struts、Spring、Hibernate 组合是目前应用最为广泛，也是最为成熟的开发模式。

1.6　Java Web 应用的运行环境

Java Web 应用的运行需要特定环境的支持，包括 Web 服务器和应用服务器。

Web 服务器的主要功能是接收客户端的 Web 请求，把请求提交给应用服务器，再把应用服务器执行的结果返回给用户。而应用服务器的作用是根据用户的请求选择合适的文件加载执行。然后把执行的结果返回给 Web 服务器。对于 Java Web 应用来说，应用服务器的主要作用就是加载 Java Web 组件，并执行 Java Web 组件。当然 Java Web 组件的执行离不开 JVM（Java Virtual Machine，Java 虚拟机），因而 Java Web 应用的运行也离不开 JVM。

对于 Java Web 应用和 Java Application 应用来说，Java 虚拟机是相同的，都是加载 Java 类文件，并解释执行字节码。应用服务器主要为应用程序提供运行环境，为组件提供服务。Java 的应用服务器有很多，包括 Tomcat、Weblogic、Websphere、Application Server 和 JBoss 等。其中 Weblogic 等企业级的应用服务器除了支持 JSP 和 Servlet，还包括支持 EJB。

本书在 E-STORE 电子商城中采用 Tomcat 作为服务器，它既充当了 Web 服务器，同时也拥有应用服务器的功能。Tomcat 内置了一个轻量级的 Web 服务器，用来转发 HTML 请求。但是同时 Tomcat 又是 Servlet/JSP 服务器，用来管理对 Servlet 和 JSP 的访问处理。Tomcat 的运行需要 JDK 的支持，下面将依次介绍 JDK 和 Tomcat 的安装及配置。

1.6.1　安装和配置 JDK

JDK 中包括 Java 编译器（javac）、打包工具（jar）、文档生成器（javadoc）、查错工具（jdb），及完整的 JRE（Java Runtime Environment，Java 运行环境），也被称为 Private Runtime，并包括了用于产品环境的各种类库，以及给开发人员使用的补充库，如国际化的库、IDL 库。JDK 中还包括各种例子程序，用以展示 Java API 中的各部分。

从初学者的角度来看，采用 JDK 开发 Java 程序能够很快地理解程序中各部分代码之间的关系，有利于理解 Java 面向对象的设计思想。JDK 是随着 Java（J2EE、J2SE 及 J2ME）版本的升级而升级的。

JDK 的三种版本的详细信息如表 1.2 所示。

表 1.2　JDK 版本

名　称	说　明
SE（J2SE）	Standard Edition，标准版，主要用于开发 Java 桌面应用程序
EE（J2EE）	Enterprise Edition，企业版，开发 J2EE 应用程序，用于 Web 方面
ME（J2ME）	Micro Edition，微型版，用于移动设备、嵌入式设备上的 Java 应用程序

1．JDK 的下载和安装

获取 JDK 开发工具包非常简单，可以直接在 JDK 官方网站下载。这里演示在官方网站上来获取 JDK 开发工具包，JDK 开发工具包的官方网站的网址为 http://www.oracle.com/index.html，在地址栏中输入该网址，单击"转到"按钮，会显示如图 1.12 所示的页面。

单击"Products-Java-Download Java"链接，会显示如图 1.13 所示的页面。

在页面中选择"Java"菜单项，并单击"JavaSE"按钮，会显示如图 1.14 所示的页面。

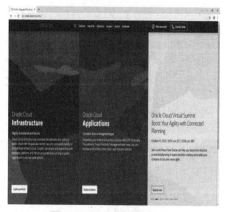

图 1.12　Oracle 官方网站

<table>
<tr><td>图 1.13　Oracle 下载页面</td><td>图 1.14　JavaSE 下载页面</td></tr>
</table>

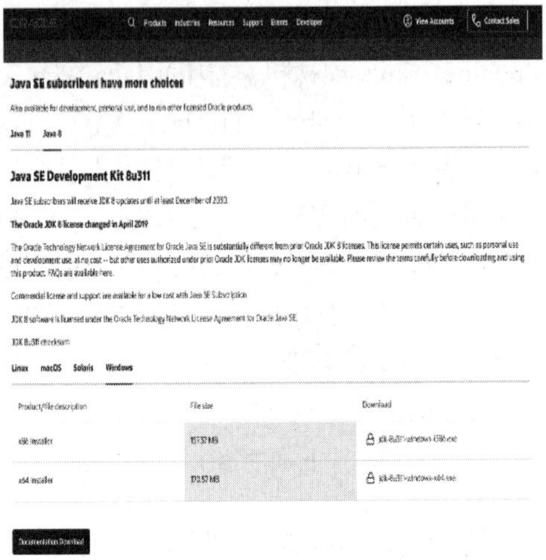

在如图 1.14 所示的页面中，选择"JDK DOWNLOAD"选项，显示的是不同平台下的 JDK 安装包，如 Windows、Linux、Solaris。在页面中找到适合于自己计算机平台的 JDK 版本，64 位操作系统的 JDK 下载页面如图 1.15 所示。

x64 Installer	170.57 MB	🔒 jdk-8u311-windows-x64.exe

图 1.15　64 位操作系统的 JDK 下载页面

如果是 32 位操作系统，选择的版本如图 1.16 所示。

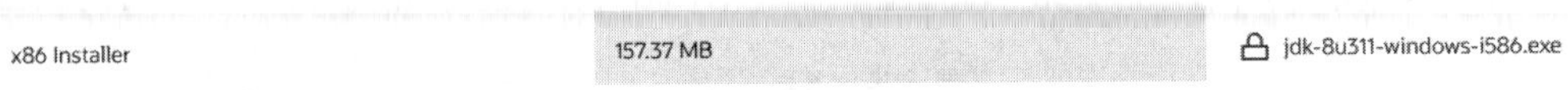

x86 Installer	157.37 MB	🔒 jdk-8u311-windows-i586.exe

图 1.16　32 位操作系统的 JDK 下载页面

需要注意的是，在下载 JDK7 工具包之前，需要选择接受协议选项，如图 1.17 所示。

图 1.17　选择接受协议选项

下载后的文件名称为"jdk-8u311-windows-x64"，双击该文件即可开始安装。具体安装步骤如下：

（1）双击"jdk-8u311-windows-x64"文件，在弹出的对话框中，单击"接受"按钮，接受许可证协议。

（2）在弹出的"自定义安装"对话框中，单击"更改"按钮更改安装路径，其他保留默认设置，如图 1.18 所示。

（3）单击"下一步"按钮，开始安装。

（4）在安装的过程中，会弹出另一个"Java 安装-自定义"对话框，提示用户选择 Java 运行时环境的安装路径。单击"更改"按钮更改安装路径，其他保留默认设置，如图 1.19 所示。

（5）单击"下一步"按钮继续安装。

（6）单击"完成"按钮完成安装。

2．配置 JDK

JDK 安装完成后，还并不能够使用，需要进行配置。以 Windows 10 为例，其配置过程如下。

（1）使用鼠标右键单击"此电脑"图标，在打开的快捷菜单中，执行"属性"命令，会弹出一个"设置"对话框，单击"高级系统设置"按钮，打开"系统属性"对话框，如图 1.20 所示。

（2）单击"高级"选项卡，再单击该选项卡中的"环境变量"按钮，会显示如图 1.21 所示的"环境变量"对话框。

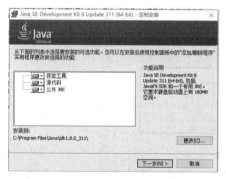

图 1.18　选择 JDK 安装路径

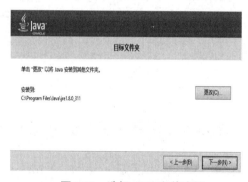

图 1.19　选择 JRE 安装路径

图 1.20　"系统属性"对话框

图 1.21　"环境变量"对话框

（3）在系统变量中选中 Path 变量，单击"新建"按钮，会显示如图 1.22 所示的"新建系统变量"对话框。

在 path 变量值中添加 JDK 安装路径下 bin 文件夹的所在路径，如"C:\Program Files\Java\jdk1.8.0_311\bin"，注意用";"分隔不同的路径。这样，当要使用 Java 编译器和解释器时，系统会在"C:\Program Files\Java\jdk1.8.0_311\bin"目录下查找相应的执行文件。

（4）上述操作完成后，单击"确定"按钮，完成 JDK 的配置。如果要检测安装是否成功，可执行"Win"+"R"命令，在弹出的对话框中输入"cmd"，启动命令行窗口，接着在命令行中输入"javac –version"命令，如果输出 JDK 开发工具包的版本，则表示安装成功，如图 1.23 所示，否则安装失败。

图 1.22　"新建系统变量"对话框

图 1.23　JDK 安装测试

至此，JDK 的安装和配置就已经完成了。

提示：此处为读者展示的是在没有使用开发工具的情况下需要进行手动的配置，当使用工具开发时，如 MyEclipse 或者 JBuilder 时，一般可以通过开发工具自身的配置工具直接配置，而无须手动配置 JDK 环境。

1.6.2　安装和配置 Tomcat 服务器

JSP 可以在很多服务器上运行，如 Tomcat、Jboss、Resin、WebLogic 等。每个服务器都有自己的特点，其适用的场合也不相同。其中 Tomcat 服务器在中、小型的 Web 应用中被广泛采用，具有和 JSP 技术结合紧密等特点。

1. Tomcat 简介

自从 JSP 发布之后，各式各样的 JSP 引擎被相继推出。Apache Group 在完成 GNUJSP 1.0 的开发以后，开始考虑在 Sun 的 JSWDK 基础上开发一个可以直接提供 Web 服务的 JSP 服务器，当然同时也支持 Servlet，这样 Tomcat 就诞生了。Tomcat 是 Jakarta 项目中的一个重要的子项目，其被 Java World 杂志的编辑评选为 2001 年度最具创新性的 Java 产品，同时它又是 Sun 公司官方推荐的 Servlet 和 JSP 容器，因此其越来越多地受到软件公司和开发人员的喜爱。Servlet 和 JSP 的最新规范都可以在 Tomcat 的新版本中得到实现。其次，Tomcat 是完全免费的软件，任何人都可以从互联网上自由下载。

Tomcat 和 IIS、Apache 等 Web 服务器一样，具有处理 HTML 页面的功能，另外它还是一个 Servlet 和 JSP 容器，独立的 Servlet 容器是 Tomcat 的默认模式。不过，Tomcat 处理静态 HTML 的能力不如 Apache。

2. 下载 Tomcat

获取 Tomcat 非常容易，可以直接在网络上搜索或者从 Tomcat 官方网站获取。打开 IE 浏览器，在地址栏中输入"http://tomcat.apache.org/"，单击"转到"按钮，会显示如图 1.24 所示的页面。

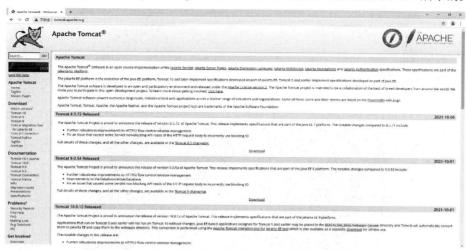

图 1.24　Tomcat 官方网站

单击页面左侧的"Tomcat 9"超级链接，会显示如图 1.25 所示的 Tomcat 下载页面。

在如图 1.25 所示的页面中，有不同的 Tomcat 版本，用来适应不同的操作系统平台，这里选择 Windows 操作系统平台，单击"64-bit Windows zip (pgp, sha512)"超级链接下载。

图 1.25　Tomcat 下载页面

3．安装 Tomcat 9

Tomcat 9 直接解压即可使用。在测试服务器之前首先要设置"java_home"，从而让服务器可以找到 JDK 资源。

4．配置 java_home

java_home 的配置过程与 Path 的配置类似，如图 1.20~
图 1.21 所示，打开环境变量的配置窗口，单击"新建"按
钮创建一个配置项，变量名为"java_home"，变量的值为
JDK 的安装路径，配置如图 1.26 所示。

图 1.26　环境变量 java_home 配置

1.6.3　测试安装是否成功

安装完成后接着检验是否安装成功。找到 "Tomcat 的安装主路径"下的 "bin"文件夹，在该文件夹下找到"startup.bat"文件，双击启动 Tomcat 服务器。启动成功界面如图 1.27 所示。

当服务器启动成功后将出现"Server startup in ***ms"的输出字符，如图 1.27 所示。在服务器成功启动后可以通过浏览器对服务器进行访问。

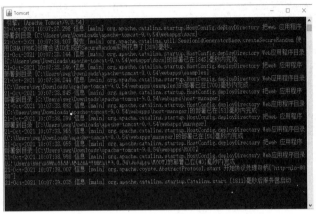

图 1.27　Tomcat 服务器运行界面

打开 IE 浏览器，在地址栏中输入"http://localhost:8080/"，单击"转到"按钮，会弹出一个如图 1.28 所示的页面，这时就表明服务器已经安装成功了。

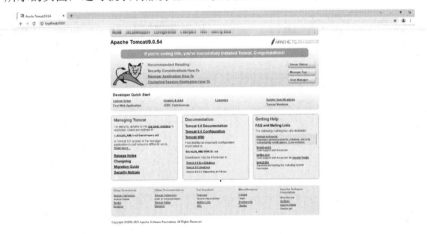

图 1.28　Tomcat 服务器主页访问页面

Tomcat 安装完成后，就可以进行实例开发了。

1.7　测试一个 JSP 程序

在安装成功后打开 Tomcat 安装目录，可以看到几个文件夹。其中，Tomcat 将由 JSP 文件编译后的 Java 源文件和 class 文件存放在 work 文件夹下，bin 为 Tomcat 执行脚本目录，conf 文件夹下存放有 Tomcat 的配置文件，lib 文件夹为 Tomcat 运行时需要的库文件，Tomcat 执行时的日志文件存放在 logs 文件夹下，webapps 为 Tomcat 的 Web 发布目录。

按照下面的操作过程创建和运行第一个 JSP 程序：

（1）在 Tomcat 安装目录下的 webapps 目录中，可以看到 ROOT、examples、manager、tomcat-docs 之类 Tomcat 自带的 Web 应用范例。

（2）在 webapps 目录下新建一个名称为 "HelloJsp" 的文件夹。

（3）在 HelloJsp 文件夹下新建一个文件夹 "WEB-INF"。注意，目录名称是区分大小写的。

（4）在 WEB-INF 文件夹下新建一个文件 "web.xml"，该文件为 Tomcat 的部署文件，并在其中添加如下代码：

```xml
<?xml version="1.0" encoding="UTF-8"?>
<web-app xmlns="http://java.sun.com/xml/ns/javaee"
  xmlns:xsi="http://www.w3.org/2001/XMLSchema-instance"
  xsi:schemaLocation="http://java.sun.com/xml/ns/javaee
                http://java.sun.com/xml/ns/javaee/web-app_3_0.xsd"
  version="3.0"
  metadata-complete="true">
<display-name>Welcome to Tomcat</display-name>
<description>
   Welcome to Tomcat
</description>
</web-app>
```

（5）在 HelloJsp 文件夹下创建文本文件，并为其指定文件名为 "Test.jsp"。注意 JSP 页面的扩展名必须为 ".jsp"。然后在该文本文件中输入如下代码：

```jsp
<%@ page contentType="text/html; charset=UTF-8" %>
<html>
<head>
<title>
第一个 JSP 程序
</title>
</head>
<body>
<h2 align="center">
<%=new java.util.Date()%>
</h2>
</body>
</html>
```

下面对这个程序做一个简要说明：所有的 JSP 脚本程序都必须用 "<%" 和 "%>" 括起来。为了获取系统的当前日期，使用了 java.util 包中的 Date 类，Data 类可以获取系统的当前时间和日期。

（6）找到 "Tomcat 的安装主路径" 下的 "bin" 文件夹，在该文件夹下找到 shutdown.bat 文件，双击该文件，执行关闭服务器操作，再双击执行 startup.bat 文件重新启动服务器。当 Tomcat 重新启动时会自动部署 webapps 下的所有 Web 应用。

（7）打开浏览器，输入 "http://localhost:8080/ HelloJsp/Test.jsp"，这时可以看到浏览器显示当前系统时间页面，如图 1.29 所示。

Thu Oct 21 14:47:27 CST 2021

图 1.29　显示当前系统时间

打开 Tomcat 目录下的"work\Catalina\localhost\ HelloJsp\org\apache\jsp"目录，就会看到一个 ".java"文件和".class"文件。这就是 Tomcat 服务器解释和编译 JSP 程序后的相关文件。

练习题

一、选择题

1. 以下选项中，属于浏览器功能的是（　　）。
   A. 编辑 HTML 文档　　　　　　　　　　B. 解析并运行 JSP 代码
   C. 解析并运行 JavaScript 代码　　　　　D. 发送 HTTP 请求，接收 HTTP 响应
   E. 解析并展示 HTML 文档　　　　　　　F. 编译 Java 源程序代码

2. 以下选项中，属于 Web 服务器功能的是（　　）。
   A. 接收 HTTP 请求，发送 HTTP 响应　　B. 编译 Java 程序源代码
   C. 动态加载并执行程序代码　　　　　　D. 运行网页中的 JavaScript 脚本和 Applet
   E. 展示网页中的图片　　　　　　　　　F. 解析 HTML 文档

3. 以下选项中，属于 Web 服务器端编程技术的是（　　）。
   A. ASP　　　　　B. Flash　　　　　C. JSP/Servlet　　　D. HTML
   E. JavaScript　　F. CGI　　　　　　G. PHP

4. 以下对静态网页的描述中正确的是（　　）。
   A. 就是指事先存放在 Web 服务器端文件系统中的 HTML 文档
   B. 就是不允许包含声音、动画等的 HTML 文档
   C. Web 服务器动态执行程序代码，由此产生的 HTML 文档就是静态 HTML 文档
   D. 不允许修改的 HTML 文档

5. 当 Tomcat 作为独立 Servlet 容器运行时，有哪些特点？（　　）
   A. Tomcat 在一个 Java 虚拟机进程中独立运行
   B. Tomcat 是一个独立的 Web 服务器，直接与客户端通信，负责接收客户请求和发送响应结果
   C. Tomcat 和 Servlet 分别运行在不同的 Java 虚拟机进程中
   D. 无须启动任何 Java 虚拟机进程，就能直接运行 Tomcat 服务器程序

6. 为什么安装 Tomcat 时要先安装 JDK？（　　）
   A. Tomcat 作为 Java 程序，它的运行离不开 JDK 提供的 Java 虚拟机
   B. Tomcat 6.x 以下的版本在运行时利用 JDK 提供的 Java 编译器来动态编译 JSP 代码
   C. Tomcat 利用 JDK 来接收 HTTP 请求
   D. Tomcat 利用 JDK 来发送 HTTP 响应

7. 一个用户安装了 Tomcat，但无法启动 Tomcat，可能是由下列哪些原因引起的？（　　）
   A. 没有安装 JDK
   B. Tomcat 与 JDK 的版本不匹配，例如 Tomcat 6.x 要求使用 JDK1.5 或以上的版本
   C. 没有设置 JAVA_HOME 系统环境变量
   D. 没有设置 CATALINE_HOME 系统环境变量
   E. 没有安装浏览器

8. 以下对 HTML 和浏览器的描述中正确的是（　　）。
   A. 浏览器是 HTML 文档的编辑器，可以用浏览器来编写 HTML 页面
   B. 浏览器是 HTML 的解析器，能够解析 HTML 文件，并可以在窗口中展示网页
   C. 浏览器是 HTML 的编译器和运行器，能够把 HTML 文件编译成可执行文件，然后执行它

9. 关于 HTTP 协议，以下选项中描述正确的是（　　）。
   A. HTTP 响应的正文部分必须为 HTML 文档
   B. HTTP 响应的正文部分可以是任意格式的数据，如 HTML、JPG、ZIP、MP3、XML、EXE 数据等

C．HTTP 协议规定服务器端在默认情况下监听 TCP80 端口

D．HTTP 协议规定了 HTML 语法

E．HTTP 协议是由 Microsoft 公司制定的

F．HTTP 协议规定了 HTML 语法

G．HTTP 是"Hypertext Transfer Protocol"的缩写

二、简答题

1．简述 HTTP 协议和一次 HTTP 请求与响应的过程。

2．试阐述 JSP 服务器端运行环境的安装与配置。

三、操作题

试编写一个简单的 JSP 程序，并能够使之在 Tomcat 服务器上运行。

第 2 章

E-STORE 电子商城项目概述

📖 **本章要点:**

- ◆ E-STORE 电子商城需求
- ◆ E-STORE 电子商城总体设计,包括系统架构设计、功能结构划分、业务流程设计
- ◆ Java Web 应用开发环境的创建
- ◆ 创建 E-STORE 电子商城项目
- ◆ Java Web 应用程序组成及结构
- ◆ 网站欢迎页面的实现
- ◆ JSP 基本语法

Internet 改变了人们的生活习惯,同时也改变了企业的经营行为和竞争规则。近十年来,电子商务已经悄悄兴起,甚至呈现取代传统商业模式的趋势。电子商务受到人们越来越多的关注,改变着社会经济的各个方面。因此电子商务网站成为 Java Web 应用开发的热门领域,为了让读者尽快掌握 Web 应用开发技术,本书将带领大家一步一步地完成一个简单的电子商城的开发。E-STORE 电子商城系统是基于 Internet 网络平台,利用 Web 技术、数据库技术、Java 技术、面向对象技术等开发的 Web 应用系统。系统对不同权限的用户分别可以进行商城的管理和网上购物等操作。

本书完整阐述了 E-STORE 电子商城系统的全部设计与实现过程,使读者在项目实现的过程中,逐步深入、理解 Java Web 应用开发的知识,掌握 Java Web 应用的开发技术。E-STORE 系统采用任务驱动的开发模式,在系统实现过程中逐步采用 JSP+Bean、JSP+Bean+Servlet 及基于 Struts 框架的开发模式,使读者能在实现项目的过程中循序渐进地掌握基于 Java 的 Web 应用系统的开发技能。

2.1 系统分析与总体设计

2.1.1 功能需求分析

需求分析是以正确、可行、必要等标准对 E-STORE 系统做一个完整的功能需求说明。需求分析要求每个需求的功能必须描述清楚,确保在当前的开发能力和系统环境下可以实现。并且每个需求的功能是否必须交付、是否可以推迟实现、是否可以在削减开支情况发生时进行删减也必须描述清楚。

E-STORE 系统对电子商城系统运行各组成要素提供综合管理功能,主要有:会员注册与登录、商品管理(包括商品的类别)、购物管理、订单管理、商城信息管理、用户管理等功能模块。

1. 用户管理

E-STORE 电子商城系统包括四类用户：浏览用户（又称为游客）、注册会员、管理用户和系统管理员。游客只可以浏览商城开放的业务和信息，不可以进行网上交易，也不为该类用户提供个性化服务，该类用户无须注册。注册用户可以使用电子商城网站前台提供的所有功能，包括浏览商城开放的业务和信息、进行网上交易和查看订单等，也可享受商城提供的个性化服务及优惠服务等。本书在不致混淆的情况下将商城注册用户也称作"会员"。管理用户主要是针对商城的后台管理而设计的，主要操作是在 E-STORE 系统的后台页面对商城的会员、商品、订单等所有信息进行维护。系统管理员负责对管理用户进行维护，可以添加、删除管理用户。

用户管理模块主要提供以下功能：

（1）会员登录、注册。商城的注册会员在进行购物、查看订单等操作时，系统需要会员的登录信息，会员在登录时，如果会员名、密码错误，系统会提示错误。

前台会员注册提供会员注册功能，会员填写必要信息后成为 E-STORE 电子商城的会员，只有注册会员才可以登录系统，进行购物及相关操作，非注册会员只能浏览商品资料。会员注册时系统会对注册信息进行验证，以确保注册信息的正确性。

（2）会员信息的查询。管理用户在系统后台页面上可以查看注册会员的信息。

（3）会员信息的删除。管理用户在系统后台页面上可以查看注册会员的信息，并能将会员注册的信息删除。

（4）会员信息的修改。注册会员在登录后可以修改自己的注册信息，单击"会员修改"链接时系统会判断会员是否登录，如果未登录，提示未登录不能修改信息，否则转入会员修改页面，在修改页面显示该会员目前的信息，提供信息的修改输入。

（5）会员密码的找回。当注册会员忘记自己的登录密码时，E-STORE 电子商城提供会员的密码找回功能，在会员遗忘登录密码时可使用该功能重新设置登录密码。在用户登录页面上设有"找回密码"的链接，会员根据页面提示，逐步填写找回密码的信息完成该操作。

（6）系统管理员操作。系统管理员专门用来维护管理用户的信息，具体包括管理用户基本信息增加、删除、修改和查询等操作。

2. 商品管理（包括商品的类别）

E-STORE 电子商城的商品管理分为两部分：一部分在前台实现，主要是商品（包括新品、特价商品及销售排行等）的显示，以供用户浏览和购物；另一部分在后台实现，主要由系统管理用户对商品基本信息进行维护，例如对商品信息的增删改操作。

（1）商品信息及类别维护。E-STORE 电子商城前台可以展示各类商品，为了能够方便用户对商品进行分类查询，后台商品管理模块除了能够对商品的基本信息进行管理外，还要能够对商品的类别信息进行管理和维护。商品信息管理包括商品查询、商品添加、特价商品设置、商品删除；商品类别管理包括大类别查询、商品小类别查询、两种类别的添加和删除。

（2）商品特价信息维护。在 E-STORE 电子商城后台，管理员可以将商城中的部分商品设置为"特价商品"，这些商品就会在前台特价商品模块中展示。

（3）商品信息展示。会员在购买商品前可以先浏览商品展示，系统从后台数据库中读出所有商品的信息在前台显示，商品的展示里有所有商品的介绍，比如商品的名称、产地、价格等。用户访问商品展示页面无须登录，但用户在挑选好自己想要购买的商品时，需要登录系统才能购买，如果用户没有注册，则需要先进行注册，成为商城的会员。

（4）特价商品展示。E-STORE 电子商城提供有新品与特价商品的展示，将价格有折扣的商品设定为特价商品，否则为新品。用户登录前可浏览新品和特价商品，登录后可以购买。商品展示的风格与其他页面保持一致，并在页面上实现分页效果。

（5）商品销售排行。按商品销售的数量排序。

（6）商品检索。通过商品检索功能为用户提供快速找到所需商品的快捷方法，即提供商品搜索引擎。E-STORE 电子商城在正式投入运行后，商城中的商品种类将会很多，商品检索可以帮助用户根据商品全部或部分名称快速找到最想要的商品信息。

3. 购物管理

购物管理主要是针对会员购物车的一组操作，购物车为注册会员购买商品时的存放区域，购买过程中的商品暂存于购物车内，可以对购物车内的商品进行添加、修改数量、删除商品等操作，用户最后通过查看购物车确认自己所购买的商品。

（1）购物流程控制管理。会员在成功登录系统后，可以进行购物直至生成订单的一系列操作，主要包括：会员将选购的商品放入系统所提供的购物车里，此时会员可以继续选购另外的商品，或者删除原先购买的商品，并可对商品进行数量上的修改和添加，查看现有购物车中的商品。系统在购物车商品列表页面设有"继续购物"的链接，单击"继续购物"链接，重复以上进行的购买活动。会员购物结束后，单击"提交"按钮，生成本次购物的订单，完成购物。

（2）商品详细信息浏览。会员的购物操作是针对电子商城中的单个商品，从所有商品展示页面、特价商品展示页面和商品搜索结果页面都可以进行购物操作。一般用户在购物之前都需要先浏览该商品的详细信息，因此要求系统能够显示商品的详细信息，并在该页面上实现"放入购物车"功能。

（3）购物车管理。购物车管理是会员在购物过程中最重要的功能，会员在商品详细信息页面上单击"放入购物车"功能，开始该商品的购买流程，此时系统需要判断会员本次购物是否已有购物车，如果没有，则产生新的购物车，并将会员所选择的商品直接加入购物车；否则，系统将商品加入到先前为此会员产生的购物车中，犹如在超市购物时要看顾客手中有没有提购物篮一样。

系统需要提供会员查看购物车和对购物车中的商品进行维护的功能。单击主页中的"购物车"链接，系统判断会员是否登录，因为系统不会为未登录的会员生成购物车。如果会员没有登录，系统显示请用户先登录的提示页面；否则显示该会员的购物车页面。在购物车页面中列表显示所有已选商品的信息，包括各个商品的单价、当前商品总金额等。如果没有商品，系统显示"您还没有购物"提示。此外，在购物车页面上需要为会员提供继续购物、去收银台结账、清空购物车和修改某件购物车中商品的数量等功能。

（4）支付信息。会员在购物结束时，在生成本次购物的订单之前，需要填写结账支付信息，如会员真实信息、送货地址、联系电话、付款方式、送货方式等信息。如有备注信息，在下方的"备注信息"中留言。个人身份信息的填写是为了方便会员所购买的货物能准确及时送达。

4. 订单管理

订单管理是为注册会员提供订单查询功能；为商城管理员提供订单查看、维护等功能。

（1）订单生成。会员在购物车显示页面确认商品及数量后，单击"去收银台结账"链接，系统页面跳转到结账信息填写页面，在该页面，会员需要对结账的信息进行详细填写，而所有这些信息也将保存到系统数据库中，确认无误后单击"提交"按钮，生成新订单并显示订单编号。在后续的操作中，会员可进入"查看订单"页面查看订单详细信息。

（2）订单查询。会员在前台登录网上商城后，可以查看自己所有的订单（包括已经出货和尚未出货的订单），既可以单独查看自己已经出货的订单，也可以单独查看自己尚未出货的订单，并对每个订单的详细信息进行查询。

（3）订单状态和维护。商城管理员在登录网上商城后台后，可以查看商城所有的订单，既可以单独查看所有已经出货的订单，也可以单独查看所有尚未出货的订单；同时还可以对每个订单进行详细信息的查询、出货标记的更改和删除等操作。

5. 商城信息管理

系统在后台须实现商城信息的增加、删除、修改和查询等管理操作。E-STORE 商城的各种通知或公告的增删改均位于此模块中。商场信息管理的主要内容包括有关客户订单的相关说明和注意事项，购物中心的基本信息，以及在一定时间内的促销活动。

2.1.2　系统目标

根据需求分析及与网上购物客户体验，E-STORE 电子商城网站需要达到以下目标：

（1）界面设计友好、美观。

（2）具有易维护性和易操作性。

（3）在首页中提供电子商城商品信息的功能，并且能进行主要功能的分类操作。

（4）用户能够方便地查看商品的所有信息和单件商品的详细内容。

（5）能够实现商品信息搜索。

（6）对用户输入的数据，能够进行合法性的数据检验，并给予信息提示。

（7）具有操作方便、功能完善的后台管理功能。

2.1.3　系统功能结构

E-STORE 电子商城网站分为前、后台两部分设计。前台主要实现会员管理、商品信息展示、购物车管理功能。其中，会员管理包括新会员注册、注册会员登录、密码找回功能；商品信息展示包括列表显示与详细信息显示，列表显示又分为所有商品列表显示；新品、特价商品列表显示和商品搜索结果列表显示；购物车管理主要包括生成购物车、购物车维护、生成订单功能。后台主要实现的功能为用户管理、商品信息维护、订单管理和商城信息管理。

E-STORE 电子商城网站前台功能结构如图 2.1 所示。

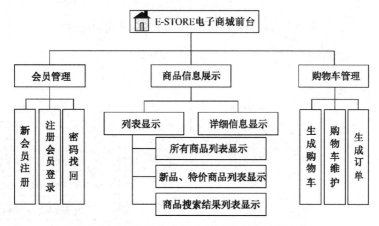

图 2.1　E-STORE 电子商城网站前台功能结构

E-STORE 电子商城网站后台功能结构如图 2.2 所示。

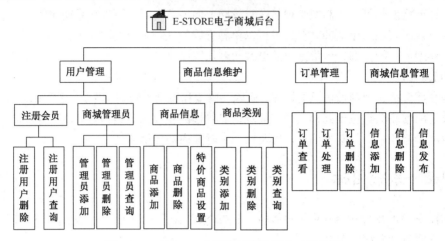

图 2.2　E-STORE 电子商城网站后台功能结构

2.1.4　网站业务流程图

E-STORE 电子商城网站前台业务流程图如图 2.3 所示。

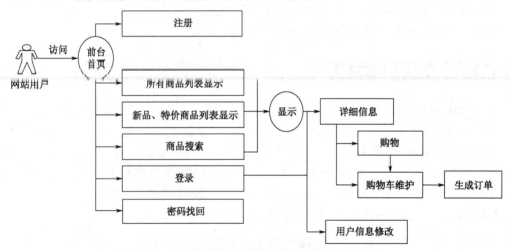

图 2.3　E-STORE 电子商城网站前台业务流程图

E-STORE 电子商城网站后台业务流程图如图 2.4 所示。

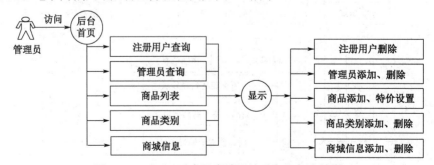

图 2.4　E-STORE 电子商城网站后台业务流程图

2.1.5　系统预览

E-STORE 电子商城网站中有很多页面，下面先让我们预览几个典型页面，其他页面可以通过运行系统源程序进行查看。E-STORE 电子商城网站的前台首页如图 2.5 所示，在该页面中将列表显示商品信息和会员注册登录信息等；通过页面导航栏中的超链接，可以查看所有商品、特价商品等。如图 2.6 所示为商品详细信息显示页面，会员可在此页面中将商品添加到购物车。

图 2.5　前台首页

图 2.6　商品详细信息显示页面

购物车查看页面如图 2.7 所示，会员可通过此页面浏览购物车中该会员的购物信息，会员可以修改、删除购物车中的商品，该页面并设有"继续购物""去收银台结账"等链接。

后台订单信息显示页面如图 2.8 所示，在该页面中，管理员可进行查看订单列表、删除订单和修改订单状态等操作，并可通过单击"详细信息"超链接进入订单详细信息页面。

图 2.7　购物车查看页面

图 2.8　后台订单信息显示页面

E-STORE 电子商城网站的后台商品添加页面如图 2.9 所示，管理员可通过此页面添加商品。

图 2.9　后台商品添加页面

后台用户管理页面如图 2.10 所示，在该页面中，管理员可查看会员列表、删除会员和通过单击"详细信息"超链接进入会员详细信息页面。

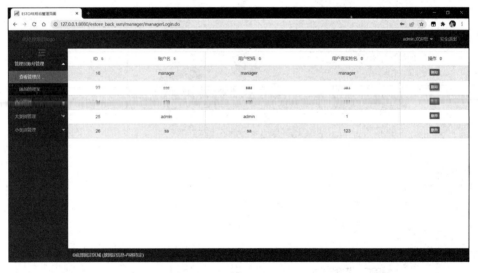

图 2.10　后台用户管理页面

总体设计阶段提出了 E-STORE 电子商城网站功能需求和总体业务流程，系统开发过程中还需要对各功能需求进行详细的设计。详细设计主要是针对程序开发部分设计出程序的详细规格说明。E-STORE 电子商城网站各个模块的功能与详细的实现代码将在后续章节中进行介绍。

┃2.2　系统架构设计与搭建

在对系统的需求进行了分析以后，接下来开始对系统的整体架构进行设计。本节的重点是讲述如何进行总体设计和开发环境的搭建，而不涉及具体的模块设计。系统架构的分析目的是使读者更容易理解整个系统。

2.2.1　系统架构设计

E-STORE 电子商城网站系统在实现上是从简单分层开始，逐步优化，对系统的不同模块，根据模块的自身特点和 Java Web 应用开发学习的路径，从纯粹 JSP 实现开始过渡到采用 JSP+JavaBean 实现、再到采用 JSP+JavaBean+Servlet 实现和使用 Struts 框架实现。最终实现的系统遵循多层次的架构模式，从上到下依次为视图层、控制层、模型层、数据库操作层和数据库层，如图 2.11 所示。前面三层其实就是 Struts 框架的基本层次。数据库操作层则是由自定义 Java 类来实现的。

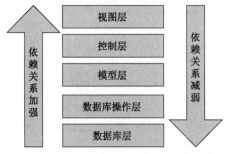

图 2.11　E-STORE 电子商城系统架构

其中，层与层之间的关系是上层依赖下一层，而下一层对上一层的依赖很少，如同网络的 ISO 七层模型。各层次间的依赖关系应该是自顶向下的，即上层可以依赖下层，而下层应该尽量减小对上层的依赖。

2.2.2　业务实体设计

E-STORE 电子商城网站系统的业务实体在内存中表现为实体域对象，在数据库中表现为关系数据，业务实体主要包括关系数据模型设计和与之对应的实体对象模型设计两个方面。在 E-STORE 电子商城网站系统中主要有以下的业务实体：会员、商品信息、商品类别、购物车、购物车中具体的商品、订单和订单明细等。下面对这些业务实体做一个简单的介绍，后面章节会有详细的设计和实现。

（1）会员（Customer）。代表一个会员实体，主要包括会员的详细信息，如会员名、密码、地址等。

（2）商品信息（Product）。代表每一个具体的商品信息，主要包括商品名称、类别、产地、价格等。

（3）商品类别（Type）。代表商品类别信息，主要包括商品所属类别名称等。其中商品类别又分为大类别和小类别，大类别和小类别是一对多的关系。

（4）购物车（Cart）。代表会员一次购物时商品暂时存放的地方，在生成订单后便不再需要。

（5）购物车中的具体商品（CartItem）。代表购物车中每一个具体商品的购买情况，包含购买价格、数量等。

（6）订单（Order）。代表会员的订单，主要包括订单号、会员信息、订单的具体内容。

（7）订单明细（OrderDetail）。代表订单中具体项，一个订单应包括一个或多个商品的购买情况。

这些实体之间的关系如图 2.12 所示。

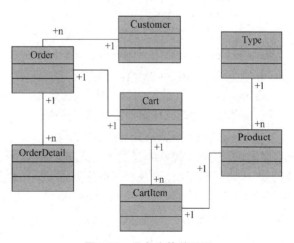

图 2.12　业务实体关系图

以下介绍各实体之间的对应关系。

（1）会员和订单。一个会员可以拥有多个订单，而一个订单只能属于一个会员。会员和订单之间的关系是一对多的关系。在数据库表中表现为订单表中有一个会员表的外键。

（2）订单与订单明细。一个订单中可以有多个订单明细项，而一个订单明细项只对应一个订单。订单与订单明细项的关系在数据库表中表现为订单明细表中有一个订单表的外键。

（3）订单与购物车。一个订单对应一个购物车。

（4）购物车与购物商品。会员的购物车中可以有多个购物商品，购物车与购物商品都是会员购物过程中的临时实体，是为生成订单服务的，购物车与购物商品是一对多的关系。

（5）购物车中的具体商品与商品。购物车中的具体商品是某件商品的购买情况，它们之间是一对一的关系。

（6）商品类别与商品。一个商品类别有多个商品，一个商品只能属于一个商品类别。商品信息表中有商品类别表的外键。

2.2.3　业务逻辑设计

在 E-STORE 电子商城网站系统中，使用了 DAO 设计模式实现对数据层的访问。DAO 设计模式是 Java Web 应用开发中的一种常用模式，其主要的思想是在业务处理部分和数据库之间再增加一层数据库操作层，用这一层来连接业务处理和数据源，这样就实现了业务处理核心逻辑和具体数据源之间的功能独立和分离。

因为具体的数据库或数据源可能是多种多样的，可能是关系数据库或者是 XML。在具体的关系数据库中，也可能是不同的产品，如 SQL Server、Oracle 或者 MySQL。通过使用 DAO 模式，业务处理部分就不用关心数据库操作层是如何实现对数据库的操作的，而只关心自己的业务逻辑，对数据库的操作全部留给了 DAO，由 DAO 执行具体的数据库操作，并将结果返回给业务逻辑，如图 2.13 所示。

图 2.13　DAO 模式

2.2.4　开发环境

在正式开发之前，要构建好系统的开发环境。目前主流的 Java Web 应用集成开发环境（Integrated Development Enviroment，IDE）包括 Eclipse、NetBeans 和 JBuilder 等。

1. Eclipse 与 MyEclipse

Eclipse 是一个开放源代码、基于 Java 的可扩展 IDE。就其本身而言，它只是一个框架和一组服务，用于通过插件组件构建开发环境。Eclipse 附带了一个标准的插件集，包括 Java 开发工具（Java Development Tools，JDT）。Eclipse 最初是由 IBM 公司开发的替代商业软件 Visual Age for Java 的下一代 IDE 开发环境，2001 年 11 月 IBM 公司将价值 4000 万美元的源代码贡献给开源社区，现在它由非营利软件供应商联盟 Eclipse 基金会（Eclipse Foundation）管理，并由该联盟负责这种工具的后续开发。2003 年，Eclipse 3.0 选择 OSGi 服务平台规范为运行时架构。2007 年 6 月，稳定版 3.3 发布，2008 年 6 月发布代号为 Ganymede 的 3.4 版。Eclipse 最初主要用来开发 Java 语言，但是目前也有人通过插件使其作为其他计算机语言，比如 C++的开发工具。

Eclipse 本身只是一个框架平台，但是众多插件的支持使得 Eclipse 拥有其他功能相对固定的 IDE 软件很难具有的灵活性。许多软件开发商以 Eclipse 为框架开发自己的 IDE。

目前，有 150 多家软件公司参与到 Eclipse 项目中，其中包括 Borland、Rational Software、Red Hat 及 Sybase 等。

Eclipse 是一个开放源代码的软件开发项目，专注于为高度集成的工具开发，提供一个全功能的、具有商业品质的工业平台。它主要由 Eclipse 项目、Eclipse 工具项目和 Eclipse 技术项目三个项目组成，具体包括四个部分——Eclipse Platform、JDT、CDT 和 PDE。JDT 支持 Java 语言开发、CDT 支持 C 语言开发、PDE 用来支持插件开发，Eclipse Platform 则是一个开放的可扩展 IDE，提供了一个通用的开发平台。它提供构建块和构造并运行集成软件开发工具的基础。Eclipse Platform 允许工具建造者独立开发与他人工具无缝集成的工具，从而无须分辨一个工具功能在哪里结束，而另一个工具功能在哪里开始。

Eclipse 的最大特点是它能接受由 Java 开发者自己编写的开放源代码插件，这类似于微软公司的 Visual Studio 和 Sun 公司的 NetBeans 平台。Eclipse 为工具开发商提供了更好的灵活性，使他们能更好地控制自己的软件技术。Eclipse 是一款非常受欢迎的 Java 开发工具，国内的用户也越来越多，其缺点是学习和使用比较复杂，让初学者理解起来比较困难。

简单地说，MyEclipse 是 Eclipse 的插件，MyEclipse 企业级工作平台（MyEclipse Enterprise Workbench，MyEclipse）是对 Eclipse IDE 的扩展，我们可以利用它在数据库和 J2EE 中开发、发布，以及应用程序服务器的整合方面极大地提高工作效率。它是功能丰富的 J2EE 集成开发环境，包括了完备的编码、配置、调试、测试和发布功能，MyEclipse 对 J2EE 的完整支持是通过一系列插件来实现的。MyEclipse 结构上的这种模块化，可以让我们在不影响其他模块的情况下，对任一模块进行单独的扩展和升级。

2. NetBeans

NetBeans 是一个全功能的开放源码 Java IDE，可以帮助开发人员编写、编译、调试和部署 Java 应用，并将版本控制和 XML 编辑融入其众多功能之中。NetBeans 可支持 Java 2 平台标准版（J2SE）应用的创建、采用 JSP 和 Servlet 的二层 Web 应用的创建，以及用于二层 Web 应用的 API 及软件的创建。此外，NetBeans 最新版还预装了两个 Web 服务器，即 Tomcat 和 GlassFish，从而免除了烦琐的配置和安装过程。所有这些都为 Java 开发人员创造了一个可扩展的开源多平台的 Java IDE，以支持他们在各自所选择的环境中从事开发工作，如 Solaris、Linux、Windows 或 Macintosh。

NetBeans 是一个为软件开发者而设计的自由、开放的 IDE（集成开发环境），应用开发者可以在这里获得许多需要的工具，包括建立桌面级应用、企业级应用、Web 开发和 Java 移动应用程序开发、C/C++，甚至 Ruby。NetBeans 可以非常方便地安装于多种操作系统平台，包括 Windows、Linux、Mac OS 和 Solaris 等。

NetBeans 的最新版本 NetBeans IDE 6.1 提供了几种新功能和一些功能的增强，并提供了强大的 JavaScript 编辑功能，支持使用 Spring 的 Web 框架，并加强了与 MySQL 的整合，使 NetBeans 比较方便地使用 MySQL 数据库。此外 NetBeans IDE 6.1 在性能方面也得到增强，在建立较大的工程时，有着较低的内存消耗和更快的响应速度。NetBeans 的市场份额也在不断增加。

3. JBuilder

JBuilder 是 Borland 公司开发的针对 Java 的开发工具，使用 JBuilder 可以快速、有效地开发各类 Java 应用，它使用的 JDK 与 Sun 公司标准的 JDK 不同，它经过了较多的修改，以便开发人员能够像开发 Delphi 应用那样开发 Java 应用。JBuilder 曾经在 Java IDE 中占有绝对主导地位，但是随着开源并且免费的 Eclipse 和 NetBeans 的出现，JBuilder 的市场份额迅速下降。

JBuilder 支持最新的 Java 技术，包括 Applets、JSP/Servlets、JavaBean 及 EJB（Enterprise JavaBean）的应用。用户可以自动地生成基于后端数据库表的 EJB Java 类，JBuilder 同时还简化了 EJB 的自动部署功能。此外它还支持 CORBA，相应的向导程序有助于用户全面地管理 IDL（Interface Definition Language，分布应用程序所必需的接口定义语言）和控制远程对象。JBuilder 支持多种应用服务器，并与 Inprise Application Server 紧密集成，同时支持 WebLogic Server，支持 EJB 1.1 和 EJB 2.0，可以快速开发 J2EE 的电子商务应用。

JBuilder 拥有专业化的图形调试界面，支持远程调试和多线程调试，调试器支持各种 JDK 版本，包括 J2ME/J2SE/J2EE。JBuilder 环境开发程序方便，它是纯 Java 开发环境，适合企业的 J2EE 开发，其缺点是难以一开始就把握整个程序各部分之间的关系，对机器的硬件要求较高，内存消耗比较大，运行速度显得较慢。

在开发 E-STORE 电子商城网站时，需要具备以下开发环境。

服务器端：
◆ 操作系统：Windows 10
◆ Web 服务器：Tomcat 9.0.54
◆ Web 开发框架：SpringMVC
◆ Java 开发包：JDK 1.8.0_311
◆ 集成开发环境：Eclipse Oxygen.3a Release
◆ 数据库：MySQL 8.0.15
◆ 浏览器：IE 6.0 及以上版本
◆ 分辨率：最佳效果为 1024 像素×768 像素

客户端：
◆ 浏览器：IE 6.0 及以上版本
◆ 分辨率：最佳效果为 1024 像素×768 像素

2.2.5 创建项目

安装好 Eclipse 集成开发环境后，启动过程中出现 IDE 的 Logo 和选择工作空间对话框，分别如图 2.14 和图 2.15 所示。

图 2.14　Eclipse 启动界面

图 2.15　设定工作空间

在 Eclipse 中，提供了 Web Project 这种工程类型，生成 Web 工程后，会自动创建一个有效的 Web 应用目录，默认根目录名为"WebContent"。Web 应用应具备的一些基本目录和文件都会自动生成。具体操作步骤如下：

（1）执行"File"→"New"→"Dynamic Web Project"菜单命令，如图 2.16 所示，创建项目。

（2）在"Project name"文本框中输入工程名"estore"，其他选项保持默认设置，单击"Finish"按钮，Web 工程就创建结束，如图 2.17 所示。

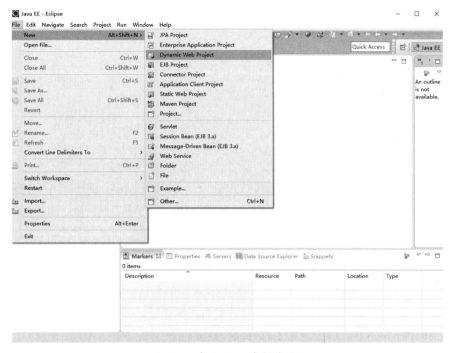

图 2.16　在 Eclipse 中创建项目

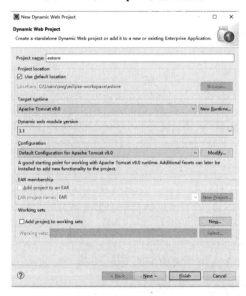

图 2.17　命名项目

Eclipse 在创建 E-STORE 结束后会自动生成 Java Web 项目默认的一些文件和文件夹，并且在工程中引入基础的 jar 包，我们可以在此基础上进行开发。创建成功后的项目如图 2.18 所示，Web 工程中的 WebContent 目录即为 Web 应用的根目录，Web 工程中的 src 目录用于存放 Java

源文件，其中的 Java 源程序在编译后会生成相应的 class 文件，这些 class 文件会根据其类所在的包的位置，在"/WebContent/WEB-INF/classes"目录下对应生成子目录。

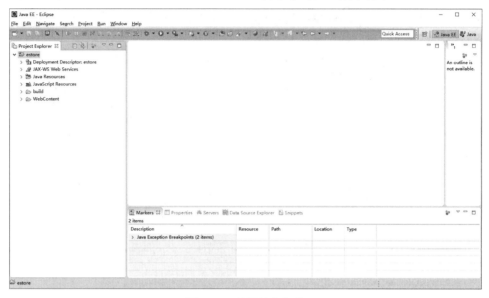

图 2.18　项目创建完成

值得注意的是，Web 工程中的 src 目录下存放 Web 应用开发时所创建的 Java 源文件，由 IDE 编译后生成的 class 文件作为 Web 应用的一部分发布，而 src 目录下的源文件并不会发布，只是在 IDE 环境中将其加入在工程中以便于代码编写和调试。

Java Web 应用由一组静态 HTML 页、Servlet、JSP、配置文件、资源文件和其他相关的 class 组成。每种组件在 Web 应用中都有固定的存放目录。Web 应用的配置信息存放在 web.xml 文件中。在发布某些组件（如 Servlet）时，必须在 web.xml 文件中添加相应的配置信息。 Java Web 应用具有固定的目录结构，如表 2.1 所示。

表 2.1　Web 应用的目录结构

目　　录	描　　述
/ WebContent	Web 应用的根目录，所有的 JSP、HTML 文件、CSS 文件、资源文件都存放于此目录下，可在此目录下创建其他目录，以便于文件的管理
/ WebContent /WEB-INF	存放 Web 应用的发布描述文件 web.xml 等
/ WebContent /WEB-INF/classes	存放各种 class 文件， Java Web 组件 Servlet 类文件也放于此目录下
/ WebContent /WEB-INF/lib	存放 Web 应用所需的各种 jar 文件，如可以存放 JDBC 驱动程序的 jar 文件

提示：目前创建的目录结构中因为尚未开发 Java 的 class 文件，因而还没有创建"/WebContent /WEB-INF/classes"子目录。

从表 2.1 中我们看到，在 classes 及 lib 子目录下，都可以存放 Java 类文件。在运行过程中，Tomcat 的类装载器先装载 classes 目录下的类，再装载 lib 目录下的类。因此，如果两个目录下存在同名的类，classes 目录下的类具有优先权。

如果将一个 Java Web 应用的目录用树形结构表示出来，则如图 2.19 所示。其中"<CATALINA_HOME>/webapps"目录是服务器上 Web 应用发布的根目录，这个服务器上的所有 Web 应用都在这个目录下有一个对应的子目录作为该应用的根目录。如图中的 E-STORE 应用程序根目录。

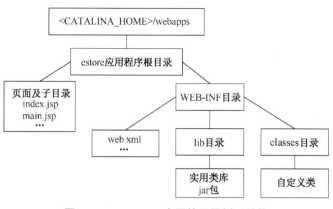

图 2.19　Java Web 应用的目录树形结构

Java Web 应用通过一个基于 XML 格式的发布描述符文件来配置其发布信息，这个文件名为"web.xml"，它固定存放于 WEB-INF 子目录下。通常在 web.xml 文件中可包含如下描述和配置信息：Java Web 组件的定义、初始化参数、安全配置参数、页面映射、网站欢迎页面等。

```
<?xml version="1.0" encoding="UTF-8"?>
<web-app xmlns:xsi="http://www.w3.org/2001/XMLSchema-instance"
xmlns="http://xmlns.jcp.org/xml/ns/javaee"
xsi:schemaLocation="http://xmlns.jcp.org/xml/ns/javaee
http://xmlns.jcp.org/xml/ns/javaee/web-app_3_1.xsd"
id="WebApp_ID" version="3.1">
<display-name>estore</display-name>
  <welcome-file-list>
<welcome-file>index.html</welcome-file>
<welcome-file>index.htm</welcome-file>
<welcome-file>index.jsp</welcome-file>
<welcome-file>default.html</welcome-file>
<welcome-file>default.htm</welcome-file>
  <welcome-file>default.jsp</welcome-file>
  </welcome-file-list>
  </web-app>
```

以上是默认创建的 web.xml 文件（根据开发工具的不同，web.xml 配置文件生成的内容可能会有所不同），文件的第一行指定了 XML 的版本和字符编码，第二行 DOCTYPE 指定文档类型，接下来声明了一个 web-app 元素，所有关于这个 Web 应用的配置元素都将加入到这个元素中，比如目前声明了网站的一个欢迎页面是"index.jsp"，当用户访问这个 Web 应用时，如果不指定访问的资源，则会以这里配置的欢迎页面"index.jsp"作为默认页面，这也正是在图 1.24 中可以直接访问 HelloJsp 应用的原因，访问路径是"http://localhost:8080/HelloJsp/"。

2.3　网站欢迎页面

2.3.1　功能说明

设计 E-STORE 电子商城的第一个页面，作为用户欢迎页面，页面上显示简单的欢迎信息，实际上在商用网站的欢迎页面上一般会设计有优美的宣传图片或公司的 Logo 等内容。E-STORE 电子商城欢迎页面如图 2.20 所示。

图 2.20　E-STORE 电子商城欢迎页面

2.3.2　实现步骤

1．编写页面代码

在 2.3 节用 Eclipse 创建的 E-STORE 项目中，有默认的一个 JSP 页面 "index.jsp"，一般作为访问网站的默认页面，所以可以对该页面进行修改。双击 "index.jsp" 打开页面代码，可以发现其中的开发环境已经生成了一些代码，这些代码是 Eclipse 根据 JSP 的默认模板创建而成的，涉及比较复杂的内容，我们将在后续的章节中逐步展开，先将这些代码修改成以下代码。

```
<%@ page language="java" pageEncoding=" utf-8"%>
<html>
  <head>
    <meta http-equiv="Content-Type" content="text/html; charset=utf-8">
    <title>Welcome to estore!!!</title>
  </head>

  <body>
        欢迎访问 estore!!! <br>
    <a href="main.jsp">进入</a>
  </body>
</html>
```

保存 "index.jsp" 后，就可以将该 Web 应用部署到服务器上供浏览器访问了，在 Eclipse 中已经集成了 Tomcat 服务器，并随 Eclipse 一起安装到计算机上，我们可以直接在开发环境中指定服务器并部署应用。

2．指定部署应用的服务器

使用鼠标右键单击 Eclipse 系统菜单中的 "Window" 按钮，选择 "Preference" 选项，在弹出的对话框中选择 "Server" 选项，接着选择 "Runtime Environments" 选项，单击 "Add" 按钮添加 Tomcat 服务器，选择 "Apache" 下的 "Apache Tomcat v9.0" 选项，单击 "Finish" 按钮完成部署应用服务器的指定，如图 2.21 所示。

3．部署应用

指定了服务器以后，下面将部署应用程序。在页面下方 "Server" 菜单栏中右击 "Tomcat" 按钮，选择 "add and remove" 选项。在打开的对话框中，在 "Available" 框中选择项目名称，单击中间的"Add"按钮将其添加到右侧的"Configured"，单击"Finish"按钮完成部署服务器，如图 2.22 所示。至此，Web 应用已经部署完成了，下面将运行调试。

图 2.21　指定部署应用的服务器

> 提示：如果环境中没有 Tomcat 9，一是检查安装的开发环境是否支持 Tomcat 9，二是下载更新包，在"eclipse->help->EclipseMarketPlace->"中搜索"apache-tomcat"，下载 eclipse Java EE Developer Tools 包，下载完成后在"Window->Preference-->Server->RuntimeEnvironments"中再次查看。

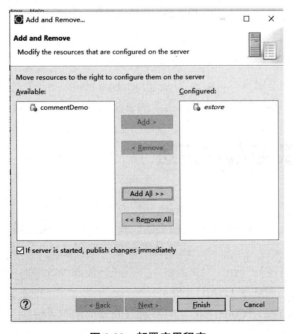

图 2.22　部署应用程序

4．启动服务器，运行 Web 应用程序

单击图形菜单栏中的"Servers"按钮，在子菜单"Tomcat"的右侧单击"Start"选项，启动服务器，如图 2.23 所示。等待 Consol 窗口中提示 Tomcat 启动成功，就可以运行我们的程序了。

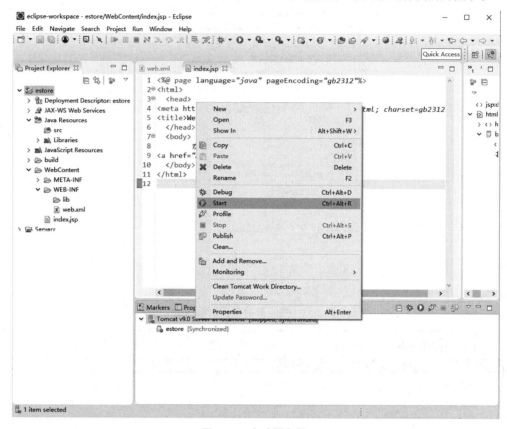

图 2.23　启动服务器

5．访问 Web 应用程序

当应用在服务器上部署成功，服务器启动后，就可以在客户端使用浏览器访问这个应用的资源了。打开一个 IE 浏览器窗口，输入"http://localhost:8080/estore"，访问 E-STORE 电子商城系统的欢迎页面，浏览器中显示如图 2.20 所示的 E-STORE 电子商城欢迎页面。

2.4　JSP 页面基本语法

从 E-STORE 电子商城的欢迎页面"index.jsp"中可以看出，在 HTML 文件内直接加入 JSP 元素可以将静态 Web 页面升级为动态 Web 页面，开发 JSP 页面时，可以先编写 HTML，然后用特殊的标签来附上动态部分的代码，这个特殊标签一般都是以"<%"开头，以"%>"结尾的。一般情况下 JSP 文件以".jsp"为扩展名，并放在一般的 Web 应用中页面存放的地方。

在 JSP 页面中，除了普通的 HTML 元素外，还有 5 种主要类型的 JSP 元素加入到页面中，主要有指令（Directives）、注释（Comment）、脚本（Script）、动作（Actions）和内置对象，如图 2.24 所示。本章我们先介绍指令、注释和脚本，其具体细节和其他内容将在后续章节中介绍。

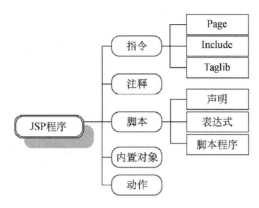

图 2.24　JSP 元素

2.4.1　指令

JSP 的指令包括 page 指令、include 指令和 taglib 指令，包含在<%@%>标签里，主要作用是向 JSP 引擎提供该页的全局信息。例如，页面的状态，错误处理，是否 Session 的一部分等。指令不会产生任何输出到当前的输出流中。

1. page 指令

page 指令的基本语法格式如下：

```
<%@ page attr1="value1" attr2="value2" … %>
```

page 指令称为页面指令，用来定义 JSP 页面的全局属性，该配置作用于整个页面。

2. include 指令

include 的 JSP 语法如下：

```
<%@include file=" relativeURL "%>
```

在 JSP 页面中使用<%@include %>指令时，将会在 JSP 编译时在该指令出现的地方插入一个包含文本或代码的文件，这个包含的过程是静态的。

3. taglib 指令

taglib 指令的语法格式如下：

```
<%@ taglib uri="URIToTagLibrary" prefix="tagPrefix" %>
```

<%@taglib%>指令声明此 JSP 文件使用了自定义的标签，同时引用标签库，也指定了标签库的标签前缀。这里自定义的标签含有标签和元素之分。必须在使用自定义标签之前使用<%@taglib%>指令，而且可以在一个页面中多次使用，但是前缀只能使用一次。

2.4.2　注释

在 JSP 规范中，可以使用两种格式的注释：一种是输出注释，另一种是隐藏注释。这两种注释在语法规则和产生结果上略有不同。

1．输出注释

输出注释是指会在客户端（浏览器）显示的注释。这种注释的语法和 HTML 中的注释相同（<!--注释内容-->）。可以通过 IE"查看"菜单中的"查看源文件"命令查看。

输出注释的语法格式如下：

```
<!-- comment[<%= expression %>]-->
```

和 HTML 中的注释不同的是：输出注释除了可以输出静态内容外，还可以输出表达式的结果，如输出当前时间等。

2．隐藏注释

隐藏注释是指注释虽然写在 JSP 程序中，但是不会发送给客户端。

```
<%-- 隐藏注释不会在客户端显示 --%>
```

2.4.3 脚本

在 JSP 中，动态程序部分主要是脚本元素，其中包括三个部分：声明（Declaration）、表达式（Expression）和脚本程序（Scriptlet）。所有的脚本元素都以"<%"标记开始，以"%>"标记结束。从功能上讲，声明用于声明一个或多个变量，表达式是一个完整的语言表达式，而脚本程序就是一些程序片段。

1．声明

JSP 中的声明用于声明一个或多个变量和方法，这些声明不会被输出到浏览器。在声明元素中声明的变量和方法将在 JSP 页面初始化时初始化，其语法结构如下：

```
<%! Declaration %>
```

2．表达式

JSP 中的表达式可以被看作是一种简单的输出形式，需要注意的是，表达式一定要有一个可以输出的值才行，其语法结构如下：

```
<%= expression %>
```

3．脚本代码

脚本代码是 JSP 中的代码部分，在这个部分中可以使用任何 Java 的语法，其语法结构如下：

```
<% scriptlet %>
```

2.4.4 动作

JSP 动作利用 XML 语法格式的标记来控制 JSP 引擎的行为。利用 JSP 动作可以动态地实现插入文件、重用 JavaBean 组件、把用户重定向到另外的页面、为 Java 插件生成 HTML 代码等功能。常用的 JSP 动作包括：

（1）jsp:include：在页面被请求时引入另一个文件。

（2）jsp:useBean：寻找或者实例化一个 JavaBean。

（3）jsp:setProperty：设置 JavaBean 的属性。

（4）jsp:getProperty：输出某个 JavaBean 的属性。

（5）jsp:forward：把请求转发到一个新的页面。

（6）jsp:plugin：根据浏览器类型为 Java 插件生成 Object 或 Embed 标记。

各个 JSP 动作的语法和详细介绍，将在 E-STORE 电子商城项目实现的过程中逐步展开，这里暂不详解。

2.4.5　内置对象

JSP 的内置对象是不需要声明的，直接可以在 JSP 中使用的对象。几种常用的内置对象有：Request、Response、Out、pageContext、Session 等，对于其的详细介绍将在后续章节中展开。

练习题

一、选择题

1. 下面说法中正确的是（　　）。

   A．web.xml 文件的根元素为<Context>元素

   B．Servlet 规范规定 Java Web 应用的配置文件为 web.xml

   C．Servlet 规范规定 Java Web 应用的配置文件为 server.xml

   D．server.xml 文件和 web.xml 文件都是 xml 格式的配置文件

2. 关于 Java Web 应用的目录结构，以下说法中正确的是（　　）。

   A．Java Web 应用的目录结构完全由开发人员自行决定

   B．Java Web 应用中的 JSP 文件只能存放在 Web 应用的根目录下

   C．web.xml 文件存放在 WEB-INF 目录下

   D．Java Web 应用中的 class 文件存放在 WEB-INF/classes 目录或其子目录下

3. 一个 JSP 文件需要引入 java.io.File 类和 java.util.Date 类，以下选项中的语法正确的是（　　）。

   A．<%@ page import="java.io.File,java.util.Date " %>

   B．import java.io.File;

     Import java.util.Date ;

   C．<%@ page import="java.io.File" %>

     <%@ page import="java.util.Date" %>

   D．<%@ page import="java.io.File ; java.util.Date ; " %>

4. 下列关于 page 指令中 contentType 属性和 pageEncoding 属性的说法中，正确的是（　　）。

   A．没有区别

   B．前者用于设置 JSP 页面响应结果的 MINE 类型和编码方式

   C．后者用于设置 JSP 页面的编码方式

   D．如果没有指定 pageEncoding，页面编码将由 contentTyp 决定，如果也没有指定 contentType，页面的编码方式将是 ISO-8859-1

5. 下面选项中，不是合法的 JSP 注释的是（　　）。

   A．<!--comment-->   B．<%--comment--%>

   C．/*comment*/   D．<%--/**comment **/--%>

6. 下列选项中，哪些 JSP 注释是客户端看不到的注释？（　　）

   A．<!--comment-->   B．<%--comment--%>

   C．<!--<%out.println("comment");%>-->   D．<%--/**comment **/--%>

7. 关于 page 指令，下列说法中正确的是（　　）。

    A．一个 JSP 文件可以包含多个 page 指令

    B．page 指令元素以<%! Page 开头，以 %>结束

    C．page 指令的 language 属性的默认值为 Java

    D．page 指令的属性可以重复指定

8. 在<%!　%>中可以包含哪些 Java 语句？（　　）

    A．int i;　　　　　　　　　　　　　　B．int j = 2+3;

    C．System.out.println("hi");　　　　　　D．String getName(){　return "";　}

9. 在<%　%>中可以包含哪些 Java 语句？（　　）

    A．int i;　　　　　　　　　　　　　　B．int j = 2+3;

    C．System.out.println("hi");　　　　　　D．String getName(){　return "";　}

10. 假设在 helloapp 应用中有一个 "hello.jsp"，它的文件路径如下：

```
%CATALINA_HOME%/webapps/helloapp/hello/hello.jsp
```

    那么在浏览器端访问 "hello.jsp" 的 URL 是（　　）。

    A．http://localhost:8080/hello.jsp

    B．http://localhost:8080/helloapp/hello.jsp

    C．http://localhost:8080/helloapp/hello/hello.jsp

    D．http://localhost:8080/hello/hello.jsp

11. 已知 Tomcat 的安装目录为 "D:\Tomcat406\"。MyFirstWeb.war 是一个打包好的 Java Web 应用程序。为了将其部署到该 Tomcat 服务器，应该将该 WAR 文件复制到（　　）。

    A．D:\Tomcat406\bin　　　　　　　　B．D:\Tomcat406\server

    C．D:\Tomcat406\webapps　　　　　　D．D:\Tomcat406\common

    E．D:\Tomcat406\war

二、简答题

1. 阐述 JSP 页面的主要元素有哪些，分别有什么作用。

2. JSP 页面常用的内置对象有哪些？如何使用？

三、操作题

试在 Eclipse 中创建一个 Java Web 项目，并在 Eclipse 自带的 Web 服务器和独立的 Tomcat 9 服务器上部署和运行。

第 3 章

商品展示模块

本章要点：

- ◆ 商品展示功能的详细设计和具体实现
- ◆ JSP 访问数据库
- ◆ 优化商品展示功能
- ◆ 统一网站页面风格
- ◆ 新品、特价商品展示的详细设计和具体实现
- ◆ 使用分页显示技术
- ◆ 商品检索功能详细设计和具体实现
- ◆ JSP 内置对象 Request、Response
- ◆ JSP 的 include 动作
- ◆ 表单提交方法 Post 和 Get

在会员购买商品之前，系统应该能够向会员展示所有的商品信息，以供会员浏览挑选。本章主要完成商品基本信息、特价商品、新品的展示及商品的检索等功能。在功能实现时，从最简单的纯 JSP 实现开始（即所有功能操作集中在一个 JSP 页面中完成），然后过渡到 JSP+JavaBean 的形式，创建商品实体、创建数据库访问类，实现将数据库访问和页面元素显示功能分离。此外，为了统一网站页面风格，本章还为 E-STORE 电子商城系统设计了统一的页面框架布局。

3.1 商品展示页面设计

3.1.1 功能说明

商品展示页面是 E-STORE 电子商城系统的典型页面。系统从数据库中读出所有商品的信息并在页面上展示出来。用户在购买商品前可以先浏览所有商品的基本信息，例如，商品的单价、商品的基本描述等。如果是会员，在登录后还可以通过单击"查看详细内容"超链接进一步查看商品详细信息，并进行购买。商品展示页面如图 3.1 所示。

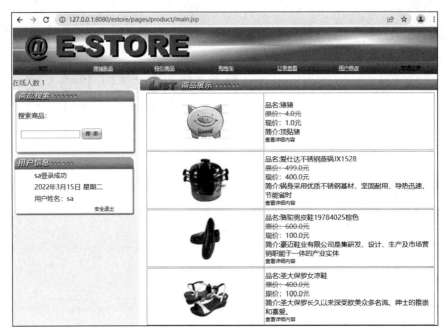

图 3.1　商品展示页面

3.1.2　流程分析与设计

1. 设计数据库

（1）数据表的概念设计。

①商品信息实体。E-STORE 电子商城的商品信息实体包括商品编号、所属大类、所属小类、商品名称、商品产地、商品介绍、商品添加日期、商品原价、商品现价、商品销售数量、商品图片和商品折扣标志属性。其中商品折扣标志属性分别用来标识商品是否有折扣（即特价），1表示"是"，0 表示"否"。商品信息实体如图 3.2 所示。

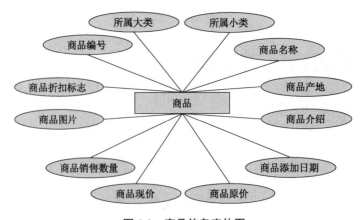

图 3.2　商品信息实体图

②商品大类实体。商品大类实体包括商品大类编号、大类名称和大类添加日期属性。商品大类实体如图 3.3 所示。

③商品小类实体。商品小类实体包括商品小类编号、所属大类、小类名称和小类添加日期属性。商品小类实体如图 3.4 所示。

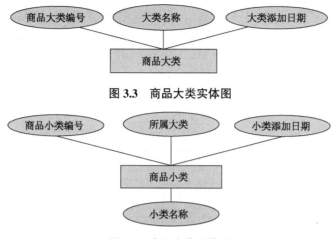

图 3.3 商品大类实体图

图 3.4 商品小类实体图

（2）数据表的逻辑结构。

根据数据库概念设计，需要创建与商品信息实体、商品大类实体和商品小类实体对应的数据表，数据表与其他数据表之间的相互关联在后面章节中进行讨论。

①商品信息表结构。商品信息表用来保存 E-STORE 电子商城系统中所有商品的信息，数据表命名 tb_product，该表的结构如表 3.1 所示。

表 3.1 tb_product 表的结构

字 段 名	数 据 类 型	是 否 为 空	是否为主键	默 认 值	描 述
id	int	No	Yes	—	ID（自动编号）
category_main_id	int	No	—	0	所属大类
category_branch_id	int	No	—	0	所属小类
name	varchar(50)	Yes	—	NULL	商品名称
producing_area	varchar(50)	Yes	—	NULL	商品产地
description	text	Yes	—	NULL	商品介绍
create_time	smalldatetime(4)	Yes	—	NULL	商品添加日期
market_price	money	Yes	—	0	商品原价
sell_price	money	Yes	—	0	商品现价
product_amount	int	Yes	—	0	商品销售数量
picture	varchar(50)	Yes	—	NULL	商品图片
discount	bit	Yes	—	0	商品折扣标志

其中，category_main_id 字段表示商品所属大类，它与 tb_category_main 表中的 id 字段相关联；category_branch_id 字段表示商品所属小类，它与 tb_category_branch 表中的 id 字段相关联；discount 字段用来表示商品折扣标志，取值为"1"表示"商品有折扣"或"特价商品"，取值为"0"表示"商品没有折扣"或"新品"。

②商品大类表结构。商品大类表用来保存商品所属的大类，数据表命名为"tb_category_main"，该表的结构如表 3.2 所示。

表 3.2　tb_category_main 表的结构

字 段 名	数 据 类 型	是 否 为 空	是否为主键	默 认 值	描　　述
id	int	No	Yes	—	ID（自动编号）
name	varchar(50)	Yes	—	NULL	大类名称
create_time	smalldatetime	Yes	—	NULL	大类添加日期

③商品小类表结构。商品小类表用来保存商品所属的小类，数据表命名为"tb_category_branch"，该表的结构如表 3.3 所示。

表 3.3　tb_category_branch 表的结构

字 段 名	数 据 类 型	是 否 为 空	是否为主键	默 认 值	描　　述
id	int	No	Yes	—	ID（自动编号）
category_main_id	int	No	—	—	所属大类编号
name	varchar(50)	Yes	—	NULL	小类名称
create_time	smalldatetime	Yes	—	NULL	小类添加日期

（3）数据表之间的关系。

数据表之间的关系如图 3.5 所示，该关系实际上反映了系统中商品信息、商品大类、商品小类三个实体之间的关系。设置了该关系后，可以保证商品信息中一定有商品大小类的信息。另外，还可以保证在更新"tb_category_main"和"tb_category_branch"数据表中的类别信息后，系统会自动检查"dbo.tb_product"数据表中对应字段的内容，也可避免商品大小类别的误删除操作。

（4）创建数据库及数据表。

本节介绍如何在 MySQL 8 的 SQLyog 中创建数据库及数据表。

①创建数据库。

◆确认是否安装了 MySQL 8 和 SQLyog，若没有安装则需安装该软件。

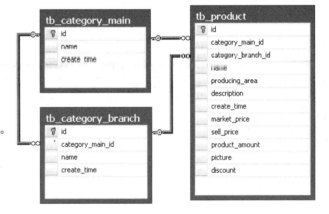

图 3.5　数据表之间的关系

◆安装好 SQLyog 后，双击"SQLyog"图标，启动并展开数据库服务器的根目录，使用鼠标右键单击"数据库"节点，执行"创建数据库"菜单命令，系统显示"创建数据库"对话框，如图 3.6 所示。

◆输入数据库名为"estoredb"，数据库字符集选择"UTF-8"选项，其余保持默认设置。

◆单击"创建"按钮完成数据库"estoredb"的创建。

②创建数据表。数据库创建成功后，展开 SQLyog 的对象资源管理器，就会看到刚刚建好的 estoredb 数据库，如图 3.7 所示。下面以创建 tb_product 数据表为例介绍创建数据表的步骤。

◆在如图 3.7 所示的 SQLyog 中展开 estoredb 数据库，使用鼠标右键单击表节点，在弹出的快捷菜单中执行"创建表"命令，将弹出用来创建表的对话框。

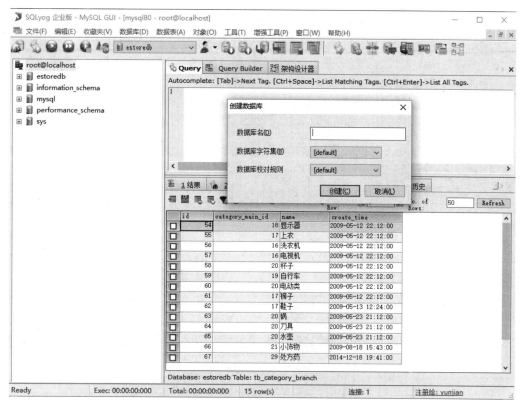

图 3.6　"创建数据库"对话框

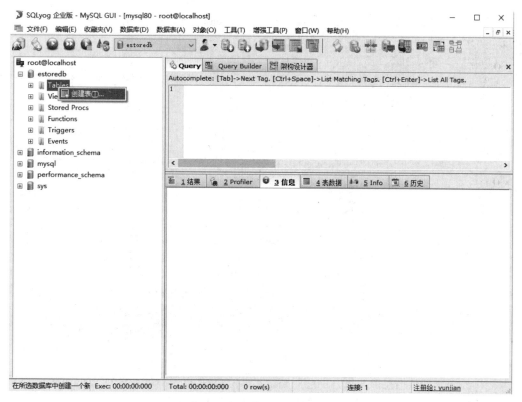

图 3.7　创建表"tb_product"

◆根据表 3.1 中 tb_product 数据表的结构设置各字段属性，如图 3.8 所示。其中 id 字段被设置为主键。其创建方法为：在 tb_product 数据表单击鼠标右键，在弹出的快捷菜单中执行"管理索引"命令，单击"新建"按钮并选择字段名称即可完成主键的创建。若"管理索引"命令已被选中，同样单击"删除"按钮可取消主键的设置。

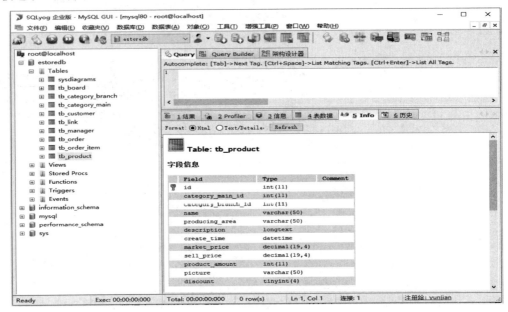

图 3.8　设置.tb_product 表结构

◆表结构设置完成后，单击左上角的"保存"按钮，在弹出的对话框中输入数据表名称"tb_product"，然后单击"确定"按钮保存数据表。

◆数据表创建成功后，将在 SQLyog "Info"中显示。

◆为方便编程时进行调试，预先在表中添加一些数据，如图 3.9 所示，待整个项目完成后，就可以从后台管理系统中进行商品的添加。

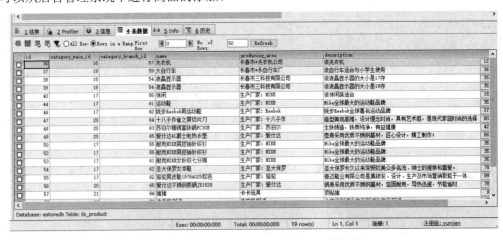

图 3.9　为表 tb_product 预先输入一些数据

表中 picture 列数据是商品图片的相对路径，E-STORE 电子商城系统在 WebContent 目录下新建 productImages 子目录，并将商品图片（如.jpg 文件）放入其中。

按照以上步骤创建商品大类表和商品小类表，并在表中加入一些数据。

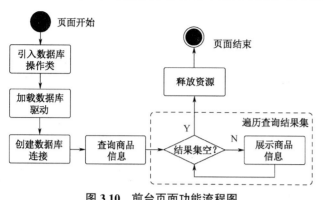

图 3.10　前台页面功能流程图

2.　页面实现流程设计

（1）在页面中引入数据库操作类。

（2）加载数据库驱动。

（3）创建数据库连接。

（4）查询商品信息。

（5）展示商品信息。

（6）关闭数据库连接，释放资源。

前台页面功能流程图如图 3.10 所示。

3.1.3　编程详解

由于整个 E-STORE 项目包含很多页面，为了使项目的目录结构清晰，我们对这些页面按其所属功能模块进行了分类保存。打开第 2 章所创建的 E-STORE 项目，在“WebContent”目录上右击，执行“New”→“Folder”菜单命令，创建一个新目录“pages”，用于存放项目中所有“JSP”页面，然后按同样的方法在 pages 目录下按功能模块创建对应的子目录。例如，为商品展示模块中的所有页面创建一个 product 子目录，创建结果如图 3.11 所示。

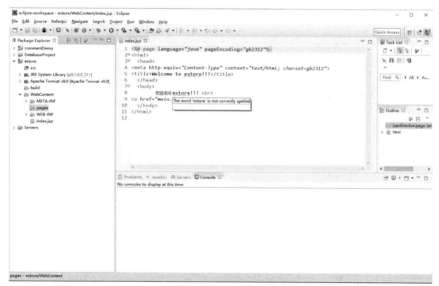

图 3.11　为页面创建存放目录

1.　生成 main.jsp 页面框架

根据 index.jsp 页面的链接<a href="main.jsp">进入</a>可知，第一个要实现的页面是“main.jsp”，即商品展示页面。

在 product 目录上右击，执行“New”→“JSP File”命令，如图 3.12 所示。然后在弹出的窗口中将 JSP 页面的“File name”修改为“main.jsp”，其他保持默认设置，如图 3.13 所示。页面创建完成后要将 index.jsp 页面中指向“main.jsp”的链接路径修改为“<a href="pages/

product/main.jsp">进入</a>"。

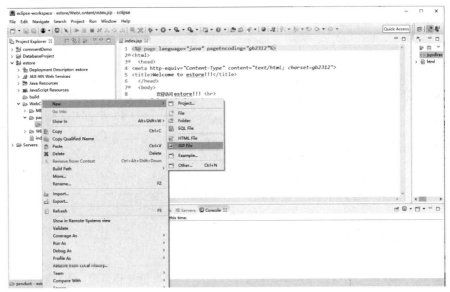

图 3.12　在 product 目录下创建 JSP

图 3.13　将页面名称改为 "main.jsp"

2．在页面中引入数据库包 "java.sql" 并声明数据库操作对象

数据库包 "java.sql" 中包含了使用 Java 语言操纵关系数据库的所有类和接口，因此要在 JSP 页面上实现对数据库的访问和操作，必须引入 java.sql 包，并声明相关的数据库操作对象。具体实现代码如下：

```
<%@page import="java.sql.*"%>
<%
  ...
  Connection conn = null;      //声明连接对象
  Statement st = null;         //声明数据库操作的语句对象
  ResultSet rs = null;         //声明数据库查询结果集对象
  ...
%>
```

3. 加载数据库驱动

在 JDBC 连接到数据库之前，必须要加载数据库驱动程序：

```
<%
   ...
/*加载数据库驱动程序*/
   Class.forName("com.mysql.cj.jdbc.Driver"). newInstance();
   ...
%>
```

Class.forName(xxx.xx.xx)方法用于加载指定的类。这里使用该方法加载数据库驱动程序类"com.mysql.cj.jdbc.Driver"，并调用 newInstance()方法创建该驱动程序的一个实例。

> **提示：**使用 JDBC 连接 MySQL 数据库，需要下载 MySQL 驱动程序，可以到官方网站"https://dev.mysql.com/downloads/"下载，下载后解压文件,取得"mysql-connector-java-8.0.11.jar"文件，该文件即为 MySQL 驱动。

如果在把 MySQL 驱动程序加载到项目之前，进行项目的部署和运行，并访问页面，则页面不能正确连接数据库，会返回 Web 服务器出错信息，如图 3.14 所示。

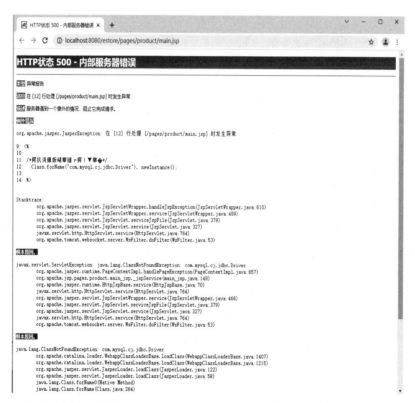

图 3.14　未加载 mysql-connector-java-8.0.11.jar 的出错页面

如果希望在 Web 应用部署时将数据库驱动程序一并部署，可以将"mysql-connector-java-8.0.11.jar"直接复制到项目文件"WEB-INF/lib"下面，如图 3.15 所示。然后在 Eclipse 中右击"estore"工程按钮执行"Build Path"菜单命令，如图 3.16 所示。这样在工程目录"WEB-INF/lib"下面就可以看到"mysql-connector-java-8.0.11.jar"，如图 3.17 所示。

4. 创建数据库连接

完成上述操作后，就可以连接数据库了。这需要创建 Connection（java.sql 包）类的一个实例，并使用 DriverManager（java.sql 包）的方法"getConnection"来尝试建立数据库的连接。如图 3.15、图 3.16、图 3.17 所示是 JDBC 与 MySQL 数据库连接的代码。

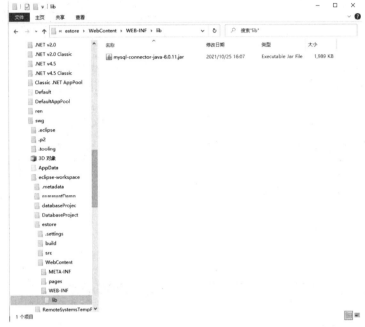

图 3.15 添加 jar 包到工程中

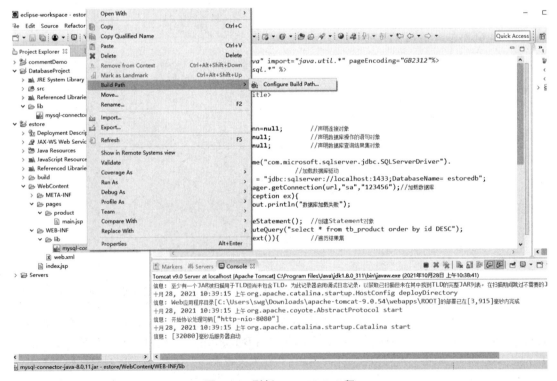

图 3.16 刷新 E-STORE 工程

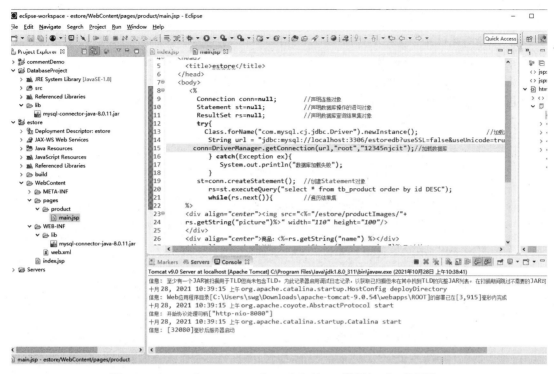

图 3.17　mysql-connector-java-8.0.11.jar 被添加到工程目录下

```
<%
...
/*创建数据库连接*/
String url = "jdbc:mysql://localhost:3306/estoredb?useSSL=false
&useUnicode=true&characterEncoding=UTF-8&serverTimezone=GMT%2B8";
conn = DriverManager.getConnection(url,"root", "12345njcit");
...
%>
```

　　其中 java.sql.Connection 类用于管理 JDBC 与数据库之间的连接。java.sql.DriverManager 类是驱动程序管理器，其方法"getConnection"用来与指定的数据库建立连接，它的第一个参数是数据源的 URL，后面两个参数分别为访问数据源的用户名和密码。

　　5．查询商品信息

　　连接到数据库以后就可以访问数据库了。访问数据库需要调用 Connection 类对象的 createStatement 方法，该方法返回 Statement（java.sql 包）类的一个实例，然后调用这个实例的 executeQuery 方法来执行指定的 SQL 语句，实现对数据库的访问。具体实现代码如下：

```
<%
...
st = conn.createStatement();//创建 Statement 类的一个实例
rs = st.executeQuery("select * from tb_product order by id DESC");
...
%>
```

　　这里，st 是 java.sql.Statement 类的实例对象，用来向数据库递交查询或修改请求。st.executeQuery()用来执行从 tb_product 数据库中查询商品信息的 SQL 语句。

　　rs 是 java.sql.ResultSet 类的实例对象，用来保存 SQL 查询语句的执行结果集，可以利用 rs

存取结果集中的数据。

6. 展示商品信息

结果集 rs 中的每一条记录包含了一个商品的所有信息，可以按名称对各字段进行访问。由于结果集 rs 中可能包含多条记录，因此可以利用循环结构来访问所有记录，并以一定的形式在页面上显示，其实现代码如下：

```
<%
    ... //创建连接，执行查询
        while(rs.next()){ //遍历结果集
%>
    <div   align="center"><img   src="<%="/estore/productImages/"+rs.
getString("picture")%>"width="110" height="100"/></div>  //显示商品图片
    <div align="center">商品: <%=rs.getString("name")%></div>
                                                    //显示商品名称
    <div align="center">单价: <%=rs.getString("market_price")%>元</div>
                                                    //显示商品原价
    <div align="center">简介: <%=rs.getString("description")%></div>
                                                    //显示商品介绍
<%
    }
    ...
%>
```

这里，rs.next()方法用来得到结果集中的下一条记录。在执行完查询操作之后，得到的 ResultSet 结果集指针指向的是第一条记录之前的一个位置，因此先要调用一次 next 方法使指针指向第一条记录。next 方法返回一个 Boolean 类型的值，表示能否定位下一条记录，如返回值为"false"，则表示已经到记录集尾部，否则就可以继续提取下一条记录。

rs.getString()方法用来得到当前记录中的某一字段的值，返回类型为 String，如 rs.getString("name")返回当前商品的名称。其他的方法还有 getFloat()、getInt()等，这些方法获取的字段类型与数据表中字段的类型相对应，如 getInt()方法获取到的字段值的类型为 int。注意，所要读取的字段名应该与数据库内的相应字段名完全一致，包括大小写也要一致。

在上面的代码中，获得商品图片信息的表达式为：

```
src="<%="/estore/productImages/"+rs.getString("picture")%>"
```

其中的"/estore/productImages/"是存放图片的目录，rs.getString("picture")是获得数据库表中保存的图片名称，两者组合得到商品图片的相对路径。因此，在 E-STORE 工程的 WebContent 文件下还需要创建一个 productImages 文件夹，并将所有的商品图片都复制到该文件夹下，以确保能正确显示商品图片。

7. 关闭数据库连接，释放资源

对数据库的操作完成之后，要及时关闭 ResultSet 对象、Statement 对象和数据库连接对象 Connection，从而释放占用的资源，这就要用到 close 方法，实现代码如下：

```
<%
    ...
    rs.close();
    st.close();
    conn.close();
%>
```

　　这样，对查询结果使用完毕后及时关闭了 ResultSet 对象；在全部数据库操作结束后及时关闭了 Statement 操作对象和 Connection 连接对象。

　　main.jsp 页面的代码如下：

```jsp
<%@ page language="java" import="java.util.*" pageEncoding="UTF-8"%>
<%@page import="java.sql.*" %>
<html>
  <head>
    <title>estore</title>
  </head>
  <body>
    <%
      Connection conn=null;          //声明连接对象
      Statement st=null;             //声明数据库操作的语句对象
      ResultSet rs=null;             //声明数据库查询结果集对象
      try{
        Class.forName("com.mysql.cj.jdbc.Driver").newInstance();
    //加载数据库驱动
      String url = " jdbc:mysql://localhost:3306/estoredb?useSSL=false
  &useUnicode=true&characterEncoding=UTF-8&serverTimezone=GMT%2B8";
  conn=DriverManager.getConnection(url,"root","12345njcit");//加载数据库
        } catch(Exception ex){
            System.out.println("数据库加载失败");
        }
      st=conn.createStatement(); //创建 Statement 对象
        rs=st.executeQuery("select * from tb_product order by id DESC");
        while(rs.next()){          //遍历结果集
    %>
    <div align="center"><img src="<%="/estore/productImages/"+
    rs.getString("picture")%>" width="110" height="100"/>
    </div>
    <div align="center">商品: <%=rs.getString("name") %></div>
    <div align="center">单价: <%=rs.getString("market_price")%>元</div>
    <div align="center">简介: <%=rs.getString("description")%></div>
    <%
        }
      rs.close();
      st.close();
      conn.close();
    %>
    <br>
    登录后才能购买
  </body>
</html>
```

　　如图 3.18 所示，在 main.jsp 页面中，将会把数据库中的所有商品都显示出来，如果商品很多，页面会很长，一般会采用分页技术在页面上显示适当的信息，分页技术会在后面章节中进行介绍，这里为了尽快引入 Java Web 应用开发的主要技术，暂不使用分页技术。

图 3.18 main.jsp 页面的初始效果

3.1.4 JSP 访问数据库

1. 数据库连接方式

数据库连接对动态网站来说是最为重要的部分，Java 中连接数据库的技术是 JDBC（Java Database Connectivity）。JDBC 是一种可用于执行 SQL 语句的 Java API，它为数据库应用开发人员、数据库前台工具开发人员提供了一种标准的应用程序设计接口，使开发人员可以用纯 Java 语言编写完整的数据库应用程序。

JDBC 的功能十分强大，而且得到了绝大部分数据库厂商的支持。Java 应用程序通过 JDBC 接口访问数据库通常使用两种方式：JDBC-ODBC 桥和 JDBC 直连。如图 3.19 所示显示了这两种连接方式的不同连接过程。

（1）JDBC-ODBC 桥。

Microsoft 推出的 ODBC 技术为不同数据库的访问提供了统一的接口。ODBC 在不同的数据库各自的驱动之上建立了一组对数据库访问的标准 API，这些 API 利用 SQL 语句来完成其大部分任务。

ODBC 在数据库技术发展的过程中占有极其重要的地位，但是 ODBC 对数据库的兼

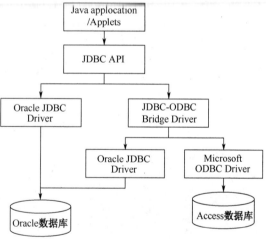

图 3.19 两种数据库连接方式对比

容性是以效率降低为代价的。不仅如此，ODBC 的问题还在于依赖 Windows 平台的支持以及无法充分发挥 Java 的许多优秀特性。基于这些技术上的缺陷，Sun 公司推出了独有的数据库解决方案——JDBC。JDBC 在继承 ODBC 接口与具体数据库无关的设计理念的基础上，进一步利用了 Java 语言的平台无关性，使得程序员可以轻松利用 JDBC 的 API 对数据库进行操作。这些 JDBC 的 API 就是 Java 基础类库中的 java.sql 包，任何一个需要访问数据库的 Java 应用程序都需要导入这个包。

一个 JDBC-ODBC 驱动程序提供了能够访问一个或多个 ODBC 驱动程序的 JDBC API，它是一个本地解决方案。这种方式将 JDBC 请求转换为 ODBC 请求，因此在每一个数据库的客户端都必须安装 ODBC 驱动，这种方式不适合远程访问数据库。

（2）JDBC 直连。

这种方式同样也是一种本地解决方案。相对于服务器端的数据库来说，客户端应用程序对 JDBC API 的调用被转换为对 Oracle、SQL Server、Sybase 等数据库客户端 API 的调用，相当于直接与数据库相连，因而每个数据库客户端上都要安装对应于具体数据库的驱动程序，以使客户端应用程序能直接通过数据库专用的驱动访问数据库。E-STORE 项目的数据库访问采用的就是这种形式。

2. 数据库访问过程

一般来说，Java 应用程序（包括 Java Web 应用）访问数据库的过程如下。

（1）装载数据库驱动程序。

要通过 JDBC 来访问某一特定的数据库，必须有相应的 JDBC driver（驱动），它往往由生产数据库的厂家提供，是连接 JDBC API 与具体数据库之间的桥梁。由于不同数据库的厂家提供的 JDBC driver 不同，想要连接某种数据库（SQL Server，Oracle 等）需要下载特定的驱动并安装。

Java 程序中一般调用 Class.forName(String driver)方法加载数据库驱动程序，E-STORE 工程连接的数据库是 MySQL 8，其数据库加载语句为：

```
Class.forName("com.mysql.cj.jdbc.Driver")
```

（2）连接数据库。

数据库驱动加载完成后就可以与数据库建立连接了。创建数据库连接的语句如下：

```
Connection conn = DriverManager.getConnection(url,user,password);
```

①DriverManager。DriverManager 类是 JDBC 的管理层，作用于用户与驱动程序之间。它跟踪可用的驱动程序，并在数据库和相应的驱动程序之间建立连接。该类负责加载、注册 JDBC 驱动程序，管理应用程序和已注册驱动程序的连接。通常程序中调用 DriverManager 的 getConnection 方法进行数据库连接。其中 url 为连接数据库的字符串，不同的数据库连接字符串不一样。

②Connection。Connection 类代表程序与数据库的连接，并拥有创建数据库操作对象的方法，以完成基本的数据库操作，同时为数据库事务处理提供提交和回滚的方法。

（3）创建数据库访问对象，执行 SQL 语句。

访问数据库的对象主要有三种：Statement、PreparedStatement 和 CallableStatement。其中，Statement 使用 Connection 对象的 createStatement()方法创建对象，主要用于执行不带参数的 SQL 语句，提交的 SQL 语句可以是 select、update、insert 和 delete 语句。例如：

```
Statement stmt=conn.createStatement();
ResultSet rs = stmt.executeQuery("select * from Users");
```

stmt.executeQuery()用来执行一条 SQL 查询语句，查询成功则以 ResultSet 对象的形式返回查询结果。除了 executeQuery()方法外，Statement 还有许多其他方法，这些方法及对象的含义将在第 12 章详细介绍。

（4）处理结果集。

结果集 ResultSet 对象是 JDBC 中比较重要的一个对象，查询操作将数据作为 ResultSet 对象返回。ResultSet 包含任意数量的命名列，可以按名称访问这些列，也可以按列号访问。ResultSet 对象包含一个或多个行，可以按顺序自上而下逐一访问这些行。下面是常见访问并显示结果集的代码：

```
<%
  while(rs.next())
   {
%>
<tr>
    <td><%=rs.getString(1) %></td><!–使用列号访问数据集的列 ->
    <td><%=rs.getInt(2)%></td>
</tr>
<%
   }
%>
```

使用 ResultSet 对象访问数据库查询结果集的示意图如图 3.20 和图 3.21 所示。

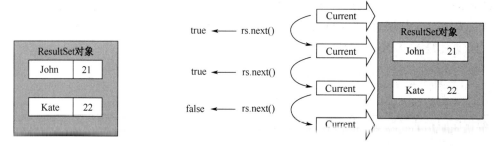

图 3.20　ResultSet 对象　　　　　　　图 3.21　遍历 ResultSet 对象

3.2　优化商品展示页面

3.2.1　功能分析及设计

除了商品展示页面外，E-STORE 电子商城将设计许多其他功能的页面，这些页面有许多是动态产生的，很多页面上的数据都要和数据库进行交互，除了在商品展示页面中读取数据库信息以外，还需要对数据库进行增加、删除、修改等操作。页面开发时为了提高开发效率，使页面代码简洁、清晰，提高代码的可维护性，一般在页面中对数据库的访问代码不使用 JSP 的小脚本语句直接操作数据，而将数据库连接和操作功能独立出去，使 JSP 页面专注于数据的显示和与用户的交互，实现对页面功能的优化。

3.2.2　优化设计

（1）设计类 DBConnection 封装与数据库的连接，当项目其他模块或页面需要使用到数据库连接时，声明该类的实例即可。

（2）设计类 ProductDao 封装与数据库商品信息表的操作，对商品信息表增加、删除、修改和查询的操作，都由类 ProductDao 负责。在商品展示页面上只需要使用类 ProductDao 的查询所有商品的方法 selectAllProducts()，该方法将查询结果用 Java 实用类 ArrayList 的实例返回。

（3）在本节优化时涉及代表商品实体的类 ProductEntity，类的成员变量与数据库中商品信息表字段相对应，成员方法设计对各成员变量的 getXxx() 和 setXxx() 方法。一旦数据库访问结果集产生后，可实现遍历结果集，将结果集中的记录信息赋值给类 ProductEntity 的实例对象，由该对象代表一个具体的商品。

3.2.3　编程详解

在第 2 章中我们提到 Java 源文件是存放在 Web 工程的 src 目录下的，因此即将创建的 DBConnection 类、ProductDao 类和 ProductEntity 类都应该放在 src 下面。E-STORE 工程随着开发的深入，其中有很多类似的源文件需要创建，为了便于维护，我们按照类的功能进行划分，并为它们建立不同的 Package。本章中我们为 DBConnection 类、ProductDao 类和 ProductEntity 类分别建立：工具包"cn.estore.util"、数据库访问包"cn.estore.dao"和实体包"cn.estore.entity"，创建结果如图 3.22 所示。后续开发中工具类都放在"cn.estore.util"中，对数据库进行访问的类则放在"cn.estore.dao"中，所有的实体类放在"cn.estore.entity"中。随着 E-STORE 工程开发的深入还会建立更多的 Package。

1. 创建类 DBConnection

（1）新建类。将光标定位到 cn.estore.util 包，单击鼠标右键，在弹出的快捷菜单中执行"New"→"Class"菜单命令，新建 DBConnection 类，系统将生成以下代码：

```
package cn.estore.util;
/*定义数据库链接类*/
public class DBConnection {
}
```

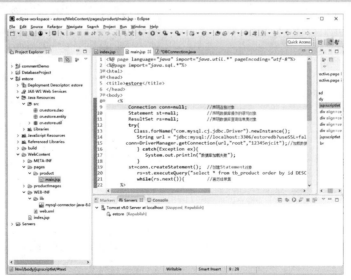

图 3.22　创建 Package

（2）引入 java.sql 包。

```
import java.sql.*;
```

（3）添加类成员变量"dbDriver"，用于保存数据库驱动。

```
private String dbDriver = "com.mysql.cj.jdbc.Driver";
```

（4）添加类成员变量"url"，用于保存数据库的 URL 地址，通过该 URL 地址，可以找到要连接的数据库。

```
private String url =" jdbc:mysql://localhost:3306/estoredb?useSSL=
false&useUnicode=true&characterEncoding=UTF-8&serverTimezone=GMT%2B";
```

（5）声明数据库连接成员对象。

```
public Connection connection = null;
```

（6）添加类的构造方法，在构造方法中加载数据库驱动并使用 java.sql 中类 DriverManager 的 getConnection 方法获得数据库连接对象并赋值给成员对象 Connection：

```
public DBConnection() {
  try {
    Class.forName(dbDriver).newInstance();      // 加载数据库驱动
    connection = DriverManager.getConnection(url,"root","12345njcit");
                                                //加载数据库
  } catch (Exception ex) {
    System.out.println("数据库加载失败");
  }
}
```

DBConnection.java 的代码如下：

```
package cn.estore.util;
/*定义数据库链接类*/
import java.sql.*;
public class DBConnection {
    /*加载数据库驱动*/
private String dbDriver = "com.mysql.cj.jdbc.Driver ";
    /*指定数据库连接字符串*/
private String url = "jdbc:mysql://localhost:3306/estoredb?useSSL=
false&useUnicode=true&characterEncoding=UTF-8&serverTimezone=GMT%2B8
";
    public Connection connection = null;
    public DBConnection() {
        try {
            Class.forName(dbDriver).newInstance();      // 加载数据库驱动
            connection    =    DriverManager.getConnection(url,    "root",
"12345njcit");                                       // 加载数据库
        }catch (Exception ex) {
            System.out.println("数据库加载失败");
        }
    }
}
```

2. 创建类 ProductDao

（1）类 ProductDao 功能上属于数据库操作类，将其创建在包 cn.estore.dao 中，按照类 Connection 的创建方法生成代码：

```
package cn.estore.dao;
/*定义数据库商品信息表操作类*/
public class ProductDao {
}
```

（2）同样，在代码中引入要使用的包，完成数据库的连接和数据访问：

```
import java.sql.*;
import cn.estore.util.DBConnection;
```

（3）在类中声明数据库连接的对象和 DBConnection 的对象，在后面的构造方法中对这两个对象赋值：

```
private Connection connection = null;
private DBConnection jdbc = null;
```

（4）添加 ProductDao 类的构造方法，在构造方法中生成 DBConnection 对象，将 DBConnection 对象的成员对象赋值给 ProductDao 自身的负责数据库连接的成员对象 Connection：

```
public class ProductDao{
    private Connection connection = null;        //定义数据库连接的对象
    …
    private DBConnection jdbc = null;            //定义 DBConnection 对象
    public ProductDao() {
      jdbc = new DBConnection();
      connection = jdbc.connection;              //利用构造方法取得数据库连接
    }
}
```

（5）实现对商品信息表查询的 selectAllProducts()方法，引入实用 Java 类 ArrayList 和 List 接口：

```
import java.util.ArrayList;
import java.util.List;
```

（6）声明用于执行数据库查询的成员对象，并使用数据库连接对象 Connection 的 prepareStatement()方法为对象赋值：

```
private PreparedStatement ps = null; //定义数据库操作的预处理对象
ps = connection.prepareStatement("select * from tb_product order by id DESC");
```

> **提示**：此处数据库的查询不涉及查询参数，不一定使用 PreparedStatement 对象，也可使用 Statement 对象。但考虑到程序的扩充，后面章节在涉及对商品信息表的其他访问时，会使用到参数化查询，因此使用了 PreparedStatement 对象，以避免以后的代码更改。

（7）执行数据库查询，使用结果集对象保存结果集。

```
ResultSet rs = ps.executeQuery();
```

（8）遍历结果集，将结果集中的记录逐条以商品信息实体类 Entity 对象的形式存入类 ArrayList 的对象 List 中，作为方法的返回值。

```
while (rs.next()) {
    e = new ProductEntity();        //为每件商品创建 ProductEntity 实例
    e.setId(rs.getInt(1));
    e.setCategoryMainId(rs.getInt(2));
    e.setCategoryBranchId(rs.getInt(3));
    e.setName(rs.getString(4));
    e.setProducingArea(rs.getString(5));
    e.setDescription(rs.getString(6));
    e.setCreateTime(rs.getString(7));
```

```
        e.setMarketPrice(rs.getFloat(8));
        e.setSellPrice(rs.getFloat(9));
        e.setProductAmount(rs.getInt(10));
        e.setPicture(rs.getString(11));
        e.setDiscount(rs.getInt(12));
        list.add(e);                    //将 ProductEntity 实例加入 list 中
    }
```

代码中，rs.getString()方法以整型数作为参数，这个整型参数实际是结果集中列的序号，序号从 1 开始，这个序号所代表的列与数据库查询语句中列的顺序是一致的。

ProductDao.java 的代码如下：

```
package cn.estore.dao;
/*定义数据库商品信息表操作类*/
import java.sql.*;
import java.util.ArrayList;
import java.util.List;

import cn.estore.util.DBConnection;              //引入 DBConnection 类
import cn.estore.entity.ProductEntity;           //引入 ProductEntity 类
public class ProductDao {
    private Connection connection = null;         //定义连接的对象
    private PreparedStatement ps = null;          //定义数据库操作的语句对象
    private DBConnection jdbc = null;             //定义数据库连接对象
    public ProductDao() {
      jdbc = new DBConnection();
      connection = jdbc.connection;              //利用构造方法取得数据库连接
    }
  /*查询所有商品信息*/
    public List selectAllProducts() {
      List list = new ArrayList();
      ProductEntity e = null;
      try {
        ps = connection.prepareStatement("select * from tb_product order
by id DESC");
        ResultSet rs = ps.executeQuery();
        while (rs.next()) {
          e = new ProductEntity();         //为每件商品创建 ProductEntity 实例
          e.setId(rs.getInt(1));
          e.setCategoryMainId(rs.getInt(2));
          e.setCategoryBranchId(rs.getInt(3));
          e.setName(rs.getString(4));
          e.setProducingArea(rs.getString(5));
          e.setDescription(rs.getString(6));
          e.setCreateTime(rs.getString(7));
          e.setMarketPrice(rs.getFloat(8));
          e.setSellPrice(rs.getFloat(9));
          e.setProductAmount(rs.getInt(10));
          e.setPicture(rs.getString(11));
          e.setDiscount(rs.getInt(12));
            list.add(e);                    //将 ProductEntity 实例加入 list 中
        }
      }
      catch (SQLException ex) {
        System.out.println("数据库访问失败");
      }
      return list;}}
```

3. 创建类 ProductEntity

（1）在数据库操作类 ProductDao 中，使用到代表商品实体的类 ProductEntity，其实例对象代表一个具体的商品。在包".estore.entity"中新建 ProductEntity 类，类代码中添加与数据库商品信息表对应的成员变量。

```java
package cn.estore.entity;
/*定义数据库商品信息实体类*/
public class ProductEntity {
 private int id;                        /*自增编号*/
 private int categoryMainId;            /*大类编号*/
 private int categoryBranchId;          /*小类编号*/
 private String name;                   /*商品名称*/
 private String producingArea;          /*商品产地*/
 private String description;            /*商品描述*/
 private String createTime;             /*商品创建时间*/
 private float marketPrice;             /* 商品原价*/
 private float sellPrice;               /*商品现价*/
 private int productAmount;             /*商品购买量*/
 private String picture;                /*商品图片*/
  private int discount;                 /*是否有折扣 1 有折扣，0 无折扣*/
}
```

（2）为各成员变量生成 getXxx()和 setXxx()方法。在 Eclipse 中，可以使用开发环境所提供的快捷功能生成 getXxx()和 setXxx()方法。

（3）打开"oductEntity.java"代码，使用鼠标右键单击代码区域，在打开的菜单中执行"Source"→"Generate Getters and Setters…"菜单命令，如图 3.23 所示。

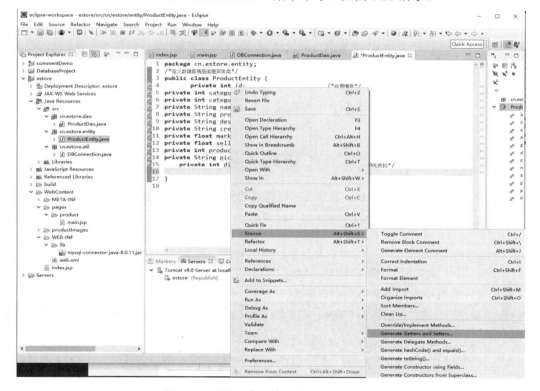

图 3.23　利用开发环境生成 Get、Set 方法

打开"Generate Getters and Setters"对话框，如图 3.24 所示，可以在此对话框中选择要生成 getXxx()和 setXxx()方法的字段，单击"OK"按钮生成相应的 getXxx()和 setXxx()方法。

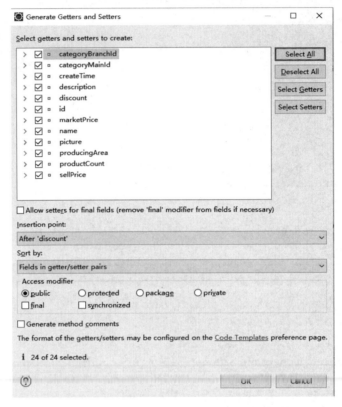

图 3. 24 "Generate Getters and Setters" 对话框

4. 修改商品展示页面 "in.jsp"

（1）在页面上使用 page 指令引入上面实现的 ProductEntity 和 ProductDao 类：

```
    <%@page import="cn.estore.entity.
ProductEntity"%>
    <%@page import="cn.estore.dao.
ProductDao"%>
```

（2）在页面中生成 ProductDao 的对象，并调用其 selectAllProducts()方法，将方法的返回值存入 List 对象的 ProductList 中，List 类在 java.util 包中，因而也要在页面中引入，同样使用 page 指令：

```
<%@ page language="java"import= "java.util.*" pageEncoding="utf-8"%>
```

java 类一旦被引入到 JSP 页面中，就可以在脚本中使用这些类了。

```
<%
 …
 ProductDao dao = new ProductDao();
 List ProductList = (List) dao.selectAllProducts();//将查询结果存入 List 对象
 …%>
```

（3）使用循环结构，调用 ProductList.get(i)方法获得每一个商品实体，并将该实体存放在 ProductEntity 类的对象"e"中，然后通过 e.getXxx()方法获取商品信息，并在页面上显示：

```jsp
<%
  …
  for (int i = 0; i < ProductList.size(); i++) {
    ProductEntity e = (ProductEntity) ProductList.get(i);//遍历结果集
  …
%>
```

显示商品图片：

```jsp
<div align="center"><image src="<%= "/estore/productImages/"+
 e.getPicture()%>" width="110" height="100"/></div>
```

显示商品名称：

```jsp
<div align="left">商品: <%=e.getName()%></div>
```

显示商品单价：

```jsp
<div align="left">单价: <%=e.getMarketPrice()%>元</div>
```

显示商品介绍：

```jsp
<div align="left">简介: <%=e.getDescription()%></div>
```

优化后 main.jsp 页面的代码如下：

```jsp
<%@ page language="java" import="java.util.*" pageEncoding="utf-8"%>
<!DOCTYPE HTML PUBLIC "-//W3C//DTD HTML 4.01 Transitional//EN">
<%@page import="cn.estore.entity.ProductEntity"%>
<%@page import="cn.estore.dao.ProductDao"%>
<html>
  <head>
    <meta http-equiv="Content-Type" content="text/html; charset=UTF-8">
    <title>estore</title>
  </head>

  <body>
    <%
       ProductDao dao = new ProductDao();
       /*将查询结果存入 List 类的对象 ProductList*/
       List ProductList = (List) dao.selectAllProducts();
       for (int i = 0; i < ProductList.size(); i++) {
           ProductEntity e = (ProductEntity) ProductList.get(i);//遍历结果集
    %>
    <table width="95%" height="136" border="1" align="center"
    cellpadding="1" cellspacing="1" bordercolor="#FFFFFF"
    bgcolor="#999999">
       <tr>
          <td width="40%" height="80" rowspan="5" bgcolor="#FFFFFF">
             <div align="center">
                <image src="<%="/estore/productImages/" + e.getPicture()%>"
                                width="110" height="100" />
             </div>
          </td>
          <td width="59%" bgcolor="#FFFFFF">
             <div align="left">商品: <%=e.getName()%></div>
```

```
              <div align="left">单价：<%=e.getMarketPrice()%>元</div>
              <div align="left">简介：<%=e.getDescription()%></div>
<div align="left">
                    登录才能购买
              </div>
          </td>
        </tr>
    </table>
    <%
        }
    %>
    <br>
  </body>
</html>
```

优化后，main.jsp 页面的显示效果如图 3.25 所示。

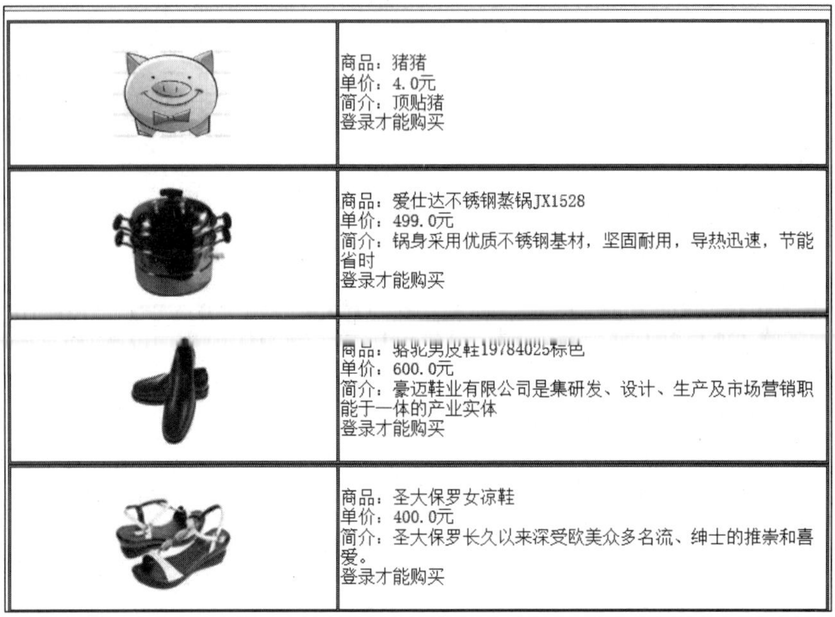

图 3.25　优化后的 main.jsp 页面

3.3　统一网站页面风格

3.3.1　分析与设计

在一个大型的 Web 应用程序中会有很多各式各样的页面，通常为了方便用户使用，相同性质的网页最好套用一致的外观风格，如图 3.26 所示为 Tomcat 技术文档页面。常用的方法是：制作一个页面布局框架，利用<table>标签将整个页面划分为几个区域，然后在每个区域插入一个 HTML 文件或 JSP 文件，由此组合出一个新的网页，如图 3.27 所示。其代码框架如下：

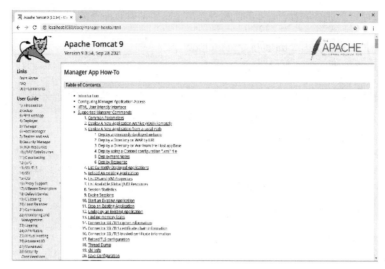

图 3.26　Tomcat 技术文档页面

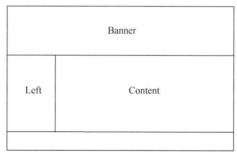

图 3.27　常用的页面布局

```html
<html>
  <body>
    <table border="0" width="95%">
     <tr>
      <td colspan="2"><!-- 此处插入 Banner 的内容 --></td>
     </tr>
     <tr>
      <td width="30%"><!-- 此处插入菜单选择的内容 --></td>
      <td width="70%"><!--此处插入查询结果内容 --></td>
     </tr>
     <tr>
      <td colspan="2"><!-- 此处插入版权信息等内容 --></td>
     </tr>
    </table>
  </body>
</html>
```

3.3.2　编程详解

E-STORE 电子商城由多个页面组成，页面风格也需要统一，按上述方法在 main.jsp 中，将页面进行划分，并在以后的系统实现中据此风格，统一设计其他的页面。

在 JSP 页面内包含其他 JSP 内容的方法有两种。

1. 使用 JSP 指令中的 include 指令@include

include 指令是一种编译时的静态动作，只有当要包含的页面很少发生变化时才使用这种方法，因为当被包含的文件发生改变时，包含此文件的 JSP 必须重新编译才能反映修改效果。

例如，一个公司的商标和版权信息不是经常要发生变化的，就可以使用 include 指令进行包含：

（1）将代码中的"<!-- 此处插入 Banner 的内容 -->"替换为：

```
<%@ include file="include/Banner.html"%>
```

（2）将"<!-- 此处插入版权信息等内容 -->"替换为：

```
<%@ include file="include/Copyright.html"%>
```

2. 使用 JSP 动作中的 include 动作<jsp:include>

include 动作只有在运行时才动态加载其他 JSP 的内容。由于加载进来的是被包含 JSP 页面的输出，所以当被包含的 JSP 发生变化时，其输出内容也会相应发生变化。

例如，将"<!-- 此处插入菜单选择的内容 -->"替换为：

```
<jsp:include page="include/left.jsp"%>
```

E-STORE 电子商城中大多数页面上的信息需要从数据库中读取，即需要动态产生页面。对这些页面，我们使用<jsp:include>动作来实现动态包含。将 main.jsp 页面进行划分的初步效果如图 3.28 所示。

整个页面用<table>标签和<tr>标签划分成 3 行，第一行顶部区域由"head.jsp"填充；第二行用<td>标签划分成两列，左边由"left.jsp"填充，实现用户登录、商品搜索、商品排行的功能，右边显示 main.jsp 页面原先的内容，即显示商品；第三行底部区域用"statusBarNavigation.jsp"填充。

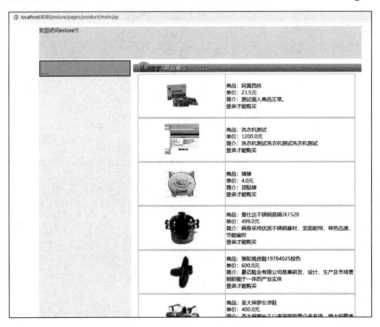

图 3.28 划分 main.jsp 页面

修改后的 main.jsp 页面代码框架如下：

```
<%@ page language="java" import="java.util.*" pageEncoding="UTF-8"%>
<!DOCTYPE HTML PUBLIC "-//W3C//DTD HTML 4.01 Transitional//EN">
<%@page import="cn.estore.entity.ProductEntity"%>
<%@page import="cn.estore.dao.ProductDao"%>
<html>
  <head>
    <meta http-equiv="Content-Type" content="text/html; charset=UTF-8">
    <title>estore</title>
  </head>

  <body>
      <table border="0" width="1024" align="center">
       <tr>
        <!--顶部-->
         <td colspan="2">
          <jsp:include page="../common/head.jsp" flush="true" />
         </td>
       </tr>
       <tr>
        <td width="300" bgcolor="#F5F5F5" valign="top">
          <!--左侧-->
          <jsp:include page="../common/left.jsp" flush="true" />
        </td>
        <td width="724" align="center" valign="top" bgcolor="#FFFFFF">
          <!--右侧-->
          <div align="left">
             <img src="/estore/systemImages/fg_right03.jpg">
          </div>
          <!--显示商品-->
        </td>
   </tr>
        <tr>
         <!--底部-->
         <td colspan="2">
        <jsp:include page="../common/statusBarNavigation.jsp" flush=
"true" />
         </td>
      </tr>
    </body>
  </html>
```

代码解释：

```
<jsp:include page="../common/left.jsp" flush="true" />
```

其中，". ./common/left.jsp"是指 left.jsp 的绝对路径，E-STORE 工程中的 head.jsp、left.jsp、statusBarNavigation.jsp 及后续的一些供多个页面共用的 JSP 页面都存放在"Web Content/ pages/ common"下面。

```
<img src="/estore/systemImages/fg_right03.jpg">
```

fg_right03.jpg 商品显示页面上面的标题图片，如图 3.29 所示。E-STORE 工程还有很多类似的图片，我们把这些图片都存放在"WebContent/systemImages"的目录下面。

图 3.29　商品展示标题图片

3. 创建 head.jsp、left.jsp 和 statusBarNavigation.jsp

如上所述，我们先在 pages 目录下创建 Common 子目录，然后在 Common 下面创建 head.jsp、

left.jsp 和 statusBarNavigation.jsp 页面。创建结果如图 3.30 所示。本章中我们暂用背景图片对这
3 个页面进行初步设计，随着开发的推进将逐步在各个页面中按需要添加其他内容。

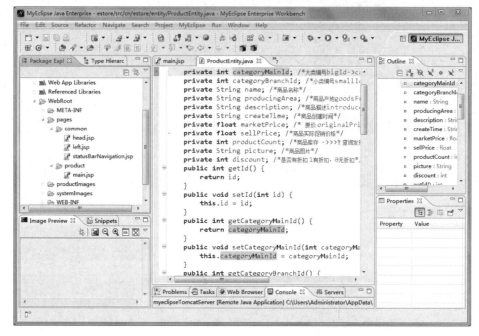

图 3.30　创建 common 子目录

head.jsp 的代码如下：

```
<%@ page contentType="text/html; charset=utf-8" %>
 <html>
  <body>
  <table width="100%" height="100" bordercolor="#FFFFFF" bgcolor="#ffff"
  border="0" align="center" cellpadding="0" cellspacing="0"
    background="estore/images/systemImage/top.jpg">
      <tr>
        <td width="170" height="23" valign="top">欢迎访问estore!!! </td>
      </tr>
    </table>
    </body>
  </html>
```

left.jsp 的代码如下：

```
<%@ page contentType="text/html; charset=utf-8" %>
<html>
  <body >
    <table width="100%" bgcolor="#9fff" border="2" align="center"
    cell padding="0" cellspacing="0">
      <tr>
        <td width="30%" valign="top">
          <br>
          ......
        </td>
      </tr>
    </table>
  </body>
</html>
```

statusBarNavigation.jsp 的代码如下：

```
<%@ page contentType="text/html; charset=UTF-8" %>
<html>
  <body>
    <table width="100%" height="56" bordercolor="#FFFFFF"
    bgcolor="#3fff" border="0" align="center"
    cellpadding="0" cellspacing="0" >
      <tr>
        <td width="170" height="23" align="center" valign="middle">
            版权信息！！！
        </td>
      </tr>
    </table>
  <body>
<html>
```

3.3.3 JSP 的 include 动作

1. <jsp:include>的语法

```
<jsp:include page={"relativeURL|<%=expression%>}" flush="true">
    <jsp:param    name="parameterName"    value="{parameterValue|<%=
expression%>}" />
  </jsp:include>
```

2. <jsp:include>语法描述

<jsp: include>允许包含动态文件和静态文件，这两种包含文件的结果是不同的。

如果文件是静态文件，那么这种包含仅仅是把被包含文件的内容加到 JSP 文件中，与 include 指令包含静态文件的效果是一样的。

如果文件是动态文件，那么这个被包含文件会被 JSP 引擎单独编译执行，由<jsp: include>动作请求执行，并将传送回来的一个响应输出到<jsp: include>动作所在的位置，当这个被包含文件执行完毕后，JSP 引擎继续执行 JSP 文件余下的部分。

如果<jsp: include>动作包含的文件是动态文件，还可以用<jsp:param>子句传递参数名和参数值，并可以在一个<jsp: include>动作中多次使用<jsp:param>子句，传递多个参数给动态文件。

在 main.jsp 的开发中使用 include 动作的方法把其他框架文件包含在主页面"main.jsp"中，在系统以后的实现中，也将采用这种方法将 head.jsp、left.jsp 和 statusBarNavigation.jsp 包含在其他页面中，以实现页面风格的统一。

3.4 新品及特价商品展示

3.4.1 功能说明

E-STORE 电子商城提供新品与特价商品的展示，需求说明中将价格有折扣的商品设定为特价商品，否则为新品。用户登录前可进行新品和特价商品的浏览，登录后可以购买。商品展示的风格与 main.jsp 页面保持一致，增加商品的分页显示功能。

3.4.2 流程分析与设计

1. 数据库设计

在商品信息表中设置两个字段：商品折扣标志 discount、商品现销售价 sell_price 两个字段，Discount 初始值设定为"0"。当商品被设置为特价商品时，Discount 值设定为"1"，同时设置商品的现价"sell_price"，这样该商品就会在前台特价商品展示页面中出现。

2. 数据库访问设计

根据页面功能优化方法，将页面展示新品与特价商品的数据库访问功能从页面上分离出去，页面只负责将数据库访问的结果向用户展示。因为查询新品和特价商品都是对商品信息表进行的操作，故将对商品信息表操作类 ProductDao 进行修改，在 ProductDao.java 中添加方法"selectProductsDiscount"，根据方法的参数查询新品或特价商品，参数为"0"则查询新品，参数为"1"则查询特价商品，方法的返回值为新品或特价商品的链表。

3.4.3 编程详解

1. 修改 ProductDao.java，添加 selectProductsDiscount 方法

```java
//以商品是否新品/特价为条件查询信息
//discount 为"1"：特价商品；"0"：新品
public List selectProductsDiscount(Integer discount) {
    List list = new ArrayList();
    ProductEntity e = null;
    try {
      ps = connection.prepareStatement("select * from tb_product
            where discount=? order by id DESC");
      ps.setInt(1, discount.intValue());  //设置查询参数
      ResultSet rs = ps.executeQuery();
      while (rs.next()) {
      e = new ProductEntity();
      e.setId(rs.getInt(1));
      e.setCategoryMainId(rs.getInt(2));
      e.setCategoryBranchId(rs.getInt(3));
      e.setName(rs.getString(4));
      e.setProducingArea(rs.getString(5));
      e.setDescription(rs.getString(6));
      e.setCreateTime(rs.getString(7));
      e.setMarketPrice(rs.getFloat(8));
      e.setSellPrice(rs.getFloat(9));
      e.setProductAmount(rs.getInt(10));
      e.setPicture(rs.getString(11));
      e.setDiscount(rs.getInt(12));
      list.add(e);
     }
    }
    catch (SQLException ex) {
      System.out.println("数据库访问失败");
    }
    return list;}}
```

从上面的代码可以发现，遍历查询结果集"rs"和设置 ProductEntity 实体的过程与 3.2 节中 selectAllProduct 方法一样。以此类推，后续功能中只要是查询商品信息表，并需要返回商品

信息实体的方法都需要这段代码。因此为了减少代码冗余，我们将这段代码抽出来，再创建一个新的方法"Rs2List()"，该方法实现将结果集 ResultSet 对象转换成 List 对象，代码如下：

```java
// ResultSet 类型数据转制为 List,其中元素为 ProductEntity
public List Rs2List(ResultSet rs) {
    List list = new ArrayList();
    ProductEntity e = null;
    try {
        while (rs.next()) {
            e = new ProductEntity();
            e.setId(rs.getInt(1));
            e.setCategoryMainId(rs.getInt(2));
            e.setCategoryBranchId(rs.getInt(3));
            e.setName(rs.getString(4));
            e.setProducingArea(rs.getString(5));
            e.setDescription(rs.getString(6));
            e.setCreateTime(rs.getString(7));
            e.setMarketPrice(rs.getFloat(8));
            e.setSellPrice(rs.getFloat(9));
            e.setProductAmount(rs.getInt(10));
            e.setPicture(rs.getString(11));
            e.setDiscount(rs.getInt(12));
            list.add(e);
        }
    } catch (SQLException ex) {
        System.out.println("Rs 转换为 List 失败! ");
    }
    return list;
}
```

修改之后的 selectProductsDiscount 方法代码如下：

```java
public List selectProductsDiscount(Integer discount) {
    List list = new ArrayList();
    try {
        ps = connection.prepareStatement("select * from tb_product
            where discount=? order by id DESC");
        ps.setInt(1, discount.intValue());
        ResultSet rs = ps.executeQuery();
        list = Rs2List(rs); //将结果集 rs 转换成 List 的对象
    } catch (SQLException ex) {
        System.out.println("数据库访问失败");
    }
    return list;
}
```

2. 修改 head.jsp 页面

（1）设置背景图片，代码如下：

```html
<table width="1024" height="80" bordercolor="#FFFFFF" bgcolor="#ffff"
  border="0" align="center" cellpadding="0" cellspacing="0"
  background="/estore/images/systemImages/top.jpg">
  <tr>
    <td> </td>
  </tr>
</table>
```

背景图片 top.jpg 效果如图 3.31 所示。

（2）设置"首页""商城新品""特价商品"菜单链接：

@ E-STORE

图 3.31　网站顶部背景图

```
<table width="1024" border="0" align="center" cellpadding="0"
  cellspacing="0" bordercolor="#FFFFFF" bordercolorlight="#FFFFFF"
  bordercolordark="#819BBC"
  background="<%=request.getContextPath()%>/images/systemImages/
fg_top03.jpg">
    <tr align="center" height="30">
      <td width="100" onMouseOver="this.style.backgroundImage=
'url(<%=request.getContextPath()%>/images/systemImages/topMenu.jpg)'"
        onMouseOut="this.style.backgroundImage=''"><a
        href="<%=request.getContextPath()%>/pages/product/main.jsp" >
        首页</a></td>
      <td      width="100"      onMouseOver="this.style.backgroundImage=
'url(<%=request.getContextPath()%>/images/systemImages/topMenu.jpg)'"
        onMouseOut="this.style.backgroundImage=''"><a
        href="<%=request.getContextPath()%>
        /pages/product/showProductOriginal.jsp"  class="a4">商 城 新 品
</a></td>
      <td width="100" onMouseOver="this.style.backgroundImage=
 'url(<%=request.getContextPath()%>/images/systemImages/topMenu.jpg)'"
        onMouseOut="this.style.backgroundImage=''"><a
        href="<%=request.getContextPath()%>
        /pages/product/showProductDiscount.jsp"  class="a4">特 价 商 品
</a></td>
    </tr>
  </table>
```

"首页"链接到前面实现的 **main.jsp** 页面，"商城新品"链接到后面即将实现的 showProductOriginal.jsp 页面，"特价商品"链接到下一小节实现的 showProductDiscount.jsp 页面。

3．显示商城新品信息，实现 showProductOriginal.jsp 页面

showProductOriginal.jsp 页面设计与实现的处理与商品展示相似。细心的读者可能会发现一个问题：当有很多符合查询条件的商品需要在页面上显示时，页面会很长。确实是这样的，因此本节以新品展示页面为例，介绍分页技术的实现，利用该分页技术，读者可以将 3.2 节中的商品展示页面"main.jsp"也进行分页显示，详细代码请参考本书的配套程序。

创建页面"showProductOriginal.jsp"，引入数据库商品信息表操作类"ProductDao"和实体类"ProductEntity"。由于 showProductOriginal.jsp 和 main.jsp 一样，都是对商品信息表进行查询操作，所以也放在 pages/product 目录下面。

```
<%@ page contentType="text/html; charset=UTF-8"%>
<%@ page import="java.util.*"%>
<%@ page import="cn.estore.dao.ProductDao"%>
<%@ page import="cn.estore.entity.ProductEntity"%>
```

使用 ProductDao 类的方法："selectProductsDiscount"查询新品，方法的参数为 Integer 类型对象"new Integer(0)"。

```
<%
  // 新品查询
  ProductDao dao = new ProductDao();
  List originalList = null;
  originalList = dao.selectProductsDiscount(new Integer(0));
%>
```

分页是 Web 应用程序非常重要的一个技术。数据库中的数据是成千上万的，不可能一次性地把这么多的数据全部显示在浏览器上面。一般根据每行数据在页面上所占的空间每页显示若干行，比如一般 20 行是一个比较理想的显示状态。

分页方法主要有以下两种思路：

（1）取出所有符合条件的数据，放到数据集或者内存当中，然后逐页浏览。例如，有可能每页只需浏览 20 条记录，但使用这种分页方法需要把所有记录取出来。这种分页思路叫作"指针分页"。指针分页法主要利用数据集的指针（或者集合的下标）来标识。比如，分页要显示 20 条数据，那么第一页的指针从"1"开始，第二页的指针从"（2-1）*20+1"开始，依次类推。"指针分页"适合数据量和并发量不是很高的应用系统，不适合海量的数据查询。

（2）对于海量的数据查询，看多少取多少，显然是最佳的解决办法。假如某个表中有 200 万条记录，第一页就取前 20 条，第二页取 21~40 条。此时可以使用下面这样的语句来实现，因这种查询方式要用到主键，所以把它叫作"主键分页"。

```
select top 当前页*每页记录数查询字段列表 from 表 A where 主键字段 not in（select top（当前页-1）*每页记录数主键字段 from 表 A）
```

对于一个完整的分页，应当包括记录数、页数、当前页数、向前、向后、最前、最后等。所以，无论是指针分页，还是主键分页，都需获得一个类似"select count(*) as 记录总数 from 表名"这样的语句，从而获得记录数。

为了简便起见，E-STORE 电子商城中的分页显示采用指针分页法，在新品展示页面中需要显示的是 originalList 对象中的商品，设计每页从 originalList 对象中的位置"start"开始显示至位置"over"（不包括 over）结束，则分页的主要工作在于确定位置 start 和 over。

分页步骤：

①取得 originalList 对象中的商品总数，存放在页面变量"pageNumber"中，并将此值作为总页数的初始值后，根据每页显示商品的数量再进行修改。

```
int pageNumber = origialList.size(); // 计算出记录总数
int maxPage = pageNumber;           // 计算有多少页数
```

②初始化一些必要参数，其中"request.getParameter("pageNum")"是使用 Request 内置对象的 getParameter 方法获取参数名为"pageNum"的请求参数值，在这里是用户要显示的页码。

```
String strNumber = request.getParameter("pageNum");
int number = 0;                      // 待显示页码，默认为第 1 页

if (maxPage % 4 == 0) {              //一页显示的记录数，目前设计为 4 条
 maxPage = maxPage / 4;             // 最多页数，能整除的，结果为页数
} else {
 maxPage = maxPage / 4 + 1;         //不能整除的，结果加 1
}
if (strNumber == null) {//表明在 QueryString 中没有 pageNum 这一个参数，此时
显示第一页数据
 number = 0;
} else {
 number = Integer.parseInt(strNumber); //取得待显示页码，将字符串转换成整型
}

int start = number * 4;              //开始读取数据位置
int over = (number + 1) * 4;         // 结尾数据位置
```

```
    int count = pageNumber - over;      //还剩多少条记录
    if (count <= 0) {
over = pageNumber;                      //避免越界
    }
```

③分页显示。

```
<%
   for (int i = start; i < over; i++) {
      ProductEntity originalGoods = (ProductEntity) originalList.get(i);
%>
```

④显示分页导航。

```
<tr align="center">
```

实现页面显示页码总数、记录总数和当前页码数。

```
<td width="13%">    共为<%=maxPage%>页 </td>
<td width="18%">    共有<%=pageNumber%>条记录  </td>
<td width="26%">    当前为第<%=number + 1%>页  </td>
<td width="15%">
<%
   if ((number + 1) == 1) {           //目前显示的是第 1 页
%>
上一页
<% } else {                          //目前显示的不是第 1 页
%>
```

目前显示的不是第 1 页，就生成上一页的链接，目标地址仍然是本页，只是在请求参数"pageNum"中加入分页显示的页码"number – 1"，表示上一页，请求参数的提交可以使用在请求页面的 URL 后面跟上符号"？"再加上请求参数名和值的形式。

```
<a href=" showProductOriginal.jsp?pageNum=<%=number - 1%>">上一页</a>
</td>
<% } %>
<td width="14%">
<%
   if (maxPage <= (number + 1)) {  //目前显示的是最后一页
%>
   下一页
<% } else {
%>
```

与上述目前显示非第 1 页类似，目前显示非最后一页时，生成下一页的链接。

```
<a href="showProductOriginal.jsp?pageNum=<%=number + 1%>">下一页</a>
</td>
<% }%>
</tr>
```

showProductOriginal.jsp 页面的初步显示结果如图 3.31 所示，详细代码请参考本书的配套程序。

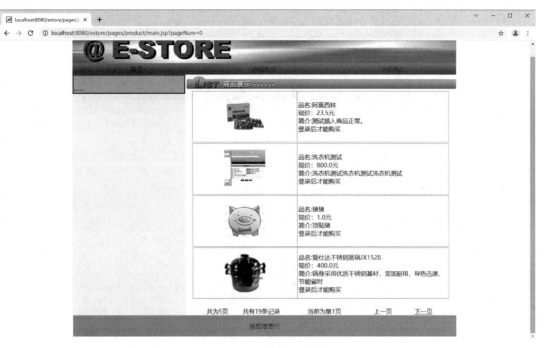

图 3.31　新品查询页面

3.4.4　特价商品展示

在"pages/product"目录下创建特价商品展示页面"showProductDiscount.jsp",该页面的处理流程和方法与新品展示页面大同小异,也采用分页技术,只是在页面处理时使用 ProductDao 类的方法"selectProductsDiscount"查询特价商品,方法的参数为 Integer 类型的对象"new Integer(1)",表示新品。

```
<%
  // 特价商品查询
  ProductDao dao = new ProductDao ();
  List originalList = null;
  discountList = dao.selectProductsDiscount(new Integer(1));
%>
```

在具体页面显示特价商品信息时的商品原价上有一道删除线,并显示商品的现价。可以使用 HTML 的元素样式"style="text-decoration: line-through; color: #FF0000""实现。

```
<div  align="left"  style="text-decoration:  line-through;  color:
#FF0000">
  原价: <%=discountGoods.getOriginalPrice()%>元
  </div>
<div align="left">
  现价: <%=discountGoods.getCurrentPrice()%>元
  </div>
```

特价商品展示页面效果如图 3.32 所示。

图 3.32　特价商品展示页面

3.4.5　JSP 内置对象 Request 和 Response

1. Request 对象

Request 对象是 JSP 中 9 种内置对象中最重要的对象，是"javax.servlet.http. HttpServlet Request"和"javax.servlet.Servlet Request"类的子类的对象。该对象封装了用户提交的信息，通过调用该对象相应的方法可以获取封装的信息和用户提交信息，如图 3.33 所示。

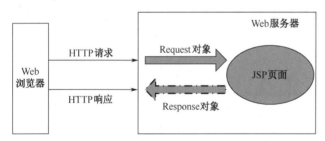

图 3.33　使用 Request 对象提交请求

Request 对象包含了有关浏览器请求的信息，并且提供了多个用于获取与用户请求有关数据的方法。实际 Web 应用中常用的是通过 Request 对象的 getParameter 方法可以得到用户提交的请求参数。所有来自客户端请求的有关数据经 Web 服务器处理后，由 Request 对象进行封装，传递给 JSP 页面。

Request 对象方法：Request 对象所提供的方法详见第 12 章隐含对象部分。

2. Response 对象

Response 对象包含了服务器对客户的请求做出动态的响应，向客户端发送数据。JSP 页面执行完成后，JSP 引擎将页面产生的响应封装成 Response 对象，然后发送到客户端以形成对客户请求的响应。和 Request 一样，Response 对象也由 JSP 引擎（容器）产生，可以使用 Response 对象提高的方法对响应进行操作。

Response 对象的主要方法有以下几个。

（1）设置响应类型与响应状态码方法。

void setContentType (string contentType)：设置响应 MIME 类型。

void setstatus(int sc)：设定响应状态码。

（2）Response 重定向方法。

void sendRedirect(String localtion)：重新定向客户端的请求。

在某些情况下，当响应客户时，需要将客户重新引导至另一个页面，可以使用 Response 的 sendRedirect(URL)方法实现客户的重定向，使客户的请求重新发往 URL 所指定的地址。在这个过程中，服务器会发送代码为"302"响应，并引起该请求再次发送给服务器中由 sendRedirect 方法参数指定的 URL。整个过程经历了两次请求与两次响应，如图 3.34 所示。

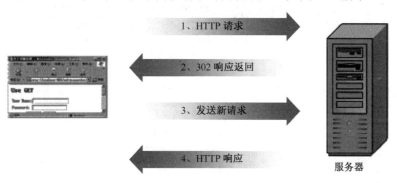

图 3.34　response 对象的重定向

（3）设置 Cookie。

void addCookie(Cookie c)：将 Cookie 加载到 Response 对象上，发送到客户端保存。

Cookie 是 Web 服务器保存在用户硬盘上的一段文本。Cookie 允许一个 Web 站点在用户的计算机上保存信息并且随后再取回它。在 JSP 中要使用 Cookie 时，可以调用 Cookie 的构造函数创建一个 Cookie 对象，Cookie 对象的构造函数有两个字符串参数：Cookie 名字和 Cookie 值。

```
Cookie c=new Cookie ("username","john");
```

当 Cookie 对象产生以后，JSP 中如果要将封装好的 Cookie 对象传送到客户端，使用 Response 的 addCookie()方法：

```
response.addCookie(c);
```

此时，如果客户端支持 Cookie，Cookie 会写入用户硬盘，在下次访问同一网站时，浏览器会自动将此 Cookie 随请求一起发送。

如果 JSP 读取保存到服务器的 Cookie，可以使用 Request 对象的 getCookies()方法，执行时将所有客户端传来的 Cookie 对象以数组的形式排列，如果要取出符合需要的 Cookie 对象，就需要循环比较数组内每个对象的关键字。例如：

```
Cookie[] cookie = request.getCookies();
if(cookie != null)     //请求中包含有 cookies
for(int i = 0;i < cookie.length;i++){
if("username".equals(cookie[i].getName()))
out.println(cookie[i].getName()+": "+cookie[i].getValue()); }
```

3.5 商品检索

3.5.1 功能说明

E-STORE 电子商城在正式投入运行后，商城中的商品种类将会很多，商品检索（搜索）可以帮助用户根据商品全部或部分名称快速找到最想要的商品信息。商品搜索功能页面显示效果如图 3.35 所示。

图 3.35　添加商品搜索模块

3.5.2 流程分析与设计

1. 搜索流程

商品按名称搜索功能由两部分页面构成：搜索条件的提交页面 "findProductsByName.jsp" 和搜索结果显示页面 "showFindProductsByName.jsp"。用户在 findProductsByName.jsp 页面上输入需要查找的商品名称，单击 "搜索" 按钮，则输入的商品名称信息将作为请求参数传递给 "showFindProductsByName.jsp"，并在该页面中进行数据库查询和展示查询结果的操作。考虑到搜索功能应是用户常用的功能，因而将 "findProductsByName.jsp" 包含在通用框架左侧的 left.jsp 页面中。

2. 数据库操作

在 showFindProductsByName.jsp 页面中，系统根据用户输入的商品名称查询商品信息表，因此可以将此查询功能添加在 ProductDao 类中，实现数据库访问代码和页面的分离。

3.5.3 编程详解

1. 添加 selectProductsSearch() 方法

在 ProductDao 类中，添加按商品名称查询方法 "selectProductsSearch()"，方法参数为 String 类型的对象，表示商品的名称，该方法返回符合查询条件的商品链表。修改 ProductDao.java 代码，添加方法如下：

```
//以商品的名称为搜索条件查询所有商品
public List selectProductsSearch(String search) {
  List list = new ArrayList();
```

```
        ProductEntity goods = null;
        try {
          String strSql = "select  *  from  tb_product  where  name  like
    '%"+search+"%' order by id DESC";
          //拼接 SQL 语句以实现数据库模糊查询
          Statement st = connection.createStatement();
          ResultSet rs = st.executeQuery(strSql); //执行查询
          list=Rs2List(rs);  //将查询结果 rs 集转换成 list 对象
        }
      }
      catch (SQLException ex) {
        System.out.println("数据库访问失败");
      }
      return list;
    }
```

2．创建 findProductsByName.jsp 页面

findProductsByName.jsp 页面用于提交搜索条件，由于后续工程中还会有用户登录、商品销售排行榜、商城信息等页面需要包含在"left.jsp"中，为了使工程目录结构清晰，在此为这些页面在"WebContent/pages/commom"目录下面专门新建一个 leftParts 目录，表示该目录下的页面都是包含在 left.jsp 页面中的。据此在 leftParts 目录下新建 findProductsByName.jsp 页面，添加搜索条件提交表单，表单设计输入文本，负责接收用户需要查询的商品名称，并将此信息以请求参数"search"提交给页面"showFindProductsByName.jsp"处理。页面代码如下：

```
<%@ page language="java" import="java.util.*" pageEncoding="utf-8"%>
<!DOCTYPE HTML PUBLIC "-//W3C//DTD HTML 4.01 Transitional//EN">
<html>
  <head>
  <title>findProductsByName</title>
  </head>
  <body>
  <table width="300" height="152" border="0" align="center"
    background="/estore/systemImages/fg_left00.jpg" >
    <!--设置空行，美化显示效果-->
    <tr>
      <td width="100" align="left" valign="bottom">
          
      </td>
    </tr>
      <!--显示提示信息-->
    <tr>
      <td width="100" align="left" valign="bottom">
          搜索商品：
      </td>
    </tr>
    <tr>
      <td>
      <!--设计提交表单，并指定执行查询页面-->
        <form name="searchForm" method="post" action=
          "<%=request.getContextPath()%>/pages/product/
          showFindProductsByName.jsp"
          onsubmit="return checkEmpty(searchForm)" >
          <table>
```

```
                              <tr>
                                <td>
                                      
                                </td>
                                <td>
                                    <input name="search" type="text" size="22" align=
"left">
                                </td>
                                <td>
                                    <input type="image" class="input1" src=
                                "<%=request.getContextPath()%>/systemImages/
Search.gif"
                                    align="middle" />
                                </td>
                            </tr>
                        </table>
                    </form>
                </td>
            </tr>
        </table>
    </body>
</html>
```

代码解释：

（1）name="searchForm"是指该表单的标识名称。

（2）method="post" 指该表单以 post 方法提交请求。

（3）action="../../../showFindProductsByName.jsp"指明一旦用户单击"搜索"按钮，页面会将该表单中的信息以请求参数的形式提交给 showFindProductsByName.jsp 处理。

（4）onsubmit="return checkEmpty(searchForm)"用来验证用户表单提交信息是否为空。由于 findProductsByName.jsp 包含在 left.jsp 页面中，所以该验证功能可以由 left.jsp 页面完成。

3. 修改 left.jsp 页面

由于 findProductsByName.jsp 页面上的显示内容很少变化，所以在 left.jsp 页面中可以使用 include 指令进行静态包含：

```
<%@ include file="leftParts/findProductsByName.jsp" %>
```

在 left.jsp 中可以验证包含在其中的页面表单输入是否为空，例如，可以对 findProductsByName.jsp 页面进行验证。验证代码用 JavaScript 实现，如下所示：

```
<script language="javascript">
    function checkEmpty(form) {//form 是要进行验证的表单名称
      for (i = 0; i < form.length; i++) {
        if (form.elements[i].value == "") { //对 elements 对象中的每个
                                            子元素进行判断
          alert("表单信息不能为空");
          return false;
        }
      }
    }
</script>
```

checkEmpty 函数用于在表单提交之前验证表单中的元素是否填写，如果没有填写，页面并不做提交操作，而是提示用户表单信息不能为空，要求用户重新填写后再提交。此页面端的表单验证多采用 JavaScript 来实现，页面的代码由浏览器负责执行，由一对<script></script>标签包围。

<script language="javaScript"> 用来告诉浏览器这是用 JavaScript 编写的程序，需要使用相应的解

释程序进行解释。一般 JavaScript 代码会放在一对"<!--和-->"之间，这样做的好处是，如果浏览器不支持 JavaScript，也不至于将 JavaScript 代码当成页面的内容在客户端显示出来。"//"表示 JavaScript 的注释部分，即从"//"开始到行尾的字符都被忽略。另外一点需要注意的是，<script>…</script>的位置并不是固定的，可以包含在<head>…</head>或<body>…</body>中的任何地方。

上述代码在表单提交前触发 onSubmit 事件后执行，依次检查参数表单中的各个元素，检查各元素的值是否为空，如果为空，则表示客户端用户没有填写，此时使用 JavaScript 内置函数 Alert 显示提示信息，并返回"false"，该表单过程被终止，页面并不发生跳转，用户可以将信息完整地输入、进行再次验证和提交。

> **提示**：使用验证的目的是保证 Web 应用的数据是有效的、合法的。客户端验证与服务器端验证虽然都是数据验证，但在功能、性能和安全性等方面还是不同的。
>
> 在页面表单发送数据到 Web 服务器之前使用的 JavaScript 脚本验证称为客户端验证。客户端验证不需要将数据传输至服务器端，提供快速的反馈结果，减小了服务器处理的压力。缺点是，使用客户端验证不够安全，用户可以很容易地查看页面的代码，以伪造提交的数据等方式来跳过客户端验证。
>
> 在 Web 服务器上验证提交的数据称为服务器端验证。服务器端验证的优点是相对客户端验证要安全，因为基于服务器端，不容易被跳过，也不用考虑客户端的太多情况，并且能保证与当初设计数据的一致性。缺点是相对客户端验证来说需要与服务器进行数据交换，性能要差一些。

4. 创建 showFindProductsByName.jsp 页面

在页面 showFindProductsByName.jsp 中处理用户的商品搜索。先从页面请求参数 search 中获取要查询的商品名称，然后以此作为方法参数调用数据库商品信息表操作类 ProductDao 的 selectProductsSearch ()方法。

```
ProductDao dao = new ProductDao();
request.setCharacterEncoding("UTF-8"); //指定以 UTF-8 的编码方式接受参数
String search = request.getParameter("search");  //获取参数
List searchList = (List) dao.selectProductsSearch(search.trim());
                                                //执行查询
```

商品显示部分的代码和"main.jsp"类似，详细代码请参考本书配套程序。

3.5.4 表单提交与中文处理

1. 表单提交方法

页面表单提交 Get 和 Post 方法是常用的 HTTP 方法，除此之外还有 Options、Head、Put、Delete、Trace 等方法。可以这样认为：一个 URL 地址，它用于描述一个网络上的资源，而 HTTP 中的 Get、Post、Put 和 Delete 就对应着对这个资源的查询、更改、增加、删除操作。通常情况下，只需要用到 Get 和 Post 方法，根据 HTTP 规范，Get 一般用于获取/查询资源信息，而 Post 可能修改服务器上的资源。

在形式上，Get 请求的数据会附在 URL 之后（就是把数据放置在 HTTP 协议头中），以"?"分割 URL 和传输数据，参数之间以"&"相连，如：

```
login.jsp?name=admin&password=123456&verify=%E4%BD%A0%E5%A5%BD
```

如果数据是英文字母/数字，以原样发送，如果是空格，则转换为"+"，如果是中文/其他字符，则直接把字符串用 BASE64 加密，得出如%E4%BD%A0%E5%A5%BD 的数据，其中"%XX"中的"XX"为该符号以十六进制表示的 ASCII 码。

Post 把提交的数据放置在 HTTP 包的 Body 中，不会像 Get 方法一样附在 URL 之后。

Get 方法和 Post 方法在提交信息的长度上有所不同，Get 方法是将请求参数加在 URL 之后，因而信息长度受到 URL 长度的限制，这个限制是特定的浏览器及服务器对它的限制。IE 对 URL 长度的限制是 2 083 字节（2K+35）。对于其他浏览器，如 Navigator、FireFox 等，理论上没有长度限制，其限制取决于操作系统的支持。而理论上讲，Post 是没有大小限制的，HTTP 协议规范也没有进行大小限制，起限制作用的是服务器处理程序的处理能力。实际使用的时候，通常将 Post 作为复杂和安全的数据传递方法，因为请求的信息是放在 Body 中的，所以安全、丰富。

2. 中文乱码处理

Java 的内核和 class 文件是基于 unicode 的，这使 Java 程序具有良好的跨平台性，但也带来了一些中文乱码的问题。JSP 文件本身编译时、JSP 获取页面参数时和在 JSP 将变量输出到页面时都可能产生乱码。

首先 JSP 源文件中很可能包含有中文，而 JSP 源文件的保存方式是基于字节流的，如果 JSP 编译过程中，使用的编码方式与源文件的编码不一致，就会出现乱码。对于这种乱码，在文件头加上"<%@ page contentType="text/html;charset=GBK"%>"或"<%@ page contentType="text/html; charset=utf-8"%>"基本上就能解决问题。

JSP 获取页面参数时一般采用系统默认的编码方式，如果页面参数的编码类型和系统默认的编码类型不一致，很可能就会出现乱码。解决这类乱码问题的基本方法是在页面获取参数之前，强制指定 Request 获取参数的编码方式：request.setCharacterEncoding("GBK")或 request.setCharacterEncoding("utf-8")。如果在 JSP 将变量输出到页面时出现了中文乱码问题，则可以通过在页面代码中设置"response.setContentType("text/html;charset=GBK")"或"response. setContentType("text/html;charset=utf-8")"解决。

下面的例子是使用"request.setCharacterEncoding ("utf-8")"的方法解决中文乱码问题，页面获取输入的中文姓名和性别，然后在原页面显示出来，如图 3.36 和图 3.37 所示，如果将代码"<% request.setCharacter Encoding ("utf-8"); %>"删除，会出现中文乱码问题，如图 3.38 所示。

图 3.36　提交中文请求参数

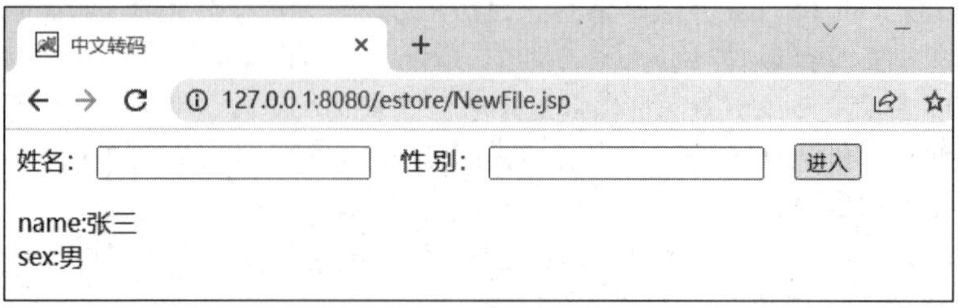

图 3.37　处理中文请求参数

图 3.38　中文乱码

```
<%@ page contentType="text/html;charset=utf-8"%>
<%
  request.setCharacterEncoding("utf-8");
%>
<%@ page import="java.util.Enumeration"%>
<html>
  <head>
    <title>中文转码</title>
  </head>
  <body bgcolor="#FFFFF0">
    <form action="" method="post">
      姓名:
      <input type="text" name="name">
         性 别:
      <input type="text" name="sex">
        
      <input type="submit" value="进入">
    </form>
    <%
      String str = "";
      if (request.getParameter("name") != null
          && request.getParameter("sex") != null) {
      Enumeration enumt = request.getParameterNames();//获取所有请求参数的名字
        while (enumt.hasMoreElements()) { //遍历所有请求参数
          str = enumt.nextElement().toString();
          out.println(str + ":" + request.getParameter(str) + "<br>");
        }
      }
    %>
  </body>
</html>
```

练习题

一、选择题

1. 关于静态包含和动态包含，下列说法中正确的是（ 　　）。
   A. 静态包含的语法为<%@ include file="目标组件的 URL" %>
   B. 静态包含的组件可以为 JSP 文件、HTML 文件和 Servlet
   C. 对于静态包含，Servlet 容器先把目标组件的源代码融合到 JSP 源组件中，然后对 JSP 源组件进行编译
   D. 对于动态包含，Servlet 容器先把目标组件的源代码融合到 JSP 源组件中，然后对 JSP 源组件进行编译
   E. 对于动态包含，Servlet 容器会分别编译和运行 JSP 源组件与 JSP 目标组件。JSP 目标组件生成的响应结果被包含到 JSP 源组件的响应结果中

2. aa.jsp 文件需要动态包含 bb.jsp 文件，这两个文件在 helloapp 应用中的文件路径分别为：

```
helloapp/aa.jsp
helloapp/dir1/dir2/bb.jsp
```

下列选项中的代码能使 aa.jsp 文件正确地动态包含 bb.jsp 的是（　　　）。

A. <jsp :include page= "bb.jsp"/>

B. <jsp :include page= "dir1/dir2/bb.jsp"/>

C. <jsp :include page= "/dir1/dir2/bb.jsp"/>

D. < jsp :include page= "dir2/bb.jsp"/>

3. aa.jsp 把请求转发给 bb.jsp。aa.jsp 在请求范围内存放了一个 String 类型的 username 属性，以下选项中能使 bb.jsp 获得该属性的是（　　　）。

A. <%
　　　　　String username = request.getAttribute("username");
　　%>

B. <%
　　　　　String username = (String)request.getAttribute("username");
　　%>

C. <%
　　　　　String username = request.getParameter ("username");
　　%>

D. <%
　　　　　String username = (String)application. getAttribute ("username");
　　%>

4. aa.jsp 要把请求转发给 bb.jsp，aa.jsp 和 bb.jsp 都位于 helloapp 根目录下。以下选项中能使 aa.jsp 正确地把请求转发给 bb.jsp 的是（　　　）。

A. <a href ="bb.jsp">bb.jsp</a>　　　　　　　　B. <jsp :forward page= "bb.jsp"/>

C. <jsp :forward page= "/bb.jsp"/>　　　　　　　D. < %@ include file= "bb.jsp"/>

5. Servlet 中的变量 cookie 表示客户端的一个 Cookie 数据，以下选项中的代码用于删除客户端相应的 Cookie 数据的是（　　　）。

A. response.deleteCookie(cookie);　　　　　　B. cookie.setMaxAge(0);
　　　　　　　　　　　　　　　　　　　　　　　　　response.addCookie(cookie);

C. cookie.setMaxAge(-1);　　　　　　　　　　D. request.deleteCookie(cookie);
　　response.addCookie(cookie);

6. 以下选项中属于 java.sql.DriverManger 类的方法是（　　　）。

A. createStatement()　　　　　　　　　　B. getConnection(String url,String user,String pwd)

C. registerDriver(Driver driver)　　　　　　D. execute(String sql)

7. 对于以下的 select 查询语句，查询结果存放在 rs 变量中：

```
String sql = "select ID,NAME,PRICE from BOOKS where NAME= 'tom' and PRICE
= 40 ";
ResultSet rs = stmt.executeQuery(sql);
```

下列选项中能够访问查询结果中的 price 字段的是（　　　）。

A. float price = rs.getString(3);　　　　　　B. float price = rs.getFloat(2);

C. float price = rs.getFloat(3);　　　　　　D. float price = rs.getFloat("PRICE");

8. 以下选项中正确创建了一个 PreparedStatement 对象的是（　　　）。假定 prepStmt 变量为 PreparedStatement 类型，con 变量为 Connection 类型，sql 变量表示一个 SQL 语句。

A. prepStmt = con.createStatement(sql);　　　　B. prepStmt = con.prepareStatement();

C. prepStmt = con.createStatement();　　　　　D. prepStmt = con. prepareStatement (sql);

9. 在调用 DriverManager 类的 getConnection() 方法时，应该提供哪些参数？（   ）

    A．连接数据库的 URL

    B．连接数据库的用户名

    C．连接数据库的口令

    D．在数据库的 JDBC 驱动器类库中，实现 java.sql.Driver 接口的类的名字

二、简答题

1. 阐述如何通过 JDBC 驱动程序来访问数据库并叙述其步骤。

2. 请说出 "<%@ page include%>" 与 "<jsp:include>" 的异同点。

3. 描述 JSP 的 Request 和 Response 内置对象及其作用。

4. 比较 HTTP 的 Get 方法和 Post 方法的特点和适用场合。

第 4 章

商城会员管理

本章要点:

- ◆ 会员登录模块功能的详细设计和具体实现
- ◆ 会话机制及 JSP 隐含对象 Session
- ◆ 会员密码找回功能详细设计和具体实现
- ◆ 会员注册功能详细设计和具体实现
- ◆ 请求转发及 JSP 的 forward 动作
- ◆ JavaBean
- ◆ 会员信息修改功能详细设计和具体实现

商城会员管理模块主要实现新会员的注册、老会员的登录、会员信息的修改、会员密码找回等功能。新会员在注册时,系统会验证用户填写的会员名、电子邮件地址、密码和验证码等信息。例如,验证会员名是否已经存在,电子邮箱地址是否已被其他会员使用,两次密码输入是否一致等。会员只有在登录后才可以进行商品购买、查看订单、修改会员信息等操作。会员每次购物生成的订单及订单明细都会被保存到相应的数据库表中,会员在登录后就可以通过相关操作进行查询。

4.1 会员登录模块

4.1.1 功能说明

E-STORE 电子商城的注册用户在登录之前与未注册的游客一样,可以浏览和查询商品,但不能购买商品,也不能进行查看购物车、订单等操作。会员登录模块实现用户的登录功能,用户输入用户名和密码,单击"登录"按钮,由系统验证用户的合法性,如果输入正确,系统会自动保存会员信息并在页面上显示"已登录"的提示,页面上商品的显示内容和操作也会较浏览用户有一些改变,允许会员进行购买商品、修改会员信息、查看购物车、订单等操作。

E-STORE 电子商城的注册会员在登录前后的页面显示如图 4.1 和图 4.2 所示。

图 4.1　注册用户登录　　　　　　图 4.2　注册用户登录成功

4.1.2　流程分析与设计

1. 设计数据库

（1）数据表的概念设计。

会员信息实体：会员信息实体包括会员编号、会员名称、登录密码、真实姓名、电子邮件、找回密码问题、问题答案等属性。其中，找回密码问题和问题答案用来实现会员遗忘登录密码时的找回功能。会员信息实体图如图 4.3 所示。

（2）数据表的逻辑结构。

会员信息表结构：会员信息表用来保存 E-STORE 中所有注册会员的信息，数据表命名为"tb_customer"，该表的结构如表 4.1 所示。

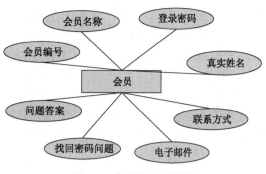

图 4.3　会员信息实体图

表 4.1　数据表 tb_customer 的结构

字 段 名	数据类型	是否为空	是否为主键	默 认 值	描　　述
id	Int	No	—	—	ID（自动编号）
user_name	varchar(50)	No	Yes	—	会员名称
password	varchar(50)	Yes	—	—	登录密码
real_name	varchar(10)	Yes	—	—	真实姓名
mobile	varchar(11)	Yes	—	—	联系电话
email	varchar(50)	Yes	—	—	电子邮件
password_question	varchar(50)	Yes	—	—	找回密码问题
password_hint_answer	varchar(50)	Yes	—	—	问题答案

（3）在数据库中创建表。

启动 SQLyog，打开 estoredb 数据库，展开如图 4.4 所示的"数据库"选项，展开"estoredb"数据库，使用鼠标右键单击表节点，在弹出的快捷菜单中执行"创建表"命令，如图 4.5 所示，将弹出用来创建数据库表的对话框。

图 4.4　展开控制台根目录

图 4.5　创建数据库表

根据如表 4.1 所示的数据表"tb_customer"的结构设计数据表，如图 4.6 所示。

其中，会员名称"user_name"字段被设置为主键，以避免会员同名。

2. 数据库会员实体类设计

会员登录验证需要进行后台数据库查询，查询结果以会员实体类对象返回，登录后该会员信息在本次网站访问期间都可以用此对象的形式保存。因此需要设计数据库会员实体类

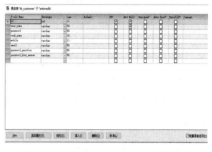

"CustomerEntity"，类的成员变量命名分别与数据库会员表字段名同名，并为所有成员变量的存取设计 Set 和 Get 成员方法，称为访问器。当要对会员表的记录进行访问时，用类 "CustomerEntity" 实例代表表中记录，对数据库进行读操作时，使用该类的 getXxx 方法获取记录各字段的信息，当对数据库进行写操作时，使用该类的 setXxx（）方法将要写入记录的信息先赋值该类的对象，再将对象作为方法参数写入数据库。

图 4.6 设置 tb_customer 表结构

3. 数据库会员表操作类设计

会员在前台页面进行登录验证操作需要查询数据库会员表，设计 CustomerDao 数据库操作类从页面分离对数据库会员表的访问。

创建 CustomerDao 类并添加相应数据库查询的方法：

```
public CustomerEntity selectCustmoerEntity(String name);
```

方法参数是待验证的会员名，由页面元素提交。方法的返回值为会员实体类的对象，代表查询到的会员记录。由于会员表的 name 字段被设计成主键，因而在给定的 name 查询条件下，该方法返回的记录只能唯一，或者为空。如果返回的记录为空，代表数据库中不存在这个会员。

4. 功能实现流程设计

（1）在会员登录页面 "login.jsp" 中输入会员的用户名和密码，以请求参数的形式提交给 userLoginResult.jsp 页面进行处理。和第 3 章商品搜索页面一样，在 left.jsp 页面中使用指令：

```
<%@ include file="leftParts/login.jsp" %>
```

将 login.jsp 包含在 left.jsp 中，效果如图 4.7 所示。

图 4.7 添加登录模块

（2）userLoginResult.jsp 页面获取页面请求参数用户名与密码。

（3）以用户名为参数调用 ProductDao 类的 selectProductEntity 方法，查询数据库表。

（4）查询结果为空，提示"会员不存在"，否则将返回的会员实体对象进行保存。

（5）将实体对象的密码与页面请求参数密码（即用户在登录时输入的密码）进行比较，密码不一致，登录失败，页面提示重新登录，系统页面跳转到首页。

（6）密码验证一致，则登录成功，系统显示成功登录信息，页面跳转至商品展示页面，同时将会员信息保存在会话中，以供会员本次访问网站时使用。

会员登录功能流程图如图 4.8 所示。

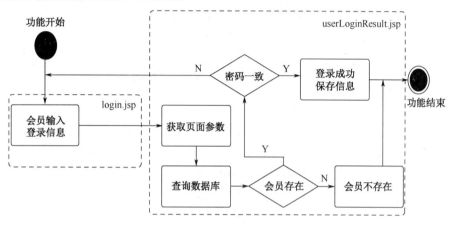

图 4.8　会员登录功能流程图

4.1.3　编程详解

（1）在 cn.estore.entity 包中创建会员实体类"CustomerEntity"，实现代码如下：

```
//会员实体类
package cn.estore.entity;
public class CustomerEntity {
  private int id;                      /*自增编号*/
  private String userName;             /*会员账号，关键字*/
  private String password;             /*密码*/
  private String realName;             /*真实姓名*/
  private String mobile;               /*联系方式*/
  private String email;                /*email*/
  private String passwordQuestion;     /*密码提示问题*/
  private String passwordHintAnswer;   /*密码问题答案*/
    …//setXxx 与 getXxx 定义
  }
```

（2）在 cn.estore.dao 包中创建 CustomerDao 类，并添加 selectCustmoerEntity 方法。具体实现代码如下：

```
package cn.estore.dao;
/*数据库会员表操作类，负责对该表的存取操作*/
import cn.estore.entity.CustomerEntity;
import cn.estore.util.DBConnection;
import java.sql.*;
import java.util.*;
```

```
//对会员表的操作
public class CustomerDao {
  private Connection connection = null;
  private PreparedStatement ps = null;
  private DBConnection jdbc = null;
  public CustomerDao() {
    jdbc = new DBConnection();
    connection = jdbc.connection; //利用构造方法取得数据库链接
  }


  //以会员名称为条件查询信息
  public CustomerEntity selectCustomerEntity(String name) {
    CustomerEntity user = null;
    try {
      ps = connection.prepareStatement("select * from tb_customer
          where user_name=?");
      ps.setString(1, name); //设置 SQL 语句的查询参数
      ResultSet rs = ps.executeQuery();
      while (rs.next()) {
        user = new CustomerEntity();
        user.setId(Integer.valueOf(rs.getString(1)));
        user.setUserName(rs.getString(2));
        user.setPassword(rs.getString(3));
        user.setRealName(rs.getString(4));
        user.setMobile(rs.getString(5));
        user.setEmail(rs.getString(6));
        user.setPasswordQuestion(rs.getString(7));
                  user.setPasswordHintAnswer(rs.getString(8));
      }
    }
    catch (SQLException ex) {
        System.out.println("数据库访问失败");
    }
    return user;
  }
}
```

（3）在"pages/common/leftParts"目录下创建"login.jsp"，设计提交表单，表单元素包括用户名和密码输入框，表单以 Post 方法提交，则表单的内容将以页面请求参数的形式提交给 userLoginResult.jsp 页面，具体实现代码如下：

```
<%@ page language="java" import="java.util.*" pageEncoding="utf-8"%>
<%@page import="cn.estore.entity.CustomerEntity"%>
<!DOCTYPE HTML PUBLIC "-//W3C//DTD HTML 4.01 Transitional//EN">
<html>
      <head>
      <title>login</title>
</head>
<body>
    <!--左侧登录-->
      <table width="300" height="138" border="0" cellpadding="0"
      cellspacing="0"
background="/estore/pages/systemImages/fg_left01.jpg"
      style="background-repeat: no-repeat">
        <tr>
<td valign="middle">
```

```
<table width="100%" border="0" cellpadding="0" cellspacing= "0">
                <!-设计一个空行，美化界面-->
                <tr>
                  <td height="10"></td>
                </tr>
                </table>
                    <!--设计提交表单-->
            <form name="form" method="post"
            action="/estore/pages/customer/userLoginResult.jsp"
                    onSubmit="return checkEmpty(form)">
                    <table width="185" border="0" align="center">
                        <!--空行-->
                        <tr height="10">
                          <td></td>
                        </tr>
                        <tr>
                          <td width="60" height="25">
                            账号：
                          </td>
                          <td width="115" height="25">
                            <input name="name" type="text" size="17">
                          </td>
                        </tr>
                        <tr>
                          <td height="35">
                            密码：
                          </td>
                          <td>
                            <input name="password" type="password"
                            size="17">
                          </td>
                        </tr>
                        <tr>
                          <td height="25">
                            <input type="image" class="input1"
src="/estore/page/systemImages/fg-land.gif"
                              width="51" height="20">
                          </td>
                          <td height="25">
                            <a href=
            "/estore/pages/customer/userRegisterAjax/userRegister.
            jsp">注册
                            </a>  
                            <a href=
            "/estore/pages/customer/userPasswordFind1.jsp">找回密码</a>
                          </td>
                        </tr>
                    </table>
                </form>
            </td>
        </tr>
    </table>
  </body>
</html>
```

其中，代码"<form name="form" method="post" action="…/userLoginResult.jsp" onSubmit="return checkEmpty(form)">"指明了本页面提交表单名称（标识）为 form，在表单提交之前会

触发 onSubmit 事件，进行表单内容的验证，如果验证不通过（即：以 form 为参数调用 checkEmpty 函数，结果返回"false"），则表单不会提交。

由于 login.jsp 包含在 left.jsp 页面中，所以可以使用第 2 章中在 left.jsp 页面中添加的 checkEmpty 函数验证表单输入是否为空。

（4）创建 userLoginResult.jsp 页面。

① 在 pages 目录下新建一个 Customer 目录，专门存放与会员管理相关的页面。然后在 Customer 目录下创建页面"userLoginResult.jsp"，在页面中引入类"CustomerEntity"和类"CustomerDao"，并生成各自的对象，当用户的信息以请求参数的形式提交到页面 userLoginResult.jsp 后，使用 Request 对象的 getParameter 方法获取参数"name"的值，据此，调用类 ProductDao 对象的 selectCustomerEntity 方法查询数据库，进行服务器端验证。

```
CustomerDao dao = new CustomerDao();
request.setCharacterEncoding("utf-8");
String name = request.getParameter("name");
CustomerEntity userEntity = dao.selectCustomerEntity(name);
```

② 判断方法"selectCustomerEntity"的返回值，如果密码输入信息为空或密码不正确，提示出错信息，页面返回，其实现代码如下：

```
<body>
<div align="center">
  <%
  // 用户登录
    CustomerDao dao = new CustomerDao();
    String name = request.getParameter("name");
    String password = request.getParameter("password");
    CustomerEntity userEntity = dao.selectCustmoerEntity(name);
    if(userEntity==null||userEntity.equals("")){//当前登录用的用户名
                                                            不存在
  %>
    <script language='javascript'>alert
                    ('不存在此用户，请重新登录！！！');history.go(-1);
    </script>
  <%  }else {//存在此用户，将数据库中密码取出来和用户录入的密码进行对比
      if(!userEntity.getPassword().equals(password)){
  %>
      <script language='javascript'>alert
              ('密码错误，请重新登录！！！');history.go(-1);
      </script>
  <%
      } else {//用户名与数据表中密码一致，为授权用户，保存信息至 session
        session.setAttribute("user", userEntity);
        session.setAttribute("name",name);
  %>
      <script language='javascript'>window.location.href=
                  '/estore/pages/product/main.jsp';
      </script>
  <%
      }}
  %>
</div>
</body>
```

其中，信息的提示和页面返回都是使用 JavaScript 代码完成的，因为在此时页面已经跳转到显示登录结果的页面了，要想返回到刚才登录信息的填写页面，可以使用 JavaScript 的代码"history.go(–1)"实现。History 是浏览器的一个对象，其代表了用户在网站上不同页面之间访问页面的历史。History 的 go 方法实现在这个浏览历史中前进或后退。

用户在访问网站过程中，网站有责任保护登录会员的个人信息，例如，会员的登录用户名和密码信息，因此在 E-STORE 工程中定义了一个 Encrypt 类用于对字符串进行加密和解密，具体代码请参见本书配套程序"src/cn.estore.util"目录。

③ 如果用户登录信息验证都正确，用户信息将存放在 CustomerEntity 类的对象"userEntity"中，此对象是页面"userLoginResult.jsp"的内部对象，仅在该页面范围内存在，作用范围也限于该页面，当页面跳转后，此对象就不可再用了，而会员的信息在其他页面的访问中也会用到，因此，该对象应该保存在多个页面都能访问的地方。

为了能够保存用户的访问信息，在此需要用到会话对象 Session。用户从访问 E-STORE 电子商城的第一个网页开始，直到离开该网站结束，被定义为一次"会话"，在服务器端，JSP 引擎会产生一个 Session 对象代表此次会话。一个 Session 对象属于一个特定的会话，由服务器负责产生、管理和销毁，而对于 JSP 程序员来说，Session 对象被作为 JSP 页面的隐含对象而存在，程序员可以在 JSP 页面中直接使用。Session 对象的生存期和作用范围都是这次会话，因此，可以将用户登录的信息存放在 Session 对象中，作为 Session 对象的一个属性而存在。Session 对象提供了 setAttribute 方法完成其属性值的添加，将用户信息对象以属性名为"user"的属性存放在 Session 对象中，并同时保存会员登录名"name"。

```
session.setAttribute("user", userEntity);
session.setAttribute("name",name);
```

④ 会员登录成功后，页面跳转到首页，在首页的左侧会显示如图 4.2 所示的会员信息。

```
<script language='javascript'>
    window.location.href='/estore/pages/product/main.jsp';
</script>
```

在 JavaScript 中通过设置"window.location.href=URL"可以实现页面的跳转。

（5）允许登录会员查看商品详细信息，修改相关超链接。

会员登录后，可以进行购物操作，因此对商品展示页面、新品、特价、搜索结果页面的商品显示信息需要进行修改，让会员可以进行购物操作。以"main.jsp"为例，将原来显示"登录后才能购买"的位置修改为以下代码，为登录后的用户添加"查看详细内容"超链接。

```
<div align="left">
  <%
    if (session.getAttribute("user") != null
      || session.getAttribute("id") != null) {
  %>
  <a href="#" onClick="window.open('showProductById.jsp?id=
    <%=e.getId()%>','','width=500,height=200');">查看详细内容</a>
  <%
    } else {
  %>
    登录后才能购买
  <%
    }
  %>
</div>
```

其中，<a href="#"　onClick = "window.open (' 'showProductById.jsp ?id=　<%= e.getId()%>' ,　", 'width=500, height=200');">查看详细内容 </a>，是使用 JavaScript 代码实现打开页面 "showProductById.jsp"，并传送请求参数商品编号。

4.1.4　会话机制与 Session 对象

1. 会话机制

用户在浏览某个网站时，从打开浏览器到关闭浏览器的过程称为一个会话。当一个客户访问一个服务器时，可能会在这个网站的几个页面之间反复连接，反复刷新一个页面，由于 HTTP 协议自身的特点，用户每执行一个网站页面的访问都需要和 Web 服务器重新建立连接。同一用户的多次访问数据的维护无法由 HTTP 协议自身完成，而网站的应用程序应当通过某种办法来维护同一个用户访问的数据，这就是会话机制。需要注意的是，一个会话的概念需要包括特定的用户、特定的服务器及连续的操作时间。不同用户、不同服务器及在不同时间内的连续操作都是处在不同的会话中的。

正如 E-STORE 的实现那样，Java Web 应用通常使用 javax.servlet.http.HttpSession 类的子类的对象 Session 来维护会话。Session 对象的标识（即 Session 对象的 ID）在用户第一次访问 Web 应用时由服务器自动产生并保持唯一性，在网站的开发时，可以使用 Session 的特定方法来获取其对应的 ID 值。

用 Session 对象来保存每个用户的状态信息，以便在 HTTP 协议下也能跟踪每个用户的操作状态。其中 Session 对象本身保存在服务器上，而把 Session 的 ID 随响应一起发送并保存在客户机的 Cookies 中，当用户在此访问同一 Web 应用时，该 ID 又随请求再次发送到服务器，服务器根据此 ID 查找所有 Session 对象，如果找到匹配的 Session 对象，则可在这个 Session 对象上取出属于该用户的状态信息，实现非连接下的状态维护。在很多服务器上，如果测试用户浏览器支持 Cookies，就直接使用 Cookies 保存 Session 对象的 ID，如果不支持或者由于用户禁用了 Cookies，就自动使用 URL-rewriting（URL 重写）技术保存 Session 对象的 ID。直到客户端用户关闭浏览器后，服务器端该客户的 Session 对象才被注销，进而和用户的会话对应关系消失。当客户端重新打开浏览器再连接到该服务器时，服务器又为该客户再创建一个新的 Session 对象，实现一个新的会话的维护。

2. Session 对象的常用方法

Session 对象为维护会话信息的每个流程提供了方便的存取信息方法，常用的方法如下：

（1）public String getId()：返回 Session 创建时 JSP 引擎为它设的唯一 ID，每个 Session 的 ID 是不同的。

（2）public void setAttribute(String key,Object obj)：将参数 Object 指定的对象 obj 添加到 Session 对象中，并为添加的对象属性指定一个索引关键字。

（3）public Object getAttribute(String key)：获取 Session 对象中含有关键字的属性对象。

（4）public Boolean isNew()：判断 Session 对象是否是一个新建的 Session 对象。

提示：request.getParameter()是从上一个页面用户提交的数据中取得，而 Session 存在范围是用户的整个会话期。Request 只是一个请求，简单说就是在页面上的一个操作，结果输出之后，Request 就结束了。而 Session 可以跨越很多页面，可以理解为客户端同一个浏览器窗口发出的多个请求，在这些请求之间都可以传递信息。

4.2　用户密码找回

4.2.1　功能说明

E-STORE 电子商城提供注册会员的密码找回功能，在用户遗忘登录密码时可使用该功能重新设置登录密码。在用户登录页面上设有"找回密码"的链接，会员根据页面提示，输入用户账号，如图 4.9 所示。页面提示找回密码问题，如图 4.10 所示，输入答案，系统判断答案正确，则显示重新输入密码。如图 4.11 所示，用户重新设定密码，完成找回密码的操作。

图 4.9　输入用户账号　　　图 4.10　输入问题答案　　　图 4.11　重新设定密码

4.2.2　流程分析与设计

1. 数据库设计

在用户信息表中设计有字段找回密码问题、问题答案两个字段，如表 4.2 所示，用户在注册时填写相应的信息。

表 4.2　tb_user 表的部分结构

字 段 名	数据类型	是否为空	是否为主键	默 认 值	描　　述
password_question	varchar(50)	Yes	—	—	找回密码问题
password_hint_answer	varchar(50)	Yes	—	—	问题答案

2. 数据库访问设计

会员在找回密码时，需要回答密码问题，回答正确后方可更改密码，因此在 CustomerDao 类中设计添加 selectFind 方法和 updatePassword 方法。

（1）selectFind 方法根据会员账号与用户找回密码答案作为参数，查询会员信息表，返回会员信息实体对象，因为会员信息表以 name 为主键，因此只能查询到唯一一条记录或者会员根本不存在。一旦查询到结果，会员的信息会保存在 UserEntity 实体对象中，当需要获取后续的找回密码问题及问题答案时便可不用再次查询数据库了。

（2）用户输入的找回密码答案如果正确，系统将使用新密码替换原来的密码，实现密码的找回。在 updatePassword 方法中以数据库自动编号的 id 作为查询条件，修改密码，方法返回修改成功与否。

3. 功能实现流程设计

（1）在 login.jsp 页面中设计找回密码的链接，会员单击该链接后提交给 userPasswordFind1.jsp 处理。

（2）在 userPasswordFind1.jsp 页面中提供会员账号输入，以请求参数的形式提交给 userPasswordFind2.jsp 处理。

（3）userPasswordFind2.jsp 页面获取页面请求参数会员账号，以此作为参数调用 CustomerDao 类的 selectCustomerEntity 方法，查询数据库表。

（4）查询结果为空，提示"会员不存在"，否则保存方法返回的会员信息表实体对象。在"userPasswordFind2.jsp"页面上提供输入找回密码问题的答案。

（5）将输入的问题答案及数据库查询的会员账号以请求参数的形式提交给页面"userPasswordFind3.jsp"处理。

（6）在页面 userPasswordFind3.jsp 中，获得请求参数会员账号和找回密码问题答案，并以此为参数，查询数据库，如果检索不成功，页面提示答案不正确。否则，说明输入的答案正确，页面提供密码的重新设置，重新输入密码后，提交给页面"userPasswordFind4.jsp"处理。

（7）在页面"userPasswordFind4.jsp"中，将重新设置的密码写入数据库，并提示处理结果后系统页面跳转到首页。

会员密码找回功能流程图如图 4.12 所示。

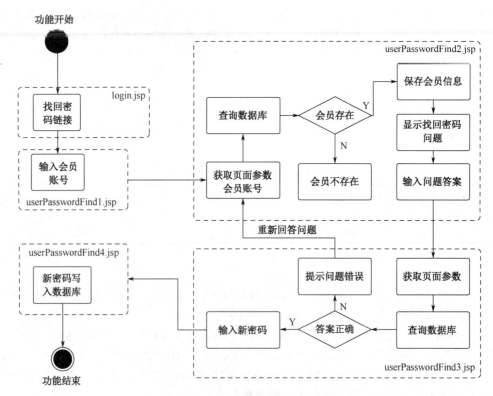

图 4.12 会员密码找回功能流程图

4.2.3　编程详解

（1）在 CustomerDao 类中设计添加 selectFind 方法。

```
//找回密码
public CustomerEntity selectFind(String name, String result) {
    CustomerEntity user = null; //声明实体对象
    try {
        ps = connection.prepareStatement
                ("select * from tb_customer where name=? and result=?");
        ps.setString(1, name);
        ps.setString(2, result);
        ResultSet rs = ps.executeQuery();
        while (rs.next()) {
            user = new CustomerEntity();
            user.setId(Integer.valueOf(rs.getString(1)));
            user.setUserName(rs.getString(2));
            user.setPassword(rs.getString(3));
            user.setRealName(rs.getString(4));
            user.setMobile(rs.getString(5));
            user.setEmail(rs.getString(6));
            user.setPasswordQuestion(rs.getString(7));
            user.setPasswordHintAnswer(rs.getString(8));
        }
    }
    catch (SQLException ex) {
        System.out.println("数据库访问失败");
    }
    return user;
}
```

（2）在 CustomerDao 类中设计添加 updatePassword 方法。

```
//以密码和数据库自动更新的编号 id 为参数修改会员的密码
public boolean updatePassword(String password, Integer id) {
    try {
        ps = connection.prepareStatement("update tb_customer set password=?
        where id=?");
        ps.setString(1, password);
        ps.setInt(2, id.intValue());
        ps.executeUpdate();
        ps.close();
        return true;
    }
    catch (SQLException ex) {
        return false;
    }
}
```

（3）在 login.jsp 页面中添加"找回密码"的链接，链接到密码找回功能的起始页面
"userPasswordFind1.jsp"。

```
<a href="/estore/pages/customer/userPasswordFind1.jsp" >找回密码? </a>
```

（4）创建 userPasswordFind1.jsp 页面。

在"pages/customer"目录下创建 userPasswordFind1.jsp 页面，页面风格与主页保持一致，

在页面中设计一个提交表单，用于提交找回密码的会员账号，会员输入账号后，将作为请求参数以 Post 方法提交到页面"userPasswordFind2.jsp"中，提交之前使用 JavaScript 函数 checkEmpty(form)进行合法性验证，提交表单实现代码如下：

```
<form name="form" method="post" action="userPasswordFind2.jsp"
onSubmit= "return checkEmpty(form)">
<table width="298" border="0" cellspacing="0" cellpadding="0"
bordercolor="#FFFFFF" bordercolordark="#819BBC"
bordercolorlight="#FFFFFF">
    <tr>
        <td width="105" height="35" bgcolor="#FFFFFF">
          <div align="right">用户账号:</div>
        </td>
        <td width="187">
          <input type="text" name="name">
        </td>
    </tr>
</table>
  <br>
  lo<input type="text" name="name">
  <input type="image" class="input1" src="../../systemImages/save
  .jpg" width="51" height="20">
  <a href="#" onClick="javascript:form.reset()">
      <img src="../../systemImages/clear.gif"> </a>
  <a href="#" onClick="javasrcipt:history.go(-1)">
      <img src="../../systemImages/back.gif"></a>
</form>
```

其中，<input type="image" class="input1" src="../../systemImages/save.jpg" width="51" height="20">，以显示图片的形式实现表单"提交"按钮。

<a href="#" onClick="javascript:form.reset()"><img src="../../systemImages/clear.gif"> </a>和
<a href="#" onClick="javasrcipt:history.go(-1)"><img src="../../systemImages/back.gif"> </a>，分别用 JavaScript 实现表单元素的"重置"和页面"返回"功能。"userPasswordFind1.jsp"的详细代码请参考本书配套程序。

（5）创建 userPasswordFind2.jsp 页面。

① 在"pages/customer"目录下创建 userPasswordFind2.jsp 页面，在页面中引入数据库会员信息表操作类和实体类，调用操作类的 selectCustomerEntity 方法，以 userPasswordFind1.jsp 页面提交的请求参数"会员账号"作为参数查询数据库，查询结果存放在页面对象 user 中，其实现代码如下：

```
<%
   CustomerDao dao = new CustomerDao();
   CustomerEntity user=
         dao.selectCustomerEntity(request.getParameter("name"));
%>
```

② 判断 user 是否为空，如果为空，表示该会员不存在，也就无法进行找回密码的操作，页面提示返回 userPasswordFind1.jsp 页面请会员重新输入，其实现代码如下：

```
<%if(user==null||user.equals("")){%>
<p><strong>不存在此会员，请重新输入！！！</strong></p>
<meta http-equiv="refresh" content="2;URL=userPasswordFind1.jsp">
<%}else{%>
```

其中，<meta http-equiv="refresh" content="2;URL=userPasswordFind1.jsp">，实现 2 秒后页面刷新显示，显示的页面为 URL 指定的页面。

如果 user 不为空，页面生成 form 表单，显示密码找回的问题，会员输入问题答案后，以 Post 方法将用户账号、找回密码问题答案以请求参数的形式提交到页面"userPasswordFind3.jsp"，其中用户账号以隐含表单元素方式实现，在页面上不显示这些信息，但仍然会随表单一起提交，提交表单实现代码如下：

```
<form name="form" method="post" action="userPasswordFind3.jsp"
onSubmit="return    checkEmpty(form)">
  <table width="298" border="0" cellspacing="0" cellpadding="0"
  bordercolor= "#FFFFFF" bordercolordark="#819BBC"
  bordercolorlight="#FFFFFF">
    <tr>
      <td width="105" height="35">
        <div align="right">问题:</div>
      </td>
      <td width="187">
        <div align="left">
          <input type="hidden" name="name" value="<%=user.getName() %>">
          <%=user.getQuestion()%>
        </div>
      </td>
    </tr>
    <tr>
      <td width="105" height="35">
        <div align="right">答案:</div>
      </td>
      <td width="187">
        <div align="left">
          <input type="text" name="result">
        </div>
      </td>
    </tr>
  </table>
  <br>
  <input type="image" class="input1"  src="image/save.jpg" width="51"
  height="20">
     
  <a href="#" onClick="javascript:form.reset()">
    <img src="image/clear. gif"></a>
     
  <a href="#"onClick="javasrcipt:history.go(-1)">
    <img src="image/back. gif"></a>
</form>
```

userPasswordFind2.jsp 页面的完整代码请参考本书配套程序。

（6）创建 userPasswordFind3.jsp 页面。

① 在"pages/customer"目录下创建 userPasswordFind3.jsp 页面，在页面中引入数据库会员信息表操作类和实体类，使用操作类的 selectFind 方法以 userPasswordFind2.jsp 页面提交的请求参数 "用户账号""密码找回答案"作为参数查询数据库，查询结果存放在页面对象 user 中，其实现代码如下：

```
<%
  CustomerDao dao = new CustomerDao();
  String name=request.getParameter("name").trim();
```

```
String result=request.getParameter("result").trim();
CustomerEntity user=dao.selectFind(name,result);
%>
```

② 判断 user 是否为空，如果为空，表示该用户输入的答案不正确，页面提示错误信息，返回 userPasswordFind2.jsp 页面请用户重新输入答案。因为页面 "userPasswordFind2.jsp" 需要用户账号作为其请求参数，在返回时需要带入 name 变量作为请求参数。

```
<%if(user==null||user.equals("")){%>
<p><strong>答案不正确，请重新输入！！！</strong></p>
<meta http-equiv="refresh" content="2;URL=userPasswordFind2.jsp?name=
<%= name%>">
<%}else{%>
```

如果 user 不为空，说明答案正确，页面生成 form 表单，在表单中设计 "<input type=" password" name="password">和<input type="password" name="passwordOne">" 让用户两次输入新密码，然后以 Post 方法将密码请求参数的形式提交到页面 "userPasswordFind4.jsp"，同时将该用户的密码一起提交，以供在页面 "userPasswordFind4.jsp" 中以此作为标识进行数据库修改，提交的表单实现代码如下：

```
<p><strong>输入新密码</strong></p>
<form name="form" method="post" action="userPasswordFind4.jsp?
id=<%=user. getId()%>" onSubmit="return checkEmpty(form)">
  <table width="298" border="0" cellspacing="0" cellpadding="0"
  bordercolor="#FFFFFF" bordercolordark="#819BBC"
  bordercolorlight="#FFFFFF">
    <tr>
      <td width="105" height="35">
        <div align="right">请输入新的密码: </div>
      </td>
      <td width="187">
        <div align="center">
          <input type="password" name="password">
        </div>
      </td>
      <td width="105" height="35">
        <div align="right">确认密码: </div>
      </td>
      <td width="187">
        <div align="center">
          <input type="password" name="passwordOne">
        </div>
      </td>
    </tr>
  </table> <br>
  <input type="image" class="input1"  src="../../systemImages/
  save.jpg"
    width="51" height="20">
    
  <a href="#" onClick="javascript:form.reset()">
    <img src="../../systemImages/clear.gif"></a>
    
  <a href="#" onClick="javasricpt:history.go(-1)">
    <img src="../../systemImages/back.gif"></a>
</form>
<%}%>
```

对于用户两次输入的密码是否一致，则在表单提交之前调用页面 JavaScript 函数 "check Empty(form)" 进行页面端验证，其实现代码如下：

```
<script language="javascript">
  function checkEmpty(form){
    for(i=0;i<form.length;i++){
      if(form.elements[i].value==""){
        alert("表单信息不能为空");
        return false;
      }
    }

if(document.form.password.value!=document.form.passwordOne.value){
        window.alert("您两次输入的密码不一致，请重新输入");
        return false;
      }
    }
  </script>
```

（7）创建 userPasswordFind4.jsp 页面。

在 "pages/customer" 目录下创建 userPasswordFind4.jsp 页面，在页面中引入数据库会员信息表操作类，调用操作类的 updatePassword 方法，以 userPasswordFind3.jsp 提交的请求参数 "账号""密码" 作为参数修改数据库会员信息表，该方法返回修改成功与否，存放在 Boolean 变量 "change" 中，其实现代码如下：

```
<%
  CustomerDao dao = new CustomerDao();
  String password=request.getParameter("password").trim();
  Integer id=Integer.valueOf(request.getParameter("id"));
  boolean change=dao.updatePassword(password,id);
%>
```

页面判断 "change" 后显示密码修改成功或失败的提示信息，并在 2 秒后跳转到主页面 "main.jsp"，其实现代码如下：

```
<%if(change){%>
  密码修改成功！！！
<%}else{%>
  密码修改失败！！！
<%}%>
</strong></p>
<meta http-equiv="refresh" content="2;
  URL=/estore/pages/product/main.jsp">
```

4.3　会员注册

4.3.1　功能说明

会员注册模块提供注册功能，用户填写必要信息后就可以成为 E-STORE 电子商城的会员，只有注册会员才能够查看商品详细信息并进行购物等相关操作，非注册会员只能浏览商品基本资料。

会员在输入注册信息时，有很多内容需要验证。例如，用户名是否已经存在，E-mail 是否已被人使用，验证码输入是否正确等。传统方式是使用客户端 JavaScript 做初步验证，用户提交表单后在服务器端做进一步验证。如果用户输入的信息有错误，会返回注册页面，提示用户重新输入。在 E-STORE 工程中我们使用 Ajax 技术实现对注册信息的验证，将原来需要提交到服务器才能验证的内容，可以在不刷新页面的情况下直接验证。会员注册页面如图 4.13 所示。

图 4.13　会员注册页面

4.3.2　流程分析与设计

1. 数据库操作设计

会员注册主要的操作是将注册的信息写入数据库，根据前面章节的介绍，我们知道可以设计将此数据库写入操作的功能从页面分离出去，在数据库会员信息表操作类"CustomerDao"中添加方法"insertCustomer"，用于将会员注册信息写入数据库，会员填写的信息存储在会员信息实体类"UserEntity"的对象中，作为方法的参数提供。

2. 流程设计

在 login.jsp 页面中提供功能入口链接，会员单击该链接，跳转到 userRegister.jsp 页面，输入注册信息。在用户输入信息时，使用 Ajax 技术对用户输入内容的有效性和正确性进行验证，验证内容有用户名、电子邮箱、密码和验证码 4 个部分。

（1）验证用户名和电子邮箱是否已经存在。

在用户输入名和电子邮箱地址后，使用 XMLHttpRequest 对象将用户输入的信息发送给服务器。服务器判断是否存在同名用户或电子邮箱地址。验证完毕后将信息反馈给客户端，客户端显示验证结果。这样用户在提交整个表单前，就可以知道输入的用户名和电子邮箱是否可用。

（2）密码验证比较简单，不需要到服务器端验证。这需要在客户端对用户两次输入的密码进行对比，当输入一致时，通过验证，否则提示用户输入密码有误。

（3）生成验证码与校验过程。

验证码主要是防止恶意用户使用工具自动进行批量注册，抢占用户名。其基本原理是在服务器生成一个随机数字，并放入用户 Session 中。客户端使用该随机数字生成的图片，用户按图片内容输入验证码。最后将用户的输入与 Session 中的验证码进行对比,如果一致,则验证成功。

在 E-STORE 的会员注册模块使用 Java 类库中图像 API 生成包含三位数字验证码的 PNG 格式图片。具体代码可参见 "code.jsp"。

（4）将验证函数封装在 Checker 对象中。

以上 3 种方式的验证函数都封装在一个 Checker 对象中。里面包含的 checkNode 函数对应用户名和电子邮箱验证，以及验证码验证。CheckPassword 函数对应密码验证。所有的验证结果第一个数字是 0 或 1，分别表示验证失败或成功。后面紧跟验证结果的详细文字说明。showInfo 函数根据验证结果进行不同样式的显示。

用户信息填写完成后，将注册信息提交给 User.jsp 页面，在 User.jsp 页面中采用 JavaBean 技术根据请求参数生成会员信息实体类对象，并写入数据库。将执行结果的提示信息提交页面 "userRegisterResult.jsp" 显示。会员注册功能流程图如图 4.14 所示。

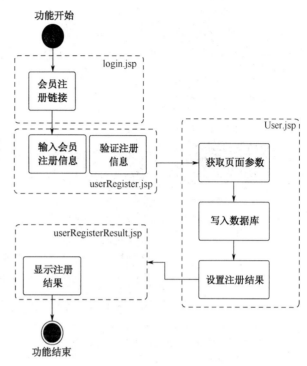

图 4.14　会员注册功能流程图

4.3.3　编程详解

（1）修改 CustomerDao 类，添加 insertCustomer 方法，其实现代码如下：

```
//添加会员注册信息
public boolean insertCustomer (CustomerEntity user) {
    try {
    ps = connection.prepareStatement("insert into
        tb_customer(user_name,password,real_name,mobile,email,
        password_question,password_hint_answer)
        values (?,?,?,?,?,?,?)");
    ps.setString(1, user.getUserName());
    ps.setString(2, user.getPassword());
    ps.setString(3, user.getRealName());
    ps.setString(4, user.getMobile());
    ps.setString(5, user.getEmail());
    ps.setString(6, user.getPasswordQuestion());
    ps.setString(7, user.getPasswordHintAnswer());
    ps.executeUpdate();
    ps.close();
      return true;
    }
    catch (SQLException ex) {
```

```
return false;
    }
 }
```

（2）在 login.jsp 页面中添加"注册"按钮，如图 4.1 所示。为"注册"按钮设置超链接，其实现代码如下：

```
<a href="/estore/pages/customer/userRegisterAjax/userRegister.jsp">
    注册</a>  
```

（3）创建 userRegister.jsp 页面，设计提交表单，其主要实现的代码如下：

```
<form name="userForm" action="../user.jsp?action=0" method="post"
  onsubmit="">
  <table width="500" border="0" cellspacing="0" cellpadding="0">
   <tr>
    <td width="107" height="35">
      <div align="right">用户名称：</div>
    </td>
    <td >
      <div align="left">
         <input type="text" name="userName" id="userName"
         onblur="Checker.checkNode(this)" />
      </div>
    </td>
    <td align="left">
      <div id="userNameCheckDiv" class="warning">请输入用户名 </div>
    </td>
   </tr>
   <tr>
    <td height="35"><div align="right">用户密码：</div></td>
    <td>
      <div align="left">
         <input type="password" name="password" id="password"
         onblur="Checker.checkPassword()">
      </div>
    </td>
    <td align="left">
      <div id="passwordCheckDiv" class="warning">请输入密码</div>
    </td>
   </tr>
   <tr>
    <td height="35">
      <div align="right"> 密码确认：</div>
    </td>
    <td>
      <div align="left">
         <input type="password" name="password2" id="password2"
         onblur="Checker.checkPassword()" >
      </div>
    </td>
    <td align="left">
      <div id="password2CheckDiv" class="warning">请再次输入密码</div>
    </td>
   </tr>
   <tr>
    <td height="35"><div align="right">真实姓名：</div></td>
    <td>
      <div align="left">
```

```
          <input type="text" name="realName" />
        </div>
      </td>
    </tr>
    <tr>
      <td height="35"><div align="right">用户手机: </div></td>
      <td>
        <div align="left">
          <input type="text" name="mobile" id="mobile"
          onblur="Checker.checkNode(this)" />
        </div>
      </td>
      <td align="left">
        <div id="mobileCheckDiv" class="warning">请输入手机号码 </div>
      </td>
    </tr>
    <tr>
      <td height="35"><div align="right">电邮地址: </div></td>
      <td>
        <div align="left">
          <input type="text" name="email" id="email"
          onblur="Checker.checkNode(this)">
        </div>
      </td>
      <td align="left">
          <div id="emailCheckDiv" class="warning">请输入邮件地址
          </div></td>
    </tr>
    <tr>
      <td height="35"><div align="right">密码提示: </div></td>
      <td>
        <div align="left">
          <input type="text" name="passwordQuestion" />
        </div>
      </td>
    </tr>
    <tr>
      <td height="35"><div align="right">密码答案: </div></td>
      <td>
        <div align="left">
          <input type="text" name="passwordHintAnswer" />
        </div>
      </td>
    </tr>
    <tr>
      <td height="35"><div align="right">数字验证: </div></td>
      <td>
        <input type="text" name="code" id="code" size="5"
        onblur="Checker.checkNode(this)">
        <img src="code.jsp" width="50" height="20" border="0" alt="">
      </td>
      <td align="left">
        <div id="codeCheckDiv" class="warning">请输入验证码</div>
      </td>
    </tr>
  </table>
  <br>
  <input type="image" class="input1" src="../../../systemImages/save.
jpg"
```

```
     width="51" height="20">
     <a href="#" onClick="javascript:userForm.reset()">
        <img src="../../../systemImages/clear.gif"> </a>   
     <a href="#" onClick="javasrcipt:history.go(-1)">
        <img src="../../../systemImages/back.gif"> </a>
</form>
```

①表单中用于输入会员信息的<input>元素都有 name 属性，如输入会员名称的"<input type="text" name="userName" id="userName" onblur="Checker.checkNode(this)" />"。name 属性的值都设计成与会员信息实体类"CustomerEntity"的成员变量保持一致。

②为了能够对用户填写的注册名、邮箱地址等信息进行实时验证，而不是等到所有信息都填完后在提交时再进行可用性验证，本页面调用 Checker.js 脚本使用 Ajax 技术实现表单信息的实时验证，如调用"Checker.checkNode(this)" 验证当前表单元素值是否可用。

（4）创建"Checker.js"，其实现代码如下：

```
var Checker = new function() {
    this._url = "checker.jsp";                //服务器端文件地址
    this._infoDivSuffix = "CheckDiv";         //提示信息 div 的统一后缀
    //检查普通输入信息
    this.checkNode = function(_node) {
        var nodeId = _node.id;                //获取节点 id
        if (_node.value!="") {
            var xmlHttp=this.createXmlHttp();  //创建 XmlHttpRequest 对象
            xmlHttp.onreadystatechange = function() {
                if (xmlHttp.readyState == 4) {
                    //调用 showInfo 方法显示服务器反馈信息
                    Checker.showInfo(nodeId + Checker._infoDivSuffix,
                        xmlHttp.responseText);
                }
            }
            xmlHttp.open("POST", this._url, true);
            xmlHttp.setRequestHeader("Content-type","application/x-w
            ww-fo
                rm-urlencoded");
            xmlHttp.send("name=" + encodeURIComponent(_node.id) + "&value="+
            encodeURIComponent(_node.value));    //发送包含用户输入信息的
                                                           请求体
        }
    }
    //显示服务器反馈信息
    this.showInfo = function(_infoDivId, text) {
        var infoDiv = document.getElementById(_infoDivId);
                                              //获取显示信息的 div
        var status = text.substr(0,1);        //反馈信息的第一个字符表示
                                                  信息类型
        if (status == "1") {
            infoDiv.className = "ok";          //检查结果正常
        } else {
            infoDiv.className = "warning";     //检查结果需要用户修改
        }
        infoDiv.innerHTML = text.substr(1);    //写回详细信息
    }
    //用于创建 XMLHttpRequest 对象
    this.createXmlHttp = function() {
        var xmlHttp = null;
```

```
                //根据 window.XMLHttpRequest 对象是否存在使用不同的创建方式
                if (window.XMLHttpRequest) {
            xmlHttp = new XMLHttpRequest(); //FireFox、Opera 等支持的创建方式
                } else {
                xmlHttp = new ActiveXObject("Microsoft.XMLHTTP");
                                            //IE 支持的创建方式
                }
            return xmlHttp;
        }
        //检查两次输入的密码是否一致
        this.checkPassword = function() {
            var p1 = document.getElementById("password").value;
                                        //获取密码
            var p2 = document.getElementById("password2").value;
                                        //再次验证密码
            //当两部分密码都输入完毕后进行判断
            if (p1 != "" && p2 != "") {
                if (p1 != p2) {
                    this.showInfo("password2" + Checker._infoDivSuffix, "0
                    两次输入密码不一致!");
                 else {
                    this.showInfo("password2" + Checker._infoDivSuffix, "1");
                }
            } else if (p1 != null) {
                this.showInfo("password" + Checker._infoDivSuffix, "1");
            }
        }
    }
}
```

在 Checker.js 中验证表单提交信息时需要访问数据库,例如,验证用户输入的注册名是否可用,就需要查询数据库中是否有同名注册会员,代码 this._url = "checker.jsp"指明这些访问数据库的操作由 checker.jsp 页面完成。

(5)创建"checker.jsp",其实现代码如下:

```
<%@ page contentType="text/plain; charset=UTF-8"%>
<%@ page language="java" pageEncoding="UTF-8"%>
<%@ page import="cn.estore.dao.CustomerDao"%>
<%
 out.clear();                               //清空当前的输出内容(空格和换行符)
 request.setCharacterEncoding("UTF-8");
                                        //设置请求体字符编码格式为 UTF-8
 String name = request.getParameter("name");    //获取 name 参数
 if ((name!=null)&&(name.equals("userName"))){
    name="user_name";
 }
 String value = request.getParameter("value");  //获取 value 参数
 String info = null;                            //用于保存提示对象的名称
 //如果需要判断的是验证码,采用 Session 方式验证
 if ("code".equals(name)) {
    //获取 Session 中保存的验证码
    String sessionCode = (String) session.getAttribute("_CODE_");
    //根据对比结果输出响应信息
    if (value != null && value.equals(sessionCode)) {
        out.print("1 验证码正确!");
    } else {
```

```
                    out.print("0 验证码错误!");
            }
        } else {
            //根据 name 变量确定提示对象的名称
            if ("user_name".equals(name)) {
                info = "用户名";
            } else if ("email".equals(name)) {
                info = "邮件地址";
            }else if ("mobile".equals(name)) {
                info = "手机号码";
            }
            //根据是否存在相同信息输出对应的响应
            CustomerDao eDao=new CustomerDao();
            if (eDao.hasSameValue(name, value)) {
                out.print("0 该" + info + "已存在，请更换!");
            } else {
                out.print("1 该" + info + "可用!");
            }
        }
    }
%>
```

（6）创建 user.jsp 页面。

userRegister.jsp 页面中的如下代码说明表单提交的页面是 user.jsp，action 是表单提交的一个动作参数，action=0 代表会员增加操作。后续有关会员的删除、修改操作也可以提交 user.jsp 页面执行，只需要为 action 设置不同的值，分别代表删除或者修改操作。

```
<form name="userForm" action="../user.jsp?action=0" method="post"
onsubmit="">
```

user.jsp 页面实现数据库操作，并不生成返回浏览器的页面。将数据库操作结果设置成 Request 对象的属性，将转发到 userRegisterResult.jsp 页面中显示。

具体介绍如下。

引入数据库会员信息表操作类和实体类。

```
<%@ page contentType="text/html; charset=utf-8"%>
<%@ page import="cn.estore.dao.CustomerDao"%>
<%@ page import="cn.estore.entity.CustomerEntity"%>
```

在页面范围内生成会员信息实体类的 JavaBean 对象。

```
<jsp:useBean id="user"
    scope="session" class="cn.estore.entity.CustomerEntity"> </jsp:useBean>
<jsp:setProperty name="user" property="*"/>
```

JavaBean 对象类型由 JSP 动作<jsp:useBean>的属性 class 指定，这里是 CustomerEntity。JavaBean 对象由属性 id 的值 user 标识，对象在本页面内有效，JSP 引擎可以通过"<jsp:setProperty name="user" property="*" />"将对本页面访问的请求参数与 JavaBean 对象的属性相比较，如果请求参数名与属性名相同，则自动将请求参数的值赋值给对象的相应属性。由于在页面"userRegister.jsp"的提交表单中，用户输入元素的名称与 CustomerEntity 的属性名一致，在 user.jsp 中生成的 JavaBean 对象实际就代表了由用户输入信息赋值的会员信息表实体对象。

由于 user.jsp 页面同时实现了数据库的增、删、改操作，因此在执行操作之前需要对参数 action 的值进行判断，action=0 表示增加操作。在向数据库添加记录前，查询是否在数据库中已经存在同名用户，如果存在，则提示该用户名称已经存在，否则写入数据，操作结果信息以

Request 对象的 registerResult 属性存放。具体实现代码如下：

```
<%
    //会员管理
    request.setCharacterEncoding("utf-8");
    response.setContentType("text/html;charset=utf-8");
    Encrypt des = new Encrypt("njcit");//自定义密钥
    user.setPassword(des.encrypt(user.getPassword()));
    CustomerDao dao = new CustomerDao();
    int action = Integer.parseInt(request.getParameter("action"));
    switch (action) {
        case 0: { // 添加会员信息
        CustomerEntity formSelect =
                    dao.selectCustomerEntity(user.getName());
        if(formSelect == null || formSelect.equals("")) {
            if(dao.insertCustomer(user)){
                request.setAttribute("registerResult", "注册成功!!!");
            }else{
                request.setAttribute("registerResult", "数据库操作失败,注
册不成功! 请重新注册! ");
            }
        } else {
            request.setAttribute("registerResult", "该用户名称已经存
在!!!!!!");
        }
    %>
```

在 Java Web 中通常是请求某个 JSP 页面，如果本 JSP 页面对客户端的请求不做处理，或者没有完全处理结束，可以将此请求转发到其他 JSP 页面，由其他的 JSP 页面给客户端返回响应，并且在请求转发的过程中，可以对请求做修改，通常是在 Request 对象上使用 Request 对象的 setAttribute 方法设置一些属性，然后再使用 JSP 的动作指令"<jsp:forward>"进行请求转发。

将请求转发到页面"userRegisterResult.jsp"，显示操作结果，其实现代码如下：

```
<jsp:forward page="userRegisterResult.jsp"></jsp:forward>
```

注意此时在 Request 对象上存储有属性 registerResult 的值，在页面"userRegisterResult.jsp"中可以使用 Request 对象的 getAttribute 方法获取该属性的值。

（7）实现页面"userRegisterResult.jsp"，用于处理转发来的请求，生成响应，并向客户端返回处理的结果。实际上仅仅将转发来的 Request 对象中的 registerResult 属性值取出，在页面上显示，并在 2 秒后自动显示主页面。显示用户真实姓名时会出现乱码的情况，这个会在后续的章节中添加过滤器修正乱码。页面实现代码如下：

```
<%@ page contentType="text/html; charset=utf-8" %>
<%@ page import="java.sql.*"%>
<%@ page import="java.util.*"%>
<html>
 <head>
 <meta http-equiv="Content-Type" content="text/html; charset= utf-8">
    <title>estore</title>
 </head>
 <link href="/estore/css/css.css" rel="stylesheet" type="text/css">
 <body>
    <jsp:include page="../common/head.jsp" flush="true" />
    <table width="100%" border="0" align="center" cellpadding="0"
    cellspacing="0">
        <tr>
        <td width="724" valign="top" bgcolor="#FFFFFF" align= "center">
```

```
                    <p> </p>
                    <p><strong><%=request.getAttribute("registerResult")%>
                    </strong></p>
                       <meta  http-equiv="refresh"  content="2;URL=../product/
main.jsp">
                    <p> </p>
                </td>
             </tr>
          </table>
          <jsp:include    page="../common/statusBarNavigation.jsp"    flush=
"true" />
       </body>
   </html>
```

4.3.4　使用<jsp:forward>转发请求

<jsp:forward>动作将客户端所发出来的请求，从一个 JSP 页面转发给另一个 JSP 页面，转发的请求中包含用户请求的 Request 对象。forward 动作将会使 Web 服务器的请求目标转发。forward 动作的语法如下：

```
<jsp:forward page={"relativeURL" | "<%= expression %>"} >
   <jsp:param  name="parameterName"  value="{parameterValue  |  <%=
expression %>}" />
   …
</jsp:forward>
```

如：

```
<jsp:forward page="/login.jsp">
   <jsp:param name="username" value="admin" />
   <jsp:param name="password" value="123456" />
</jsp:forward>
```

属性 page="{relativeURL | <%= expression %>}"是一个字符串或表达式，用于说明要将请求转发的目标，一般是 JSP 文件或者其他能够处理 Request 对象的 Java Web 组件。

<jsp:param name="parameterName" value="{parameterValue | <%= expression %>}" />是用来在转发请求时向目标文件发送一个或多个请求参数，name 指定参数名，value 指定参数值。如果使用了<jsp:param>标签，则目标文件必须是一个动态的 JSP 文件，能够处理参数。<jsp:param>标签所提交的请求参数与 Request 对象属性不同，在目标 JSP 文件中使用 request.getParameter方法来取得这些提交的请求参数。

有一点要特别注意，<jsp:forward>标签之后的程序将不能被执行。如：

```
<%
  out.println("会被执行!!! ");
%>
<jsp:forward page="other.jsp" />
<%
  out.println("不会执行!!!"); %>
```

上面这个例子在执行时，会打印出"会被执行!!!"，随后马上会转入 other.jsp 的页面，由other.jsp 页面向客户端发回响应，至于 out.println（"不会执行!!! "）将不会被执行。

> 提示：使用<jsp:forward>实现请求转发不会引发再一次的请求，整个过程只有一次请求和一次响应。

4.3.5　在 JSP 页面中使用 JavaBean

1. JavaBean

JavaBean 是一个使用 Java 编写的可以重复利用、跨平台的软件组件。可以将 JavaBean 看作一个具备一定功能的黑盒子，它的主要特性就是将实现细节都封装起来。实际上 JavaBean 是一个描述 Java 软件组件的模型，在该模型中，JavaBean 组件可以修改或与其他组件组合以生成新组件或完整的应用程序。JavaBean 是一种 Java 类，可以通过封装成为具有某种功能或者处理某个业务的对象。

JSP 为在 Web 应用中集成 JavaBean 组件提供了完善的支持，这种支持不仅能缩短开发时间（可以直接利用经测试的可信任的已有组件，避免重复开发），也为 JSP 应用带来了更多的可伸缩性。JavaBean 组件可以用来执行复杂的计算任务，或负责与数据库交互等。

一般来说，JavaBean 可以是简单的图形界面（GUI）组件，如按钮、菜单等，也可以编写一些不可见的 JavaBean，它们在运行时不需要任何可视的界面。在 JSP 程序中，所用的 JavaBean 通常是不可见的。

JavaBean 类从形式上与一般的 Java 类差别不大，但须注意以下特征和要求：

（1）Bean 类必须有一个零参数（默认）构造函数。空构造函数在 JSP 元素创建 Bean 时被调用。可以显式地定义一个零参数构造函数，也可以省略所有的构造函数，系统便会自动创建一个空构造函数。

（2）依照 JavaBean 规范，在 JavaBean 类中，为了不破坏封装的要求，应当将属性定义成 private 私有域，但对于外界可访问字段 "xxx"，应当为其定义 getXxx 方法和 setXxx 方法，作为对应字段的存取方法。对于布尔字段，通常使用 isXxx 方法来查询字段值。这种封装到访问器中的字段称为属性，而 getXxx 方法和 setXxx 方法称为访问器。

在 JSP 中使用一个 JavaBean 之前，要先定义一个合法的 JavaBean 类。该类必须具有一个默认构造函数，并且所有的字段只能通过访问器访问。如定义的会员实体类 "com.mycompany. entity.CustomerEntity" 就具备了 JavaBean 类特征，可以当作是一个 JavaBean 来使用。

```
//会员实体类
package cn.estore.entity;
public class {
    private int id;                          //自增编号
  private String userName;                   //账号
  private String password;                   //密码
  private String realName;                   //姓名
  private String mobile;                     //手机
  private String email;                      //email
  private String passwordQuestion;           //密码提示问题
  private String passwordHintAnswer;         //密码提示答案
…//setXxx 与 getXxx 定义
 }
```

2. JavaBean 属性

JavaBean 属性用于描述 JavaBean 的状态，如年龄、名称、电子邮件等。根据 JavaBean 所处的环境，可以通过多种方式使用属性，可以在 JavaBean 运行时通过 getXxx 方法和 setXxx 方法来改变其属性。

在 JavaBean 设计中，按照属性的不同作用可以分成以下几类，其中简单属性和索引属性比较常用。

（1）简单（Simple）属性。一个 Simple 类型的属性表示一个伴随有一对 getXxx()方法、setXxx()方法的变量。属性的名称与该属性相关的 getXxx()方法、setXxx()方法相对应。如以下代码定义了一个名为 attr 的属性：

```
private String attr="Hello World,JavaBean";
public String getAttr() {
  return attr;
}
public void setAttr(String attr) {
  this.attr = attr;
}
```

（2）索引（Indexed）属性。一个 Indexed 类型的 JavaBean 属性表示一个数组值。使用与该属性相对应的 setXxx ()方法和 getXxx ()方法可以存取数组中某个元素的数值。同时，也可以使用另两个同名方法一次设置或取得整个数组的值（即属性的值）。如：

```
private int[ ] dataSet={1,2,3,4,5,6};
public void setDataSet(int[ ] x){
  dataSet=x;
}
public int[ ] getDataSet() {
  return dataSet;
}
public void setDataSet(int index, int x){
  dataSet[index]=x;
}
public int getDataSet(int index){
  return dataSet[index];
}
```

（3）绑定（Bound）属性。JavaBean 组件 Bound 类型的属性具有如下特性：当该属性的值发生变化时，必须通知其他的 JavaBean 组件对象。每当 Bound 属性的值改变时，会激发一个 PropertyChange 事件。该事件封装了发生改变的属性名、属性的原值、属性变化后的新值。这个事件将被传递到订阅了该事件的其他 JavaBean 组件中，至于接收到该事件的 JavaBean 组件对象会做出何种动作则由组件自己决定。

（4）约束（Constrained）属性。JavaBean 组件的 Constrained 类型的属性具有如下性质：当这个属性的值将要发生变化时，与这个属性已经建立了某种监听关系的其他 Java 对象都有权利否决属性值的改变。任何一个监听者都可以抛出 PropertyVetoException 异常，表示对属性修改的否决，进而阻止该属性值的改变。只有所有监听者都同意属性的修改，即都没有抛出 PropertyVetoException 异常，JavaBean 组件的 Constrained 类型的属性修改才能成功完成。

3. 在 JSP 中使用 JavaBean

JavaBean 可以在 JSP 程序中应用。这给 JSP 程序员带来了很大的方便，使得开发人员可以把某些关键功能和核心算法提取出来，封装成为一个 JavaBean 组件对象，增加了代码的重用率和系统的安全性。比如，可以将访问数据库的功能、数据处理功能编写封装为 JavaBean 组件，然后在 JSP 程序中加以调用。

在 JSP 页面中使用 JavaBean，主要涉及<jsp:useBean>、<jsp:setProperty>和<jsp:getProperty>3 个 JSP 动作元素。

（1）实例化 JavaBean。JSP 的动作元素<jsp:useBean>用于在 JSP 页面中实例化一个 JavaBean 组件，这个实例化的 JavaBean 组件对象可以在这个 JSP 页面的其他地方被调用。

<jsp:useBean>的基本语法如下：

```
<jsp:useBean id="name" scope="page|request|session|application" class=
"className"/>
```

其中，id 属性用来设定 JavaBean 的名称，利用 id 可以识别在同一个 JSP 页面中使用的不同的 JavaBean 组件实例。

class 属性用于指定 JSP 引擎查找 JavaBean 字节码的路径，一般是这个 JavaBean 所对应的 Java 类名，如 "cn.estore.entity.CustomerEntity"。

Scope 属性用于指定 JavaBean 实例对象的生命周期，也是 JavaBean 的有效作用范围。scope 的值可能是 page、request、session 及 application。

如：

```
<jsp:useBean    id="user"    scope="page"class="com.mycompany.entity.
UserEntity"> </jsp:useBean>
```

"id="user""是指定 JavaBean 的名称或标志，相当于类实例的名称，"scope="page""表示该 JavaBean 的作用范围，"page"表示只在本 JSP 页面范围内可用，"class="cn.estore.entity. CustomerEntity""则是说明该 JavaBean 的类名。

（2）存取 JavaBean 的属性。在 JSP 页面中使用<jsp:useBean>将 JavaBean 组件对象实例化后，就可以对它的属性进行存取。分别使用 JSP 动作元素<jsp:setProperty>动作和<jsp:getProperty>动作。

<jsp:setProperty>动作常用的语法格式如下：

```
<jsp:setProperty name="Name" property="propertyName" value="string" />
```

①name 属性用来指定 JavaBean 的名称。这个 JavaBean 必须首先使用<jsp:useBean>来实例化，它的值应与<jsp:useBean>操作中的 id 属性的值相一致。

②property 属性被用来指定 JavaBean 需要设置属性的名称。

③value 属性是要赋给 JavaBean 由 property 指定名称的属性的值。

在 4.3.3 节中讲到 user.jsp 需要将多个来自 userRegister.jsp 的 Request 属性（会员注册的会员名、密码等信息）与 JavaBean 属性关联起来。这时，可用<jsp:setProperty>动作依次设置 JavaBean 属性，其实现代码如下：

```
…
    <jsp:useBean  id="user"  scope="page"  class="com.mycompany.entity.
UserEntity"> </jsp:useBean>
    <jsp:setProperty name="user" property = "name" value = "<%=request.
getParameter ("name")%>" />
    <jsp:setProperty name="user" property="password" value="<%=request.
getParameter ("password")%>" />
…
```

显然，当来自 userRegister.jsp 的 Request 属性较多时，这将是一个十分繁重的编程工作。这时，可以使用以下语法简化该过程。

```
…
    <jsp:useBean  id="user"  scope="page"  class="com.mycompany.entity.
UserEntity"> </jsp:useBean>
    <jsp:setProperty name="user" property = "*" />
…
```

这是 JavaBean 的一个强大功能：当<jsp:setProperty>动作元素 Property 属性的值为"*"时，表示希望 JSP 引擎将用户请求参数与 JavaBean 进行自动匹配赋值。JSP 引擎将发送到 JSP 页面的请求参数，自动逐个与 JavaBean 的属性进行匹配。当用户请求参数的名称与 JavaBean 的属性名称相匹配时，自动完成属性赋值。如果 Request 对象的参数值中有空值，那么对应的 JavaBean 属性将不会设定任何值。同样，如果 JavaBean 中有一个属性没有与之对应的 Request 参数值，那么这个属性同样也不会设定。

<jsp:getProperty>操作搭配<jsp:useBean>操作一起使用，可以获取某个 JavaBean 组件对象的属性值，并使用输出方法将这个值输出到页面。

<jsp:getProperty>动作的语法格式如下：

```
<jsp:getProperty name="beanName" property="Prop"/>
```

①name 指定 JavaBean 的名称，需要注意 name 指定的 JavaBean 组件对象必须已经使用<jsp:useBean>操作实例化了。

②property 用来指定要读取的 JavaBean 组件对象的属性的名称。

JavaBean 在服务器上的存在形式就是某个类的实例对象，因而使用<jsp:getProperty>动作等效于直接使用该对象的 getXxx()方法取得属性的值，如：

```
<%= beanName.getProp()%>
```

4．JavaBean 的 Scope 属性

对于 JSP 程序而言，使用 JavaBean 组件不仅可以封装许多信息，而且还可以将一些数据处理的逻辑隐藏到 JavaBean 的内部。除此之外，我们在 JSP 页面中使用<jsp:useBean>动作创建 JavaBean 实例时，可以设定 JavaBean 的 Scope 属性，使得 JavaBean 组件对于不同的功能需求，具有不同的生命周期和不同的使用范围。

Scope 属性具有 4 个可能的值，分别是 application、session、request 和 page，分别代表 JavaBean 的 4 种不同的生命周期和 4 种不同的使用范围。如下所示：

```
<jsp:useBean id="myBean" scope="page" class="com.mycompany.bean.
Counter Bean" />
```

"scope="page""表示作用的范围是本页面，并且 myBean 的生命周期与本 JSP 页面的运行周期一致，当 JSP 页面运行结束时，那么该 JavaBean 组件的生命周期也结束。page 作用范围的 JavaBean 无法在别的 JSP 页面中起作用。因而对应于不同的客户端对包含该 JavaBean 的 JSP 页面请求，服务器都会创建新的 JavaBean 对象，而一旦某个客户端的请求执行完毕，响应被发送，那么该 JavaBean 对象会马上被销毁，无法为别的客户端请求所使用。

如果 JavaBean 的 Scope 属性值被设为 Request，JavaBean 组件对象的生命周期和 JSP 内置对象 Request 相同。一般情况下，当一个 JSP 页面使用<jsp:forward>动作将请求转发到另外一个 JSP 页面，或者是使用<jsp:include>动作导入另外的 JSP 页面时，第一个 JSP 页面会把 Request 对象传送到下一个 JSP 页面，而属于 Request 作用范围的 JavaBean 组件对象也将伴随着 Request 对象送出，被第二个 JSP 程序接收。

因此，所有通过这两个操作连接在一起的 JSP 页面都可以共享一个 Request 对象，因此也就能够共享 Request 作用范围的 JavaBean 组件对象。但此时，要求这些 JSP 页面中要有建立该 JavaBean 组件对象的相同的语句，如都要有这样的声明：

```
<jsp:useBean id="myBean" scope="request" class="com.mycompany.bean.
CounterBean" />
```

需要注意的是，页面声明语句中的 JavaBean 的 id 需要相同，否则 JSP 引擎会生成另外的对象，而不是使用随 Request 对象传递的对象。

如果为了使 JSP 中创建的 JavaBean 组件对象的生命周期与会话一致，则在使用<jsp:useBean>动作创建 JavaBean 组件对象时，应指定 Scope 的值为 Session，此时在整个会话周期内都可以使用这个对象。

如果 JavaBean 的 Scope 属性被指定为 Application，那么它的生命周期和 JSP 的 Application 对象相同。具体来说，如果某个 JSP 程序使用<jsp:useBean>创建了一个 JavaBean 对象，而且这个 JavaBean 组件具有 Application 作用范围，那么这个 JavaBean 就一直在服务器的内存空间中存在，随时处理客户端的请求，直到服务器关闭为止，该 JavaBean 所保存的信息才消失，它所占用的系统资源才会被释放。使用这种类型的 JavaBean 组件，与 JSP 的内置对象 Application 一样，可以在多个用户之间共享全局信息。

5. JavaBean 的存放目录

在实际应用中，一般将 JavaBean 组织成为 Package（包）进行管理，实际上就是把一组属于同一个包的 JavaBean 一起放在某个目录中，目录名即为包名。每个 JavaBean 文件都可以加上包定义语句。在一般应用中，存放 JavaBean（class 文件）的目录必须包含在系统环境变量 classpath 中，系统才能找到其中的 JavaBean。

在 Web 应用中，如果想让 Web 服务目录中的所有 Web 应用的 JSP 页面都可以使用某个 JavaBean，那么这个 JavaBean 的字节码文件（class 文件）需存放在服务器（如 Tomcat）安装目录的 classes 目录中。如果只让当前 Web 应用的 JSP 页面被调用，则在该 Web 应用的 WEB-INF 目录下新建文件夹，命名为 classes。把 JavaBean 的字节码文件存放在该文件夹下，那么该 Web 应用的 JSP 页面就可以用 useBean 使用这些 JavaBean 了。

> **提示：**创建 Web 应用的 WEB-INF 目录下的 classes 子目录一般会由 Java Web 应用集成开发环境自动完成。

4.4　会员信息修改

4.4.1　功能说明

系统在 main.jsp 中有"用户修改"链接，单击此链接，如果会员已登录，则转入用户修改页面，在修改页面显示该用户目前的信息，如图 4.15 所示。如果未登录，则提示用户先登录，如图 4.16 所示。

用户名称：	sa
用户密码：	
密码确认：	
真实姓名：	老韩
手机号码：	15850504808
邮件地址：	masters@njcit.cn

提交　重置　返回

localhost:8080 显示

请先登录！

确定

图 4.15　用户信息修改页面　　　　　图 4.16　提示用户先登录

4.4.2　流程分析与设计

1. 数据库操作设计

对于用户信息修改操作，只需在数据库用户信息表操作类 CustomerDao 类中添加 updateCustomer 方法，updateCustomer 方法以用户信息实体类对象为参数，修改用户信息，返回 boolean 类型操作结果，操作成功返回"true"，否则返回"false"。

2. 流程设计

在 head.jsp 页面中添加"用户修改"菜单链接，为用户修改信息提供入口。在用户单击"用户修改"链接后，系统先判断用户是否登录，如果没有登录，页面转向 userLoginPlease.jsp 页面提示用户登录，否则从 Session 对象中获取用户信息，转向 userUpdate.jsp 页面。页面"userUpdate.jsp"中首先显示用户目前的信息，如果用户信息修改后提交，则处理流程与用户注册流程相似，页面将信息提交给 User.jsp 页面处理，并指明请求 User.jsp 页面进行数据库修改操作的处理。在 User.jsp 页面中采用 JavaBean 技术根据请求参数生成会员信息实体类对象，并修改数据库的相应记录，将执行结果的提示信息提交页面"userUpdateResult.jsp"显示。

用户信息修改功能流程图如图 4.17 所示。

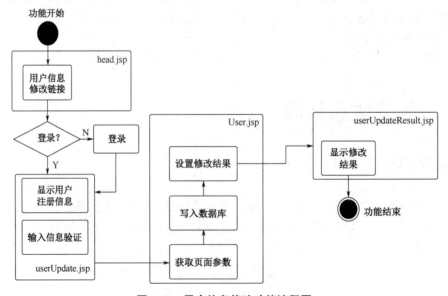

图 4.17　用户信息修改功能流程图

4.4.3　编程详解

1. 在 CustomerDao.java 中添加 updateCustomer 方法

```java
//以数据库自动编号为条件修改会员信息
public boolean updateCustomer(CustomerEntity user) {
    try {
    ps = connection.prepareStatement("update tb_customer set user_name=?,
            password=?,real_name=?,mobile=?,email=?,password_question=?,
            password_hint_answer=? where id=?");
        ps.setString(1, user.getUserName());
        ps.setString(2, user.getPassword());
        ps.setString(3, user.getRealName());
        ps.setString(4, user.getMobile());
        ps.setString(5, user.getEmail());
        ps.setString(6, user.getPasswordQuestion());
        ps.setString(7, user.getPasswordHintAnswer());
        ps.setString(8, String.valueOf(user.getId()));
System.out.print(user.getUserName()+String.valueOf(user.getId()));
        ps.executeUpdate();
        ps.close();
        return true;
    }
    catch (SQLException ex) {
        return false;
    }
}
```

2. 修改 "head.jsp"

（1）引入数据库会员信息实体类 CustomerEntity。

```jsp
<%@ page import="cn.estore.entity.CustomerEntity" %>
```

（2）判断会员是否登录。

因为在会员登录后会将会员信息以类 CustomerEntity 对象的形式存放在 JSP 隐含对象 Session 中，故可使用判断 Session 对象是否存有会员信息实体对象来判断是否登录，其实现代码如下：

```jsp
<%
String userlink="/estore/pages/customer/userLoginPlease.jsp";
CustomerEntity user=null;
if(session.getAttribute("user")!=null){
//user 是用户登录后存放在 session 对象上的属性名
    user=(CustomerEntity)session.getAttribute("user");
    userlink="/estore/pages/customer/userUpdate.jsp?
            name="+user.getName();
}
%>
```

（3）添加"用户修改"链接。

```jsp
<td width="100" onMouseOver="this.style.backgroundImage=
    'url(<%=request.getContextPathsystemImages/topMenu.jpg)'"
    onMouseOut="this.style.backgroundImage=''">
    <a href="<%=userlink%>" class="a4">用户修改</a>
</td>
```

其中，"onMouseOver"和"onMouseOut"实现在鼠标经过时改变背景图片。

3. 创建"userUpdate.jsp"

根据页面参数会员名称查询数据库，获取登录会员的详细信息，并存放在实体对象"user"中，其实现代码如下：

```
<%
  CustomerDao dao = new CustomerDao();
  CustomerEntity
user=(CustomerEntity)dao.selectCustomerEntity((String) request.
  getParameter ("name"));
%>
```

页面设计提交表单，表单提交到 User.jsp 页面并指明操作参数"action=2"，表示要执行数据库记录修改操作，其实现代码如下：

```
<form name ="userForm" action="User.jsp?action=2" method="post"
onsubmit="
  return checkEmpty(userForm)">
  …
  <td height="35"> <div align="right">会员密码: </div></td>
  <td><div align="center"><input type="password" name="password">
</div> </td>
  …
  </form>
```

会员修改信息时，有些信息不允许修改，但在提交表单时也需要提交给 User.jsp 页面，否则在 User.jsp 页面中生成的 JavaBean 将不能正确赋值。此时将这些信息从页面实体对象 user 中读出，以隐含表单的形式提交，其实现代码如下：

```
<input type= hidden  name="id" value="<%=user.getId()%>"/>
<input type="hidden" name="name" value="<%=user.getName()%>"><%=user.
getName()%>
<input type="hidden" name="result" value="<%=user.getResult()%>">
<input type="hidden" name="question" value="<%=user.getQuestion()%>">
```

其中，"name"信息还使用表达式<%=user.getName()%>在页面上显示出来。

4. 修改"User.jsp"

添加根据页面请求参数 action 的取值为 2 的处理，调用 UserDao 类的 updateCustomer 方法修改会员信息。

```
<%
…
case 2: {//修改用户信息
  if (dao.updateCustomer(user)){
    request.setAttribute("userUpdateResult", "用户信息修改成功!!!");
  }else{
    request.setAttribute("userUpdateResult", "数据库操作失败，用户信息修改
不成功！请重新操作！");
  }
%>
<jsp:forward page="userUpdateResult.jsp"></jsp:forward>
<%
}
…
%>
```

在数据库操作结束后以 JSP 隐含对象 Request 的属性保存操作结果信息，并将请求转发到 userUpdateResult.jsp 页面显示，页面"userUpdateResult.jsp"的实现与页面"userRegisterResult. jsp"的实现相同，这里不再赘述。

4.5　Ajax 简介

Ajax 是 Asynchronous JavaScript and XML 的缩写，基于异步的 JavaScript 与 XML。Ajax 并不是一门新的语言或技术，它实际上是几项技术按一定的方式组合在一起，在共同协作中发挥各自的作用，主要内容包括：

（1）使用 XHTML 和 CSS 标准化呈现。

（2）使用 DOM 实现动态显示和交互。

（3）使用 XML 和 XSLT 进行数据交换与处理。

（4）使用 XMLHttpRequest 进行异步数据读取。

（5）最后用 JavaScript 绑定和处理所有数据。

Ajax 的工作原理相当于在用户和服务器之间加了一个中间层，使用户操作与服务器响应异步化。并不是所有的用户请求都提交给服务器，像一些数据验证和数据处理等都交给 Ajax 引擎自己来做，只有确定需要从服务器读取新数据时再由 Ajax 引擎代为向服务器提交请求。图 4.18 显示了传统的 Web 应用程序请求服务模型和使用了 Ajax 技术后的请求服务模型。

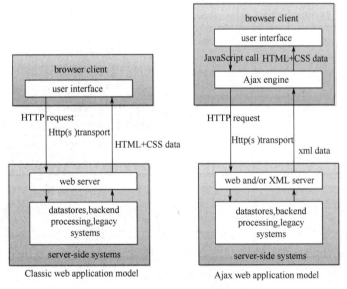

图 4.18　Web 应用程序请求模型

在传统的交互方式中，由用户触发一个 HTTP 请求到服务器，服务器对其进行处理后再返回一个新的 HTML 页到客户端，每当服务器处理客户端提交的请求时，客户都只能空闲等待，并且哪怕只是一次很小的交互、只需从服务器端得到很简单的一个数据，都要返回一个完整的 HTML 页，而用户每次都要浪费时间和带宽去重新读取整个页面。而使用 Ajax 后用户从感觉上几乎所有的操作都会很快响应没有页面重载（白屏）的等待。Ajax 可以实现最小化数据传输，即只传输必要的数据，实现异步通信。Ajax 的核心技术主要有以下几种：

1. XMLHttpRequest

Ajax 的一个最大的特点是无须刷新页面便可向服务器传输或读写数据（又称无刷新更新页面），这一特点主要得益于 XMLHttp 组件 XMLHttpRequest 对象。这样就可以只同服务器进行数据层面的交换，而不用每次刷新界面都将数据处理的工作提交给服务器来做，这样既减轻了服务器的负担，又加快了响应速度、缩短了用户等候时间。表 4.3 是 XMLHttpRequest 对象的相关方法，表 4.4 是 XMLHttpRequest 对象的相关属性。

表 4.3　XMLHttpRequest 对象方法

方　　法	描　　述
abort()	停止当前请求
getAllResponseHeaders()	作为字符串返回完整的 headers
getResponseHeader("headerLabel")	作为字符串返回单个的 header 标签
open("method","URL"[,asyncFlag[,"userName"[,"password"]]])	设置提交请求的目标 URL，方法和其他参数
send(content)	发送请求
setRequestHeader("label", "value")	设置 header 并和请求一起发送

表 4.4　XMLHttpRequest 对象属性

属　　性	描　　述
onreadystatechange	状态改变的事件触发器
readyState	对象状态(integer)： 0 = 未初始化 1 = 读取中 2 = 已读取 3 = 交互中 4 = 完成
responseText	服务器进程返回数据的文本版本
responseXML	服务器进程返回数据的兼容 DOM 的 XML 文档对象
Status	服务器返回的状态码，如：404 = "文件未找到"、200 ="成功"
statusText	服务器返回的状态文本信息

2. JavaScript

JavaScript 提供了与后端服务器通信的能力，是一种基于对象和事件驱动的脚本语言，具有很好的安全性。Ajax 利用 JavaScript 来绑定和处理所有数据。其实客户端脚本语言除了 JavaScript 之外还有 VBScript、JScript 等，为什么 Ajax 技术要选用 JavaScript？这是因为 JavaScript 是目前唯一的一个支持各种近代浏览器的客户端脚本环境。

3. CSS

为了正确地浏览 Ajax 应用，CSS 是一种 Ajax 开发人员所需要的重要武器。CSS 提供了从内容中分离应用样式和设计的机制。虽然 CSS 在 Ajax 应用中扮演至关重要的角色，但它也是构建跨浏览器应用的一大阻碍，因为不同的浏览器厂商支持各种不同的 CSS 级别。

4. DOM

DOM，全文为 Document Object Model，译为文档对象模型。DOM 是给 HTML 和 XML 文件使用的一组 API。它提供了文件的结构表述，让开发人员可以改变其中的内容及可见物。其本质是建立网页与 Script 或程序语言沟通的桥梁。所有 Web 开发人员可操作及建立文件的属性、方法及事件，都以对象来展现（例如，document 就代表"文件本身"这个对象，Table 对象则代表 HTML 的表格对象等）。这些对象可以由当今大多数的浏览器以 Script 来取用。一个用 HTML 或 XHTML 构建的网页也可以看作是一组结构化的数据，这些数据被封在 DOM 中，DOM 提供了网页中各个对象的读写的支持。目前开发人员通常使用 HTML DOM 对象和 XML DOM 对象提供动态更新表单元素的能力，支持不同浏览器。

5．XML

XML，全文为 Extensible Markup Language，译为可扩展标记语言。XML 具有一种开放的、可扩展的、可自描述的语言结构，它已经成为网上数据和文档传输的标准。XML 使得对某些结构化数据的定义更加容易，并且可以通过它和其他应用程序交换数据。在应用 Ajax 技术时，XMLHttpRequest 对象可以使用 XML 作为与服务器端通信的数据格式，实现客户端和服务器端的异步通信。

下面以读取一个 XML 文档为例演示 Ajax 的工作原理。现假设已存在一个名为"testxhr.xml"的 XML 文档。

（1）在 HTML 中设置超链接。

```
<a id="makeTextRequest" href="testxhr.xml">Request an XML file</a>
```

（2）初始化。

```
window.onload = initAll;
var xhr = false;
function initAll(){
    document.getElementById("makeTextRequest").onclick = getNewFile;
}
```

当页面被装载时，会调用 initAll()函数。

（3）如果用户单击超链接则会触发 getNewFile()函数。

```
getNewFile(){
makeRequest(this.href);
    return false;
}
```

（4）makeRequest 函数实现发送请求。

```
function makeRequest(){
if(window.XMLHttpRequest){
    xhr = new XMLHttpRequest();}
else{//选择其他方法创建 XMLHttpRequest 对象}
 if(xhr){
xhr.onreadystatechange = showContents;
xhr.open("GET",url,true);
xhr.send(null);}
 else{//若创建不成功}
   }
```

本函数中首先检测浏览器支持的本地 window.XMLHttpRequest 对象是否存在，若不存在，再试图通过"window.ActiveXObject"创建 XMLHttpRequest 对象。如果能成功创建，则做以下 3 件事情。

①设置 XHR 的 onreadystatechange 事件，该事件在 xhr.readystate 发生改变时触发。

②调用 open()并传递三个参数：一个 HTTP 请求方法（"GET"，"POST"或"HEAD"），被请

求文件地址 URL 和一个布尔值（true 表示采用异步方式传输）。

③ 调用 send()发送请求。

（5）showContents 函数根据 XMLHttpRequest 对象的状态值判断请求信息是否正常返回。

```
function showContents(){
    if(xhr.readystate == 4){
        if(xhr.status == 200) {//接收服务器返回信息}
    else{//输出错误信息}
     //显示执行结果
    }
```

至此一个简单的异步请求读取 XML 文档的操作就已经完成。

练习题

一、选择题

1. 用户在一个客户机上通过浏览器访问 Tomcat 中的 javamail1 应用和 javamail2 应用时，依次进行了以下操作：

从浏览器进程 A 中访问 javamail1 应用的 maillogin.jsp

从浏览器进程 A 中访问 javamail2 应用的 maillogin.jsp

从浏览器进程 B 中访问 javamail1 应用的 maillogin.jsp

从浏览器进程 A 中访问 javamail1 应用的 mailcheck.jsp

对于以上操作，Tomcat 必须创建（　　）个 HttpSession 对象。

    A．1　　　　　　　　B．2　　　　　　　　C．3　　　　　　　　D．4

2. 关于 sessionID 的描述，下列说法中正确的是（　　）。

    A．sessionID 由 Servlet 容器创建

    B．每个 HttpSession 对象都有唯一的 sessionID

    C．sessionID 由客户端浏览器创建

    D．Servlet 容器会把 sessionID 作为 Cookie 或者 URL 的一部分发送到客户端

    E．JSP 文件无法获取 HttpSession 对象的 sessionID

3. 以下属于在 HttpSession 接口中定义的方法是（　　）。

    A．invalidate()　　　　　　　　　　　　B．getRequest()

    C．getServletContext()　　　　　　　　D．getAttribute(String name)

4. 在一个 JSP 文件中包含如下代码：

```
<%
  Session.setAttribute("username","Tom");
  Session.invalidate();
  String name = (String)session.getAttribute("username");
%>
<%=name%>
```

当浏览器访问这个 JSP 文件的时候，会出现什么情况？（　　）

    A．JSP 文件正常执行，输出 Tom

    B．服务器端向客户端返回编译错误

    C．JSP 文件正常执行，输出"null"

    D．服务器端向客户端返回"java.lang.IllegalStateException"

5. 关于 HTTP 会话，以下说法中正确的是（　　）。

    A．HTTP 会话的运行机制是由 HTTP 协议规定的

    B．Servlet 容器为每一个会话分配一个 HttpSession 对象

C．每一个 HttpSession 对象都与一个 ServletContext 对象关联

D．Servlet 容器把 HttpSession 对象的序列化数据作为 Cookie 发送到客户端，这样就能跟踪会话

6．对于以下<jsp:useBean>标签：

```
<jsp:useBean id ="myBean" class="myPack.CounterBean" scope = "request">
```

它与以下选项中的哪个 Java 程序片段等价？（　　）

A．
```
<%
   CounterBean myBean = (CounterBean)request.getAttribute("myBean");
   if(myBean==null){
     myBean = new CounterBean();
   }%>
```

B．
```
<%
   CounterBean myBean = (CounterBean)request.getAttribute("myBean");
   if(myBean==null){
     myBean = new CounterBean();
     request.setAttributr("CounterBean"," myBean");
   }
%>
```

C．
```
<%
   CounterBean myBean = (CounterBean)request.getAttribute("myBean");
   if(myBean==null){
     myBean = new CounterBean();
     request.setAttributr("myBean"," myBean");
   }
%>
```

D．
```
<%
   CounterBean myBean = (CounterBean)request.getAttribute("myBean");
   request.setAttributr("myBean"," myBean");
%>
```

7．以下代码在 Web 应用范围内声明了一个 CounterBean 对象：

```
<jsp:useBean  id ="myBean"  class="myPack.CounterBean"  scope = "application">
```

如何在 JSP 文件中输出 myBean 的 count 属性？（　　）

A．<jsp:getProperty id ="myBean" Property="count" scope = "application">

B．<%CounterBean bean = (CounterBean)application.getAttribute("myBean");%>
   <%=bean.getCount()%>

C．<%CounterBean bean = (CounterBean)pageContext.getAttribute("myBean");%>
   <%=bean.getCount()%>

D．
```
<%
   CounterBean bean =
   (CounterBean)pageContext.getAttribute("myBean",
   PageContext.APPLICATION_SCOPE); %>
```
   <%=bean.getCount()%>

二、简答题

1．试比较 Page 对象、Request 对象、Session 对象和 Application 对象的作用范围。

2．使用 JavaBean 时需要注意什么？

3．简述 JavaBean 的 4 个 Scope 属性取值及各自的意义、用法。

4．简述 JSP 的请求转发和重定向的异同点和实现方法。

三、操作题

应用 Ajax 技术完成 4.1 节中会员登录功能的开发。

第 5 章

购物车模块

📖 **本章要点：**

- ◆ 商品详细信息显示的实现
- ◆ 添加商品到购物车功能的详细设计和实现
- ◆ 显示购物车中的商品及金额
- ◆ 修改购物车中的商品
- ◆ JSP 的错误处理
- ◆ 订单生成功能的详细设计和具体实现

会员在登录系统成功后，可以执行购物操作。购物车模块主要包括以下操作流程：会员查看商品详细信息，将选购的商品放入购物车中；此后会员可以继续选购另外的商品添加到购物车，删除购物车中已有的商品，对购物车中的商品数量进行修改，会员购物结束后，可以对购物车进行提交，生成本次购物的订单，完成购物操作。

会员购物流程图如图 5.1 所示。

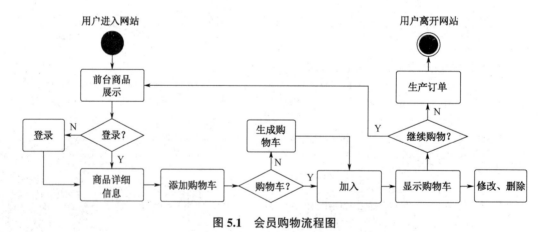

图 5.1　会员购物流程图

5.1　商品详细信息展示

5.1.1　功能说明

购物车在电子商城网站中是必不可少的一个功能模块。会员执行购物操作前需要对选择的商品有更多细节的了解,这是通过查看商品的"详细信息"来完成的。会员登录后可以通过单击某个商品的"详细信息"对商品信息进一步查看,查看的内容包括商品名称、简介、特价等,通过查看这些详细信息,用户做出是否购买的决定,如果决定购买则单击"放入购物车"按钮,将选中的商品添加到购物车中。查看商品详细信息的页面如图 5.2 所示。

图 5.2　详细信息显示页面

5.1.2　流程分析与设计

查看商品详细信息的主要流程如下。

1. 添加查询入口

在每一个商品展示页面的最后一行添加超链接,作为查询商品详细信息的入口。当单击"详细信息"链接时,商品的标识符 id 被传递,用来查询该商品。当然在查看详细信息之前需要用户首先登录。

2. 数据库商品表操作类设计

按商品编号检索数据表,查询该编号商品的详细信息。为 ProductDao.java 类添加方法"public ProductEntity selectOneProducts(int id)",方法输入的 id 是客户正在浏览的商品编号,方法输出结果是 ProductEntity 类型的商品实体,用来显示商品详细信息。

3. 新建 showProdcutById.jsp 页面

该 JSP 文件从 Request 对象中取得客户浏览的商品 id,获得商品详细信息,显示商品信息。商品详细信息功能流程图如图 5.3 所示。

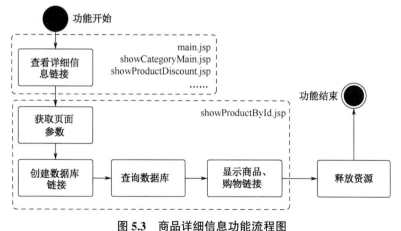

图 5.3　商品详细信息功能流程图

5.1.3　编程详解

1. 添加查询入口

系统中所有涉及商品显示的页面均需添加显示商品详细信息展示超链接。这些页面包括前台主页面"main.jsp"、商品分类显示页面"showCategoryMain.jsp"、显示商品查询结果页面

"showFindProductsByName.jsp"、显示商城新品页面"showProductOriginal.jsp"和显示特价商品页面"showDiscount.jsp"。

下面以 main.jsp 为例说明添加查询入口的方法。会员登录后，在查看商品的时候，在每个商品列表显示时将添加"查询详细内容"的查询入口，若会员没有登录则提示"登录才能购买"，提示客户在查看详细信息前首先登录。

```
...
<div align="left">
  简介: <%=e.getDescription()%>
</div>
<div align="left">
<%
  if (session.getAttribute("user") != null  ||
      session.getAttribute("id") != null) {
%>
<a href="#"   onClick="window.open('showProductById.jsp?
   id=<%=e.getId()%>','','width=500,height=200');">
查看详细内容
</a><%} else {
%>登录才能购买
<%
}
%>
</div>
...
```

如果表达式 session.getAttribute("user") != null|| session.getAttribute("id") != null 的值为真，表示会员已登录，此时页面上显示"查看详细内容"的超链接 <a href="#" onClick="window.open('showProductById.jsp?id=<%=e.getId()%>','','width=500,height=200');">，查看详细内容</a>。

这是一种通过伪链接来调用的 JavaScript 方法。因为超链接的地址是当前页面，会员在这个超链接上操作时页面不发生跳转，但是激发 onClick 事件调用浏览器 window 对象的 open 方法，打开 showProductById.jsp 页面，在向服务器请求这个页面时发送了具体商品的 id 参数。

使用类似的方法，修改下述 4 个页面：商品分类显示页面"showCategoryMain.jsp"、显示查询商品页面"showFindProductsByName.jsp"、显示商城新品页面"showProductOriginal.jsp"和显示特价商品页面"showDiscount.jsp"。

2. 数据库商品表操作类实现

在 ProductDao.java 中添加方法"selectOneProducts(int id)"，该方法按商品编号查询单个商品信息，参数 id 是商品编号。方法返回值是 ProductEntity 实体对象，方法代码如下：

```
//以商品编号为条件查询单个商品的详细信息
public ProductEntity selectOneProducts(int id) {
  ProductEntity e = new ProductEntity();
   try {
      ps = connection.prepareStatement(
            "select * from tb_product where id=? order by id DESC");
         ps.setInt(1, id);
         ResultSet rs = ps.executeQuery();
         while (rs.next()) {
            e.setId(rs.getInt(1));
            e.setCategoryMainId(rs.getInt(2));
```

```
                e.setCategoryBranchId(rs.getInt(3));
                e.setName(rs.getString(4));
                e.setProducingArea(rs.getString(5));
                e.setDescription(rs.getString(6));
                e.setCreateTime(rs.getString(7));
                e.setMarketPrice(rs.getFloat(8));
                e.setSellPrice(rs.getFloat(9));
                e.setProductAmount(rs.getInt(10));
                e.setPicture(rs.getString(11));
                e.setDiscount(rs.getInt(12));
            }
        } catch (SQLException ex) {
                ex.printStackTrace();
            }
    return e;
    }
```

3. 显示页面实现

页面"showProductById.jsp"的功能是展示会员特定商品详细信息，并能够将会员提交的商品放入购物车中，商品信息以 form 表单形式提交给 cartAdd.jsp 页面处理。

（1）在"pages/product/"文件夹下，新建 showProductById.jsp 页面，在页面中引入数据库商品信息表操作类 ProductDao 和实体类 ProductEntity，具体实现代码如下：

```
<%@ page import="cn.estore.dao.ProductDao" %>
<%@ page import="cn.estore.entity.ProductEntity" %>
```

（2）为 ProductDao 增加 selectOneProducts(int id)方法，该方法从数据库中检索商品信息，检索的结果放入 goods 对象中。方法的输入参数为商品编码 id，添加实现代码如下：

```
<%
    // 前台单个查询商品的信息，以页面请求参数商品的 id 作为查询条件
    ProductDao dao = new ProductDao();
    ProductEntity goods = (ProductEntity) dao.selectOneProducts(
                        Integer.valueOf (request.getParameter("id")));
%>
```

（3）创建 showProductById.jsp 页面。该页面需提供购物的链接，当会员选择将该商品放入购物车，对应的商品信息将会被提交到 cartAdd.jsp 进行处理，因此页面的商品信息以表单的形式出现，当单击页面上"放入购物车"按钮时则提交该表单，表单的 action 设为 cartAdd.jsp。

showProductById.jsp 完整的代码如下：

```
<%@ page contentType="text/html; charset=utf-8"%>
<%@ page import="cn.estore.dao.ProductDao"%>
<%@page import="cn.estore.entity.ProductEntity"%>
<%
    // 前台根据商品 ID 查询商品的详细信息
    ProductDao dao = new ProductDao();
    int id=Integer.valueOf(request.getParameter("id"));
    ProductEntity goods = (ProductEntity) dao.selectOneProducts(id);
%>
<html>
```

```
<head><title>…</title></head>
<body>
   <form name="form" method="post" action="../cart/cartAdd.jsp">
      <div align="center"><p class="style1">查看商品详细信息</p></div>
      <table width="320" border="1" align="center" bordercolor="#FFFFFF"
          bordercolorlight="#FFFFFF"        bordercolordark="#819BBC">
          <tr>
              <td width="36%" rowspan="4" height="120">
               <div align="center">
                 <input name="pricture" type="image"
                    src="<%="../../productImages/"+goods.getPicture()%>"
                       width="110" height="100">
               </div>
              </td>
             <td width="64%" height="30">
               <div align="center">
               <table width="71%" height="20" border="0" align="center" >
                 <tr>
                     <td>商品名称：<%=goods.getName()%> <input type="hidden"
                        name="goodsId" value="<%=goods.getId()%>" />
                     </td>
                 </tr>
               </table>
               </div>
              </td>
          </tr>
          <tr>
            <td height="30">   <div align="center">
                <table width="71%" border="0" align="center">
                <tr>
                <td>
                <% if (String.valueOf(goods.getDiscount()).equals("1")) {%>
                   特    价: <%=goods.getSellPrice()%>元
   <input type="hidden" name="price" value="<%=goods.getSellPrice()%>"/>
                <%} else {%>
                   现    价: <%=goods.getMarketPrice()%>元
   <input type="hidden" name="price" value="<%=goods.getMarketPrice()%>"/>
                <%}%>
                </td>
          </tr>
         </table>
        </div>
       </td>
      </tr>
      <tr>
        <td height="30"> <div align="center">
         <table width="71%" border="0" align="center">
          <tr>
            <td>简  介: <%=goods.getDescription()%></td>
          </tr>
         </table></div>
        </td>
      </tr>
      <tr align="center">
        <td height="30"><img src="../../systemImages/1.jpg"
              onClick="window.close()">   
         <input type="image" src="../../systemImages/2.jpg"
              name="Submit" value="放入购物车">
```

```
            </td>
        </tr>
        </table>
        </form>
</body>
    </html>
```

会员选择的商品可能为特价商品，显示的价格要根据该商品是否为特价商品来决定，在随后的表单提交时，隐含表单 price 元素传递两个商品的价格之一，即<input type="hidden" name="price" value="<%=goods.getSellPrice()%>"/> 或 者 <input type="hidden" name="price" value="<%=goods.getMarketPrice()%>"/>。

5.2　添加商品到购物车

5.2.1　功能说明

会员在商品详细信息页面上单击"放入购物车"按钮，开始该商品的购买流程，此时系统判断会员本次购物是否需要新产生购物车，如果是新产生的购物车，系统将会员所选择的商品直接加入到购物车，否则，系统将商品加入到先前为此会员产生的购物车中。购物成功的界面如图 5.4 所示。

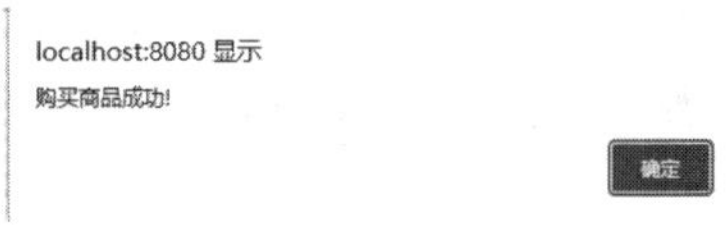

localhost:8080 显示

购买商品成功!

确定

图 5.4　购物成功的界面

5.2.2　流程分析与设计

购物车作为衔接商品和生成订单流程的中间桥梁，其重要性不言而喻。购物车中的商品需要记录商品的编号、商品出售的价格和数量，有了这些基本信息就能满足功能需求。系统据此设计了购物车实体类 CartGoods，该类对象代表会员购物车中的商品购买信息，并不对应于数据库中的商品实体。

当会员查看了商品详细信息后，若无意向购买，直接退出即可；若确认购买商品，则操作流程如下：首先单击"添加到购物车"超链接，提交购买商品的请求，并向"添加购物车"页面提交了当前欲购买商品的相关参数；添加购物车页面将保存所购商品信息至购物车；将购物车储存至 Session 中，最后生成订单，主要流程如下。

1．创建购物车实体类 CartGoods

购物车实体类用于保存购买商品的信息，放入购物车的每个商品只需要包含以下三个属性即可：商品的编号、商品的价格和商品购买数量。

2．"添加到购物车"入口准备

修改 showProductById.jsp，在商品详细信息显示页面，添加<form >标签，添加"添加到购物车"按钮。

3．创建 cartAdd.jsp

（1）新建 cartAdd.jsp 页面，在页面中引入 CartGoods。

（2）从请求参数中获取要添加到购物车中的商品编号和价格。

（3）生成代表会员所选商品的 CartGoods 对象。

（4）判断是否存在购物车，如果没有生成则生成购物车，否则，取出原有的购物车，以供修改。

（5）添加商品到购物车。

（6）保存购物车，并显示购物成功。

添加商品到购物车的功能流程图如图 5.5 所示。

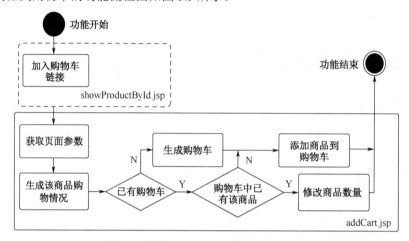

图 5.5 添加商品到购物车的功能流程图

5.2.3 编程详解

1. 购物车实体类创建

购物车实体类 CartGoods 需要记录商品编号、商品的价格和数量，该类对象代表会员购物车中的商品信息，并不对应于数据库中的商品实体。类 CartGoods 代码如下：

```
package cn.estore.cart;
//购物车中的商品购买信息
public class CartGoods {
    public int ID;            //商品 ID
    public float price;       //价格
    public int number;        //数量
}
```

2. 添加购物车页面（cartAdd.jsp）实现

（1）在"pages/cart"文件夹下，新建页面"cartAdd.jsp"，在页面中引入类 Vector 和 CartGoods，类 Vector 是 Java 常用的集合类型，用于生成购物车，购物车里的 GoodsCart 的实例对象是 Vector 类实例中的元素，可以利用 Vector 类的方法对购物车进行维护，代码如下：

```
<%@ page import="java.util.*"%>
<%@ page import="cn.estore.cart.CartGoods"%>
```

（2）添加到购物车的商品信息、商品编号和价格是由页面"showProductById.jsp"以 form 表单提交的，使用 Request 对象的 getParameter 方法获取，使用的代码如下：

```
<%
int goodsID=Integer.parseInt(request.getParameter("goodsId"));
float goodsPrice=Float.parseFloat(request.getParameter("price"));
…
%>
```

（3）在 cartAdd.jsp 中生成类 CartGoods 的对象代表本次购买的商品信息，并用前述页面请求参数为对象赋值，此时系统设定商品的数量为 1，此对象生成以后就准备好添加到购物车了，代码如下：

```
<%
cartGoods cartGoods=new cartGoods();
cartGoods.ID=goodsID;
cartGoods.price=goodsPrice;
cartGoods.number=1;
%>
```

（4）从技术上看，E-STORE 电子商城会员从访问网站开始，到关闭浏览器窗口或会话过期是一次会话过程，会话利用 Session 对象实现。在会员成功购买第一件商品后，购物车以 Session 的属性形式保存，再次购物时，若本次会话并没有结束，该会员对应的 Session 对象也没有销毁，可以直接对 Session 中的购物车属性进行修改，使用的代码如下：

```
<%
Vector cart=(Vector)session.getAttribute("_CART_");
%>
```

如果没有生成，则生成购物车，然后将该件商品添加进去，代码如下：

```
<%
if(cart==null){
  cart=new Vector();//新建购物车
}else{…}
%>
```

否则，先取出原有的购物车，添加商品，在添加商品的时候，需要判断该件商品是否在原有的购物车中已经存在，对于已经存在于购物车中的商品，只需要修改购买商品的数量即可，代码如下：

```
<%
for(int i=0;i<cart.size();i++){
   cartGoods existingGoods=(cartGoods)cart.elementAt(i);
   if(existingGoods.ID==cartGoods.ID){ //原有购物车中有要添加的商品
     existingGoods.number++;
     cart.setElementAt(existingGoods,i);
     flag=false;
   …}
…
if(flag)//原有购物车中没有要添加的商品
  cart.add(cartGoods);
%>
```

（5）将新生成的或修改过的购物车存放在 Session 对象的属性中，然后使用 JSP 内置对象 Out 在返回到客户端的页面上输出一段 JavaScript 代码，显示购物成功对话框，随后将客户端的页面关闭，使用的代码如下：

```
<%
session.setAttribute("_CART_",cart);
```

```
    out.println("<script language='javascript'>alert('购买商品成功!');window.
close();</script>");
    %>
```

（6）cartAdd.jsp 的完整源代码如下：

```
<%@ page contentType="text/html; charset=utf-8"%>
<%@ page import="java.util.*"%>
<%@ page import="cn.estore.cart.CartGoods"%>
<%
    //获取 request 中的某商品编号及商品价格
    int goodsID = Integer.parseInt(request.getParameter("goodsId"));
    float goodsPrice = Float.parseFloat(request.getParameter("price"));
    //选商品件数
    int buyGoodsNumber=1;
    //构造商品对象，默认每次选一个对象
    CartGoods    cartGoods    =    new    CartGoods(goodsID,goodsPrice,
buyGoodsNumber);    boolean flag = true;
    //判断该用户是否已经有购物车
    Vector cart = (Vector) session.getAttribute("_CART_");
    if (cart == null) {
        cart = new Vector();//新建购物车
    } else {
        for (int i = 0; i < cart.size(); i++) {
            CartGoods boughtGoods = (CartGoods) cart.elementAt(i);
            if (boughtGoods.ID == cartGoods.ID) {
                boughtGoods.number++;
                cart.setElementAt(boughtGoods, i);
                flag = false;
            }
        }
    }
    //原购物车中没有要添加的商品
    if (flag)
        cart.add(cartGoods);
    session.setAttribute("_CART_", cart);
    out.println("alert('购买商品成功!'); <script language='javascript'>
window.close();</script>");
    %>
```

5.3 显示购物车

5.3.1 功能说明

会员在系统主页上单击"购物车"链接时，系统判断会员是否登录，此时如果会员没有登录，系统需要显示"请先登录"的提示页面。否则，显示该会员的购物车"查询结果"页面。在购物车"查询结果"页面中列表显示购物车中"已选商品"的信息，包括各个商品的金额，当前商品合计总金额等。如果没有商品，系统显示"您还没有购物"提示。同时，在购物车页面上需要为会员提供继续购物、去收银台结账、清空购物车和修改某购物车中商品的数量等功能。显示购物车的页面如图 5.6 所示。

我的购物车

序号	商品的名称	商品价格	商品数量	商品金额
1	猪猪	1.0元	1	1.0元
2	圣大保罗女凉鞋	100.0元	1	100.0元

合计总金额：￥101.0

继续购物 ｜ 去收银台结账 ｜ 清空购物车 ｜ 修改数量

图 5.6　显示购物车页面

5.3.2　流程分析与设计

1. 准备购物车查看链接

在主菜单页面"head.jsp"上添加"查看购物车"链接，会员可以单击该链接，执行"显示购物车"操作。

2. 数据表操作类设计

在显示购物车中，希望显示"商品名称"，但由于购物车实体中没有设计商品名称字段，因此，修改 ProductDao 类，在其中添加查询方法"selectOneNameByProductId(int id)"，根据商品编号来获取商品名称。

3. 数购物车显示页面设计

创建 cartShow.jsp 页面。购物车页面上需要显示商品的名称、商品价格、商品数量、每种商品价格、本次购物总金额信息。其中商品名称使用方法"selectOneNameByProductId(int id)"获取；商品价格、商品数量、每种商品价格来自于购物车"_CART_"；订单总金额则需要遍历购物车，累计求和；购物车显示功能流程如图 5.7 所示。

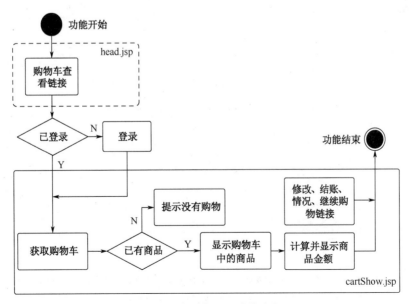

图 5.7　购物车显示功能流程

流程描述如下：

（1）进入购物车显示页面之前先判断是否已登录。

（2）在购物车显示页面中引入 Vector 类、代表会员所选商品的临时实体类 CartGoods 和商品信息表操作类 ProductDao。

（3）从 Session 中获取该会员专有的购物车，判断购物车中是否有商品，如果没有商品，页面给出提示信息并返回。

（4）若购物车中有商品，则依次取出会员购物车中的商品，并生成代表所选商品的临时实体类 CartGoods 对象。

（5）通过商品信息表操作类"ProductDao"查询需要在页面上显示的每件商品的信息，并把信息显示在页面可提交的表单中。

（6）计算每件商品的金额并显示。

（7）如果会员需要修改商品的数量，需将页面表单中的信息提交到购物车修改页面"cardModify.jsp"中处理。

（8）提供"继续购物""去收银台结账""清空购物车"和"修改数量"链接。

4. 购物车中商品数量修改设计

对购物车中的商品数量能够实现即时更新，页面上应该显示修改以后的购物车商品列表。修改的逻辑如果在当前页面中实现，则页面流程将比较复杂。因此，系统修改商品数量的请求提交给 cartModify.jsp 处理，由 cartModify.jsp 处理后再自动返回到 cartShow.jsp 重新显示购物车。

5.3.3 编程详解

1. 准备购物车查看链接

修改 head.jsp 的"购物车"链接，链接的地址是 cartShow.jsp，如果会员没有登录，负面跳转到提示登录页面"userLoginPlease.jsp"，关键代码如下：

```
<%
…
 String shoppinglink="userLoginPlease.jsp";
 UserEntity user=null;
 if(session.getAttribute("user")!=null){
 user=(UserEntity)session.getAttribute("user");
…
 shoppinglink="/estore/pages/cart/cartShow.jsp";
 }
%>
…
<td width="100"   onMouseOver="this.style.backgroundImage='url(<%=
        request.getContextPath()%>/systemImages/topMenu.jpg)'"
      onMouseOut="this.style.backgroundImage=''">
    <a href="<%=shoppinglink%>" class="a4">购物车</a>
</td>
```

2. 数据表操作类实现

修改 cn. estore.dao 包中的 ProductDao 类，添加 public String selectOneNameByProductId (int id) 方法，输入参数为商品编号，方法返回值是商品名称。代码如下：

```
// 以商品编号查询商品名称
public String selectOneNameByProductId(int id) {
  String name = null;
  try {
      ps = connection
          .prepareStatement("select * from tb_product where id=?");
      ps.setInt(1, id);
      ResultSet rs = ps.executeQuery();
      while (rs.next()) {
        name = rs.getString(4);  }
    } catch (SQLException ex) {
    }
    return name;
  }
```

3. 购物车显示页面 "cartShow.jsp" 实现

（1）在 "estore /pages/cart" 文件夹下，创建 cartShow.jsp 页面，在页面中引入 Java 实用工具类 "Vector" 和代表会员所选购商品信息的临时实体类 "GoodsCart"，以及商品信息表操作类 "ProductDao"，Vector 类的对象存放会员的购物车，GoodsCart 类用于存放遍历购物车中的商品购买信息，GoodsDao 类用于获取商品的其他信息，代码如下：

```
<%@ page import="cn.estore.cart.CartGoods"%>
<%@ page import="cn.estore.dao.ProductDao"%>
```

（2）使用 Session 对象的 getAttribute 方法获取会员购物车，如果为空，说明会员到目前还没有选购商品，系统也没有为该会员生成过购物车，此时页面显示 "您还没有购物！！！" 的提示信息，页面处理流程终止，代码如下：

```
<%
  if (session.getAttribute("_CART_") == null) {
%>
  您还没有购物！！！
<%
  } else {
%>
...
```

（3）当系统为该会员生成了购物车，表明购物车中存有商品，此时使用 Vector 类的实例 Cart 存放此购物车；然后将购物车中的商品逐一取出，放入购物车临时对象 CartGoods 类的实例中进行总金额计算等处理，代码如下：

```
<form method="post" action="cartModify.jsp" name="form">
  ...
  <%
    float sum=0;//商品总金额
    Vector cart=(Vector)session.getAttribute("cart");
    for(int i=0;i<cart.size();i++){
      CartGoods cartGoods=(CartGoods)cart.elementAt(i);
      sum = sum + cartGoods.number * cartGoods.price;
  %>
</form>
```

对于商品数量以外要显示的信息，使用类似如下方法处理，DAO 是 page 范围的 JavaBean，实际是数据库商品信息表操作类 "cn. estore.dao.ProductDao" 的实例，可以调用对象的方法获取数据，代码如下：

```
<div align="center">
   <%= dao.selectOneNameByProductId(new Integer(cartGoods.ID)) %>
</div>
<div align="center">
    <%=cartGoods.price%>元
</div>
```

而对于商品数量，因为需要考虑会员可能修改，故将此信息在 form 表单的 input 元素中显示，代码如下：

```
<div align="center">
   <input name="num<%=i%>" size="7" type="text"
          value= "<%=cartGoods.number%>" onBlur="check(this.form)">
</div>
```

其中标签属性 name 命名为"numX"，"X"随遍历购物车中的商品而变化，可以实现与购物车中的商品保持对应关系，维护该商品的数量，即使会员在此页面上对数量进行修改，也可以在随后的提交中确认此数量是对应哪个商品的。该标签的 onBlur 事件的触发时机是：原先在此表单元素上的输入焦点从这个元素上移走时，即一旦此元素失去输入焦点，就激发了这个事件。事件的处理函数是 JavaScript 函数"check()"，参数是本页面标识为 form 的表单，该函数实现了对购物车商品数量的合法性检查并将合法的输入提交给 cartModify.jsp，代码如下：

```
function check(myform){
   if(isNaN(myform.num<%=i%>.value)||myform.num<%=i%>.value.indexOf
('.',0)!= -1){
      alert("请不要输入非法字符");
      myform.num<%=i%>.focus();
      return;
   }
   if(myform.num<%=i%>.value==""){
      alert("请输入修改的数量");
      myform.num<%=i%>.focus();
      return;
   }
   myform.submit();
}
```

JavaScript 语句"myform.submit()"代替了在页面上表单的提交元素，完成该表单的提交。如果在验证时有非法的输入，则并不会执行到这条语句，表单也不会被提交了。

（4）会员在确认目前购物车的商品后，可以进行下一步操作，如继续购物、去收银台结账、清空购物车、修改数量等，代码如下：

```
<a href="index.jsp">继续购物</a>
   | <a href="cartCheckOut.jsp">去收银台结账</a>
   | <a href="cartClear.jsp">清空购物车</a>
   | <a href="#">修改数量</a>
```

其中，修改数量的链接"href="#""是一种临时链接的写法，即这个链接目前不可用，单击了也不会有作用，还是会跳转到本页，当#被有效链接替换才会起作用。在此处使用"href="#""可以实现如果购物车中商品的数量没有修改，页面不会跳转，如果数量做了修改，输入焦点必定在商品数量的<input>标签上，此时单击"修改数量"的链接，可以将输入焦点从商品数量的标签上移开，即触发了<input>标签的 onBlur 事件，JavaScript 函数 check（myform）被调用，相当于执行修改数量的操作。

（5）cartShow.jsp 的源代码如下：

```jsp
<%@ page contentType="text/html; charset=utf-8"%>
<%@ page import="java.util.*"%>
<%@ page import="cn.estore.cart.CartGoods"%>
<%@ page import="cn.estore.dao.ProductDao"%>
<% ProductDao dao = new ProductDao(); %>
<html>
<head>
  <meta http-equiv="Content-Type" content="text/html; charset=utf-8">
    <title>estore</title>
</head>
<link href="../../css/css.css" rel="stylesheet" type="text/css">
<body>
  <jsp:include page="../common/head.jsp" flush="true" />
  <table width="1024" align="center" cellpadding="0" cellspacing="0">
    <tr>
        <td width="300" bgcolor="#F5F5F5">
         <jsp:include page="../common/left.jsp" flush="true" /></td>
        <td width="724" valign="top" bgcolor="#FFFFFF" align="center">
          <strong>我的购物车</strong>
        <div align="center"><br>
          <%if (session.getAttribute("_CART_") == null) {%> 您还没有购
物！！
            <%} else {%>
        </div>
        <form method="post" action="cartModify.jsp" name="form">
         <table width="92%" border="1" align="center" cellpadding="0"
             cellspacing="0" bordercolor="#FFFFFF" >
            <tr>
               <td width="5%" height="28">
                  <div align="center">序号</div>
               </td>
    ...<!-- 如上例依次完成商品名称、商品价格、数量、金额的表头显示 -->
  </tr>
  <% float sum = 0;//商品总金额
   Vector cart = (Vector) session.getAttribute("_CART_");
    for (int i = 0; i < cart.size(); i++) {//累计所有商品付款总额
       CartGoods cartGoods = (CartGoods) cart.elementAt(i);
       sum = sum + cartGoods.number * cartGoods.price;
  %>
  <tr>
    <td align="center" width="5%"> <%=i + 1%></td>
    <td align="center" width="40%">
      <%=dao.selectOneNameByProductId(new Integer(cartGoods.ID))%>
    </td>
    <td align="center" width="18%"><%=cartGoods.price%>元</td>
    <td align="center" width="19%">
       <input name="num<%=i%>" size="7" type="text"
              value="<%=cartGoods.number%>"
onBlur="check(this.form)">
    </td>
    <td align="center" width="18%">
         <%=cartGoods.number * cartGoods.price%>元</td>
  </tr>
  <script language="javascript">
       function check(myform){
           if(isNaN(myform.num<%=i%>.value)
```

```
                    myform.num<%=i%>.value.indexOf('.',0)!=-1){
              alert("请不要输入非法字符");myform.num<%=i%>.focus();return;}
              if(myform.num<%=i%>.value==""){
                alert("请输入修改的数量");myform.num<%=i%>.focus();return;}
              myform.submit();
            }
      </script>
      <%}%>
    </table>
  </form>
  <table    width="100%"    height="52"    lign="center"    cellpadding="0"
cellspacing="0">
    <tr align="center" valign="middle">
      <td height="10"> </td>
      <td width="24%" height="10" colspan="-3" align="left"> </td>
    </tr>
    <tr align="center" valign="middle">
      <td height="21" class="tableBorder_B1">         </td>
      <td height="21" colspan="-3" align="left">
        合计总金额：¥<%=sum%>
      <%session.setAttribute("totalPrice", sum);%></td>
    </tr>
    <tr align="center" valign="middle">
      <td height="21" colspan="2">
        <a href="../product/main.jsp">继续购物</a> |
      <a href="../cart/cartCheckOut.jsp">去收银台结账</a> |
      <a href="../cart/cartClear.jsp">清空购物车</a> |
      <a href="#">修改数量 </a>
        </td>
       </tr>
      </table>
    <%}%>
    </td>
  </tr>
  </table>
  <jsp:include page="../common/statusBarNavigation.jsp" flush="true" />
  </body>
</html>
```

5.3.4 <useBean>与生成实例的关系

在 JSP 中引用 JavaBean 可以有两种形式：一是使用 page 指令引入类，再在 JSP 页面中使用 new 关键字生成类的实例；二是使用<jsp:useBean>动作在页面范围内生成一个 JavaBean 的实例。这两种方式本质上是相同的，主要有两个方面的区别。

JavaBean 方式实例的作用域由 Scope 指定，可以是 page、request、session、application 之一，不限于本 JSP 页面，而 new 方式生成的实例对象的作用域限制在本页面，在本页面访问结束或请求被转发后，实例对象是不会传到别的页面上去的。

使用 new 方式是一定会生成实例对象的，而使用<jsp:useBean>则不一定，除了 Scope 作用域是 page 一定会在页面范围内生产外，如果 Scope 作用域是 request、session、application 之一，JSP 引擎会在 request、session、application 范围内按 JavaBean 的 id 进行查找，如果已经存在同名的实例对象，JSP 引擎便不再生成新的实例对象，而引用原有的对象。JSP 利用这种机制实现 JavaBean 在不同页面之间传递。

这两种在 JSP 页面中使用 Java 类实例化对象的方式在 Java Web 应用开发时经常同时使用，选择何种方式主要是依据页面设计和实现的需求。

5.4　修改及清空购物车

5.4.1　功能说明及页面流程

会员对购物车中商品的修改，仅限于对购买数量的修改，而对商品的其他信息不能改变。如果商品购买的数量被修改成 "0"，则该商品将从购物车中删除。

cartModify.jsp 处理流程如下：新建 cartModify.jsp 文件，在 Session 对象中获取该会员原有的购物车，遍历购物车中的商品，并以 cartShow.jsp 传递的商品数量为准，重新生成一个新的购物车，把原有商品逐一添加到新购物车中。如果商品购买的数量被修改成 "0"，则删除该商品。所有商品添加结束后，将新购物车重新作为 Session 的属性保存。如果会员需要清除购物车，只要将 Session 对象中代表购物车的属性删除即可。

5.4.2　编程详解

在 "pages/cart" 文件夹下新建 cartModify.jsp 页面，导入购物车实体类 "CartGoods"。

（1）使用 Session 对象的 getAttribute 方法获取购物车，并存入 Vector 类对象 "cart" 中。创建新购物车 "newcart"，新购物车用来保存修改过的购物信息，代码如下：

```
<%
  Vector cart=(Vector)session.getAttribute("_CART_");//获取购物车
  Vector newcart=new Vector();
  …
  //依次遍历购物车
%>
```

（2）遍历购物车 "cart" 内的商品，每件商品的购买数量由页面参数 "numX" 获得，将所有购买数量不为 "0" 的商品添加到新购物车 "newcart" 中，代码如下：

```
<%
  for(int i=0;i<cart.size();i++){
  CartGoods cartGoods=(CartGoods)cart.elementAt(i);
                              //取出各件购物车中的商品
  String num=request.getParameter("num"+i);   //取出每件商品的购买数量
  try{
    int newnum=Integer.parseInt(num);
    cartGoods.number=newnum;
    if(newnum!=0){ //如果数量为 0 则不再添加到购物车，相当于删除了这件商品
     newcart.addElement(cartGoods);
    }
  …
%>
```

（3）将新购物车 "newcart" 作为 Session 的 "cart" 属性替代原有的购物车，完成修改操作，并使用 Response 对象的 sendRedirect 方法，将页面转向 "cartShow.jsp"，显示修改后的购物车，代码如下：

```
<%
  session.setAttribute("_CART_",newcart);
  response.sendRedirect("cartShow.jsp");
%>
```

在购物车修改结束后，将此次对 cartModify.jsp 页面的请求重新定向到 cartShow.jsp 页面，会员直观感觉修改操作是在购物车显示页面上完成的。

（4）cartModify.jsp 的完整源代码如下：

```
<%@ page contentType="text/html; charset=utf-8"%>
<%@ page import="java.util.*"%>
<%@ page import="cn.estore.cart.CartGoods"%>
<%
  Vector cart=(Vector)session.getAttribute("_CART_");
  Vector newcart=new Vector();
  for(int i=0;i<cart.size();i++){
      CartGoods cartGoods=(CartGoods)cart.elementAt(i);
      String num=request.getParameter("num"+i);
      try{
      int newnum=Integer.parseInt(num);
      cartGoods.number=newnum;
      if(newnum!=0){
          newcart.addElement(cartGoods);}
      }catch(Exception e){
          out.println("<script language='javascript'>
            alert('您输入的数量不是有效的整数!');history.back();
</script>");
          return;
      }
  }
  session.setAttribute("_CART_",newcart);
  response.sendRedirect("cartShow.jsp");
%>
```

（5）清空购物车。cartClear.jsp 页面中使用 Session 对象的 removeAttribute 方法清除购物车属性。该操作实际上不仅清除购物车中的商品，也删除了购物车，会员如果希望继续购物，需要重新生成购物车，代码如下：

```
session.removeAttribute("_CART_");
```

5.4.3　JSP 的错误处理

1．JSP 页面编译时错误及处理

JSP 页面中主要有两种错误：编译时错误和运行时错误。

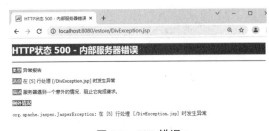

图 5.8　JSP 错误

编译时错误是 JSP 引擎在编译 JSP 源代码时出现的，编写 JSP 时的语法有错误，导致 JSP 容器无法将 JSP 网页编译成正确的文件。例如，500 Internal ServerError，"500"是指 HTTP 的错误状态码，如图 5.8 所示。

产生这种编译错误时，通常是 JSP 存在语法错误，或是 JSP 引擎在安装、设定时有不适当的情形发生的。对于编译时错误并没有一个统一的方法可遵循，解决的方法通常是检查程序是否有写错的或检查服务器的配置是否存在问题。

2．JSP 页面运行时错误及处理

运行时错误则是在执行已编译好的 JSP 页面来处理客户端的请求时出现的。客户端请求处理时错误的发生，往往不是语法错误，而可能是逻辑上的错误。例如，一个计算除法的程序，当会员输入的分母为零时，程序会发生错误并抛出异常（Exception），这时应当交由异常处理机制（Exception Handling）做适当的处理，一般采用下列两种处理方法。

（1）在页面中使用 try-catch 结构处理异常。

在 JSP 页内使用 try-catch 来捕获 JSP 中可能出现的异常，类似于在普通的 Java 代码中，将可能出现异常的脚本代码放在 try 块中。但由于 JSP 页面除了包含 HTML 标签，还包含各种脚本元素，在 JSP 中使用 try-catch 结构会使得整个页面的可读性变差，这种方法并不是理想的解决方案，常用在不太复杂的页面或需要特殊处理异常的页面。

（2）采用 JSP 提供的更加简捷有效的异常处理机制。

使用 JSP 的错误页面转发机制，可以使用一个特定的 JSP 页面来处理或显示错误。相对于前面的 try-catch 结构处理异常方法，这样能提供一个更为全局的错误处理机制，还能为多个 JSP 页面提供同一个错误页面来处理错误。具体来说分为以下两步：

首先，编写一个专用的 JSP 错误处理页面，该页面将仅在其他页面出现运行异常的情况下才被调用，如 "ExceptionHandling.jsp"。

```
<%@ page contentType="text/html; charset=GBK" %>
<%@ page isErrorPage="true" %>
<html>
  <head><title>ExceptionHandling</title></head>
  <body bgcolor="#ffffff">
    <font color="#ff0000" size="4">
     An Exception ocurred,The message is:
     <%=exception.getMessage()%>
    </font>
  </body>
</html>
```

在 page 指令中指明本页面是异常处理页面。这样，JSP 引擎在进行处理时，在 JSP 页面中增加了一个 JSP 页面中没有的隐含对象 Exception。Exception 对象将包含异常的相关信息。可以将其进行各种处理，如写入日志，或仅仅返回给客户端一个异常信息。

然后，在可能发生错误的 JSP 页面中，指定当异常发生时由哪个专用的异常处理 JSP 进行处理，如 "DivException.jsp"。

```
<%@ page contentType="text/html; charset=utf-8" %>
<%@ page errorPage="ExceptionHandling.jsp" %>
<html>
  <body bgcolor="#ffffff">
  <%   int i=5/0;  %>
  </body>
</html>
```

其中，在 page 指令中指明本页面一旦出现任何运行时异常，JSP 引擎会产生一个 Exception 对象，并传递给异常处理页面 "ExceptionHandling.jsp"。本页面执行到脚本 "int i=5/0" 时会产生异常，页面处理中止。异常对象将被传递到 "ExceptionHandling.jsp"，由该页面返回对客户端的响应，如图 5.9 所示。

图 5.9　用异常处理页面处理 JSP 异常

5.5 生成订单

5.5.1 功能说明

会员在购物车显示页面确认商品及数量后，单击"去收银台结账"链接，系统页面跳转到结账信息填写页面，在该页面会员需要填写详细的结账信息，如会员真实姓名、联系电话、付款方式、送货方式等。如有备注信息，在下方的"备注信息"中留言。个人身份信息的填写是为了方便会员所购买的货物准确、及时送达，而所有这些信息也将保存在系统数据库中。确认无误后单击"提交"按钮，生成新订单并显示订单编号。在后续的操作中会员可进入"查看订单"页面查看订单详细信息。

生成订单的页面效果如图 5.10 所示，单击"提交"按钮，系统生成订单后会给出订单号提示。

图 5.10 生成订单的页面效果

5.5.2 流程设计

1. 设计数据库

（1）数据表的概念设计。

①订单信息实体。订单信息实体包括订单编号、会员名称、联系地址、真实姓名、联系电话、付款方式、送货方式、备注信息、生成时间、总价、出货标志属性。其中，出货标志属性用来标识订单是否已出货，"1"表示"是"，"0"表示"否"。订单信息实体 E-R 图如图 5.11 所示。

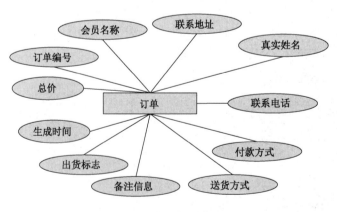

图 5.11 订单信息实体 E-R 图

②订单明细实体。订单明细实体包括购物名称、订单编号、商品编号、商品销售价格和购物数量属性。订单明细实体 E-R 图如图 5.12 所示。

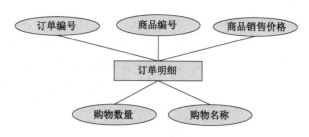

图 5.12　订单明细实体 E-R 图

（2）数据表的逻辑结构。

①订单信息表结构。订单信息表用来保存 E-STORE 中所有订单的信息，数据表命名为"tb_order"，该表的结构如表 5.1 所示。

表 5.1　tb_order 表的结构

字　段　名	数 据 类 型	是否为空	是否为主键	默 认 值	描　　述
order_id	varchar(50)	No	Yes	—	订单编号
name	varchar(50)	Yes	—	NULL	会员名称
real_name	varchar(50)	Yes	—	NULL	真实姓名
address	varchar(50)	Yes	—	NULL	联系地址
mobile	varchar(50)	Yes	—	NULL	联系电话
total_price	float	Yes	—	NULL	订单总价
Delivery_method	varchar(50)	Yes	—	NULL	送货方式
memo	text	Yes	—	NULL	备注信息
delivery_sign	bit	Yes	—	NULL	是否已发货
create_time	smalldatetime	Yes	—	NULL	创建订单时间
payment_mode	varchar(50)	Yes	—	NULL	付款方式

其中，delivery_sign 字段用来表示订单出货标志，取值为"1"表示"订单已出货"，取值为"0"表示"订单未出货"。

②订单明细表结构。订单明细表用来保存会员生成订单的商品明细，数据表命名为 tb_order_item，该表的结构如表 5.2 所示。

表 5.2　tb_ order_item 表的结构

字　段　名	数 据 类 型	是否为空	是否为主键	默 认 值	描　　述
id	int(4)	—	Yes	—	ID（自动编号）
order_id	varchar(50)	No	—	—	订单编号
product_id	int(4)	No	—	—	商品编号
product_name	varchar(50)	NO	—	—	商品名称
product_price	float	Yes	—	NULL	商品价格
amount	int(4)	Yes	—	NULL	商品数量

2．创建数据库订单表和订单明细实体类

创建数据库订单实体类"OrderEntity"和订单明细实体类"OrderItemEntity"，类的成员变量命名分别与数据库订单表和订单明细表字段名相同，成员方法为对应成员变量的访问器。当要对数据库订单表或订单明细表的记录进行访问时，用 OrderEntity 类或 OrdeItemEntity 类的实例代表表中记录，对数据库进行读操作时，使用该类的 getXxx 方法获取记录各字段的信息，当对数据库进行写操作时，使用该类的 setXxx()方法将要写入记录的信息先赋值给该类的对象，再将对象作为方法参数写入数据库。

3．数据库订单表和订单明细表操作类的实现

创建 OrderDao 和 OrderItemDao 两个数据库操作类，并添加相应方法。在 OrderDao.java 中设计 insertOrder 方法实现订单插入，在 OrderItemDao.java 中设计方法 insertOrderItem，实现订单明细表插入。

4．页面实现流程设计

（1）在购物车显示页面"cartShow.jsp"，有"去收银台结账"链接，代码是"<a href="../cart/cart CheckOut.jsp">去收银台结账</a>"，实现跳转到生成订单页面。

在"pages/cart"/文件夹下，新建 cartCheckOut.jsp 页面；生成订单时所需要的信息有订单编号、用户账号、真实姓名、邮寄地址、联系电话、应付金额、付款方式、送货方式和备注信息。其中，订单编号由方法"StringUitl.createOrderId()"自动产生，邮寄地址、备注由会员输入、其他字段根据商品编号，从数据库中获取。

（2）在"pages/cart"文件夹下，新建"cartToOrder.jsp"完成订单处理操作，cartCheckOut.jsp 页面以表单形式提交数据到"cartToOrder.jsp"。

（3）在 cartToOrder.jsp 页面中先获取请求参数。

（4）生成订单信息实体类 OrderEntity 实例对象，将订单信息写入数据库。

（5）获取会员的购物车，遍历购物车中的商品，逐个生成并给订单明细实体类 OrderItemEntity 实例对象赋值，将订单明细写入数据库。

（6）修改商品信息表中的商品销售数量。

（7）清空购物车，页面提示订单生成。

订单生成的功能流程图如图 5.13 所示。

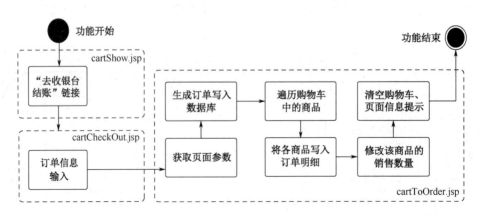

图 5.13 订单生成功能流程图

5.5.3　编程详解

1. 创建数据表

（1）在数据库中创建表。在数据库中创建订单详细表"tb_order_item"和订单表"tb_order"，创建完成后，表如图5.14和图5.15所示。

列名	数据类型	允许空
id	int	☐
order_id	varchar(50)	☑
product_id	int	☑
product_name	varchar(50)	☑
product_price	float	☑
amount	int	☑

图 5.14　创建 tb_order_item 表

列名	数据类型	允许空
order_id	varchar(50)	☐
name	varchar(50)	☑
real_name	varchar(50)	☑
address	varchar(50)	☑
mobile	varchar(50)	☑
total_price	float	☑
delivery_method	varchar(50)	☑
memo	varchar(200)	☑
delivery_sign	bit	☑
create_time	smalldatetime	☑
payment_mode	varchar(50)	☑

图 5.15　创建 tb_order 表

（2）数据表之间的关系。订单表和订单明细表之间的关系如图5.16所示，该关系实际上反映了系统中订单信息与订单明细实体之间的关系。设置了该关系后，可以保证订单明细实体中保存的购物明细必属于某个订单所有。反之，在订单表中的订单必然在订单明细中存有该订单的详细购物信息。另外，当更新"tb_order"和"tb_order_item"数据表的时候，数据库会自动检查此外键关系，可避免订单和订单明细的误删除操作。

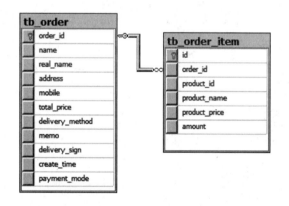

图 5.16　订单表和订单明细表之间的关系

2. 两个实体类实现

在 cn. estore.entity 包中，分别实现数据库订单实体类和订单明细实体类，主要代码如下：

```
//订单实体类
public class OrderEntity{
    private String orderId;                //订单详细编号
    private String name;                   //订单的会员名
    private String realName;               //用户名
    private String address;                //送货地址
    private String mobile;                 //用户手机号
    private float totalPrice;              // 订单总金额
    private String deliveryMethod;         //寄送方式
    private String memo;                   //备注
    private Boolean deliverySign=false;    //是否已经发货,默认新生成订单没发货
    private String createTime;             //存放支付方式,文本类型
    private String paymentmode;
…//setXxx 与 getXxx 定义
}
```

```
//订单明细实体类
public class OrderItemEntity{
  private int id;                    //自增编号
  private String orderId;            //所属订单编号
  private int productId;             //订单中商品的编号
  private String productName;        //商品名
  private float productPrice;        //订购的商品价格
  private int amount;                //订购商品数量
.../setXxx 与 getXxx 定义
  }
```

3. 数据库订单表和订单明细表操作类的实现

在 cn.estore.dao 包中，新建 OrderDao 类和 OrderItemDao 类，在 OrderDao 类中添加方法"public boolean insertOrder(OrderEntity form)"，保存订单信息；在 OrderItemDao 类中添加 public boolean insertOrderItem(OrderItemEntity form)方法，保存订单详细信息。

```
package cn.estore.dao;
import cn.estore.entity.OrderEntity;
import cn.estore.util.DBConnection;
import java.sql.*;
import java.util.*;
import cn.estore.dao.OrderItemDao;
//订单表的操作
public class OrderDao {
  private Connection connection = null;     //定义连接的对象
  private PreparedStatement ps = null;      //定义数据库操作的语句对象
  private DBConnection jdbc = null;         //定义数据库连接对象
  public OrderDao() {
    jdbc = new DBConnection();
    connection = jdbc.connection;           //利用构造方法取得数据库连接
  }
  // 添加的方法
   public boolean insertOrder(OrderEntity form) {
     try {
        ps = connection .prepareStatement("insert into tb_order
                    values (?,?,?,?,?,?,?,?,?,getDate(),?)");
        ps.setString(1, form.getOrderId());
        ps.setString(2, form.getName());
        ps.setString(3, form.getRealName());
        ps.setString(4, form.getAddress());
        ps.setString(5, form.getMobile());
        ps.setFloat(6, Float.valueOf(form.getTotalPrice()));
        ps.setString(7, form.getDeliveryMethod());
        ps.setString(8, form.getMemo());
        ps.setBoolean(9, form.getDeliverySign());
        ps.setString(10, form.getPaymentmode());
        ps.executeUpdate();
        ps.close();
        return true;
     } catch (SQLException ex) {
        System.out.println("数据库访问失败");
        return false;
     }
   }
 }
```

创建类"OrderItemDao"如下：

```java
package cn.estore.dao;
import java.sql.Connection;
import java.sql.PreparedStatement;
import java.sql.ResultSet;
import java.sql.SQLException;
import java.util.ArrayList;
import java.util.List;
import cn.estore.entity.OrderItemEntity;
import cn.estore.util.DBConnection;
import cn.estore.dao.ProductDao;
//订单明细表的操作
public class OrderItemDao {
  private Connection connection = null;    //定义连接的对象
  private PreparedStatement ps = null;      //定义数据库操作的语句对象
  private DBConnection jdbc = null;         //定义数据库连接对象
  public OrderItemDao() {
    jdbc = new DBConnection();
    connection = jdbc.connection;          //利用构造方法取得数据库连接
  }
  // 添加的方法
public boolean insertOrderItem(OrderItemEntity form) {
  try {
    ps = connection.prepareStatement("insert into tb_order_item
      (order_id,product_id,product_name,product_price,amount)
      values (?,?,?,?,?)");
    ps.setString(1, form.getOrderId());
    ps.setInt(2, form.getProductId());
    ps.setString(3,form.getProductName());
    ps.setFloat(4, form.getProductPrice());
    ps.setInt(5, form.getAmount());
    ps.executeUpdate();
    ps.close();
    return true;
  } catch (SQLException ex) {
    System.out.println("数据库访问失败");
    return false;
    }
  }
}
```

4. 页面编程实现

（1）创建"pages/cart/cartCheckOut.jsp"页面，在 cartCheckOut.jsp 中引入包"java.util"，获取 cn.estore.util 包中的 StringUtil.java 类，产生订单编号。引入 cn.estore.entity.CustomerEntity 会员实体类，用于从 Session 对象中获取会员信息，代码如下：

```jsp
<%@ page contentType="text/html; charset=utf-8"%>
<%@ page import="java.util.*"%>
<%@ page import="cn.estore.entity.CustomerEntity"%>
<%--导入 StringUitl 类，用于手动生成订单编号 --%>
<%@ page import="cn.estore.util.StringUitl" %>
<%
    java.util.Date date = new java.util.Date();
    CustomerEntity user = (CustomerEntity) session.getAttribute("user");
    String orderId=StringUitl.createOrderId();
    //将 orderId 存至 session,作为订单编号
    session.setAttribute("orderId",orderId);
%>
```

订单号是通过 StringUtil.java 中的方法"createOrderId()"获得的，该方法返回一个长整型数据，表示从 GMT（格林尼治标准时间）1970 年 1 月 1 日 00:00:00 这一刻之前或者是之后经历的毫秒数，并在其后附加了 3 位随机数，可以保证订单编号的唯一性，代码如下：

```java
/**
 * 生成订单号
 * @return 订单号
 */
public static String createOrderId(){
    StringBuffer sb = new StringBuffer();   //定义字符串对象
    sb.append(getStringTime());             //向字符串对象中添加当前系统时间
    for (int i = 0; i < 3; i++) {           //随机生成3位数
        sb.append(random.nextInt(9));//将随机生成的数字添加到字符串对象中
    }
    return sb.toString();                   //返回字符串
}

/**
 * 获取当前时间字符串
 * @return 当前时间字符串
 */
public static String getStringTime(){
    Date date = new Date();//获取当前系统时间
    SimpleDateFormat sdf = new SimpleDateFormat("yyyyMMddHHmmssSSSS");
        //设置格式化格式
    return sdf.format(date);//返回格式化后的时间
}
```

（2）在 cartCheckOut.jsp 页面上设计提交表单，提交的目的地址为"cartToOrder.jsp"，表单中"订单编号"调用 Session 中的 OrderId 获得，提交表单的其他内容也可从 Session 对象获取以设置初始值，使用的代码如下：

```html
<form name="form" method="post" action="cartToOrder.jsp"
        onSubmit="checkEmpty(form)">
<table width="68%" border="0" cellspacing="0" cellpadding="0">
    <tr>
        <td height="30" colspan="2">
            <div align="center" class="style1">
                    注意：请您不要恶意提交订单！</div> </td>
    </tr>
    <tr>
        <td height="30">
         <div align="center">订单编号： </div> </td>
        <td> <input type="hidden" name="order_id"
                    value="<%=orderId%>"><%=orderId%> </td>
    </tr>
    <tr>
        <td width="24%" height="30">
            <div align="center">用户账号： </div></td>
        <td width="76%"><input type="text" name="name"
                            value="<%=user.getUserName()%>"> </td>
    </tr>
    <tr>
        <td height="30">
            <div align="center">真实姓名： </div></td>
        <td><input type="text" name="realName"
                    value="<%=user.getRealName()%>"></td>
```

```
            </tr>
            <tr>
                <td height="30"><div align="center">邮寄地址： </div></td>
                <td><input type="text" name="address" ></td>
            </tr>
            <tr>
                <td height="30"><div align="center">联系电话： </div></td>
                <td><input type="text" name="mobile"
                        value="<%=user.getMobile()%>"></td>
            </tr>
            <tr>
                <td height="30"><div align="center">应付金额： </div></td>
                <td><input type="text" name="totalPrice"
                    value=<%=session.getAttribute("totalPrice") %>></td>
            </tr>
            <tr>
                <td height="30"><div align="center">付款方式： </div></td>
                <td><select name="paymentMode" class="textarea">
                    <option value="">请选择</option>
                        <option value="银行付款" >银行付款</option>
                        <option value="邮政付款">邮政付款</option>
<option value="现金支付" selected="selected">
                                        现金支付</option></select>
                </td>
            </tr>
            <tr>
                <td height="30">
                    <div align="center">送货方式： </div></td>
                <td><select name="deliveryMethod" class="textarea">
                        <option value="">请选择</option>
                        <option value="普通邮寄" selected="selected">
                                        普通邮寄</option>
                        <option value="特快专递">特快专递</option>
                        <option value="EMS 专递方式">EMS 专递方式</option>
                    </select>
                </td>
            </tr>
            <tr>
                <td height="60"><div align="center">备注信息： </div></td>
                <td><textarea name="memo"></textarea></td>
            </tr>
        </table>
    <input type="submit" name="Submit2" value="提交">
    <input type="reset" name="reset" value="清除">
    <input type="button" name="back" value="返回"
                onClick="javasrcipt:history.go(-1)">
</form>
```

（3）新建 cartToOrder.jsp 页面，将订单和订单明细保存至数据表。在 cartToOrder.jsp 页面中获取请求参数，这些参数由 cartCheckOut.jsp 中的表单 form 的各个元素提供，例如，获取姓名的代码如下：

```
<%
    …
    order.setName(request.getParameter("name"));        //获取数据
    …
    orderDao.insertOrder(order);                        //保存订单
%>
```

（4）生成订单信息实体类 OrderEntity 实例对象，用页面获得的请求参数为其赋值，利用 OrderDao 将订单信息写入数据库；代码如下：

```jsp
<%
//将客户购物车中的数据提交至订单
OrderEntity order = new OrderEntity();
OrderDao orderDao = new OrderDao();
OrderItemDao orderDetailDao = new OrderItemDao();
OrderItemEntity orderDetail = new OrderItemEntity();
ProductDao goodsDao = new ProductDao();
String orderId = session.getAttribute("orderId").toString();

//先获取订单表数据
order.setOrderId(orderId);
order.setName(request.getParameter("name"));
order.setRealName(request.getParameter("realName"));
order.setAddress(request.getParameter("address"));
order.setMobile(request.getParameter("mobile"));
order.setTotalPrice(Float.valueOf(session
                .getAttribute("totalPrice").toString()));
order.setDeliveryMethod(request.getParameter("deliveryMethod"));
order.setMemo(request.getParameter("memo"));
order.setDeliverySign(false);//默认没发货
//将订单时间格式化为"yyyy-MM-dd HH:mm:ss",存至当前时间字段中
java.util.Date date = new java.util.Date();
java.text.SimpleDateFormat orderTime = new java.text.SimpleDateFormat(
                "yyyy-MM-dd HH:mm:ss");
order.setCreateTime(orderTime.format(date));
order.setPaymentMode(request.getParameter("paymentMode"));
//保存订单表
orderDao.insertOrder(order);
    …
//保存订单明细
%>
```

其中，订单信息的出货标志被设为"false"，表示"未出货"，该标志将在后台订单管理功能中维护。

（5）获取会员的购物车，遍历购物车中的商品，逐个生成 OrderItemEntity 实例对象，将订单明细写入数据库。订单的商品明细需要写入数据库，同时需要通过订单编号关联订单和订单明细，代码如下：

```jsp
<%
//插入订单代码
…
//将订单涉及的商品添加到该订单相关联的明细表
Vector cart = (Vector) session.getAttribute("_CART_");
for (int i = 0; i < cart.size(); i++) {
  CartGoods cartGoods = (CartGoods) cart.elementAt(i);
  //这一订单明细中所有商品的订单号均一样，同订单表中的订单号
  orderDetail.setOrderId(orderId);
  orderDetail.setProductId(new Integer(cartGoods.ID));
  orderDetail.setProductName(goodsDao
        .selectOneNameByProductId(new Integer(cartGoods.ID)));
  orderDetail.setProductPrice(cartGoods.price);
  orderDetail.setAmount(cartGoods.number);
  //修改该商品销量，用于后期统计销售排行
  goodsDao.updateAProductSoldNumber(cartGoods.number,
        new Integer(cartGoods.ID));
```

```
        orderDetailDao.insertOrderItem(orderDetail);//保存订单明细
    }
    session.removeAttribute("_CART_");//清空购物车
%>
```

在订单明细生成过程中需要调用 ProductDao 的方法"updateAProductSoldNumber(int productAmount, int id)",修改商品销量,维护商品的销售排行。在插入订单明细后,通过 "session.removeAttribute("_CART_")"自动清空购物车。

(6)在 ProductDao.java 中添加修改方法"updateAProductSoldNumbe",修改商品销量,以便于将来统计商品销售排行,添加方法的代码如下:

```
// 根据商品的 ID 修改商品的销售数量
public boolean updateAProductSoldNumber(int productAmount, int id) {
    try {
        ps = connection.prepareStatement("update tb_product
                    set product_amount=product_amount+? where id=?");
        ps.setInt(1, productAmount);
        ps.setInt(2, id);
        ps.executeUpdate();
        ps.close();
        return true;
    } catch (SQLException ex) {
        System.out.println("更新数据表商品销量失败！");
        return false;
    }
}
```

(7)页面提示请记住订单编号,以便用户后续核查,代码如下:

```
<table>
    <tr>
        <td align="center">
            <font color="red" size="5">已经生成订单，编号:<%=orderId%>
</font>
        </td>
    </tr>
</table>
```

(8)更完整的 cartToOrder.jsp 的源代码请参见本书素材资料包。

练习题

一、选择题

1. 在 JSP 指令中, "errorPage="url""的意思是(　　)。
   A. 将本页面设置为错误的页面
   B. 将本页面中所有的错误信息保存到 url 变量中
   C. 为本页面指定一个错误页面
   D. 没有具体的含义

2. 某 Web 应用根路径下部署了两个 JSP 页面:Page1.jsp 和 Page2.jsp,具体代码如下:

```
-----------------Page1.JSP---------------
<%@ page contentType="text/html; charset=GBK" %>
<html>
<body bgcolor="#ffffff">
```

```
<%= 5/0 %>
</body>
</html>
-----------------Page2.JSP----------------
<%@ page contentType="text/html; charset=GBK" %>
<%@ page isErrorPage="true" %>
<html>
<head><title>Page2</title></head>
<body bgcolor="#ffffff"> OK </body>
</html>
```

访问页面"Page1.jsp"结果为（　　）。

  A．显示"5/0"

  B．显示"OK"

  C．显示"Internal Server Error"

  D．提示页面语法错误

3．下面哪些语句可以取得 Session 对象属性 a 的值（　　）。

  A．session. getAttribute("a");

  B．pageContext.getAttribute("a",SESSION_SCOPE);

  C．pageContext.getAttributeInScope(pageContext .SESSION_SCOPE);

  D．pageContext.getAttribute("a", pageContext .SESSION_SCOPE);

二、简答题

1．购物车为什么保存为 Session 对象的属性，能否保存在 Request 对象或 application 对象上？

2．在 JSP 页面中可以使用<jsp :usebean>和<% new %>的形式都可以生成类的实例对象，这两种方法生成的实例有什么区别？

3．JSP 中有哪些常用错误处理方法？

三、操作题

试着将购物车的数据保存到数据库中，并由此重新开发购物车模块。

第 6 章

基于 MVC 模式的订单模块

📖 **本章要点：**

◆ 会员查询订单模块设计与实现

◆ 会员显示订单详细信息模块设计与实现

◆ 会员查看已出货和未出货订单模块设计与实现

◆ 管理员查看所有订单及详细信息模块设计与实现

◆ 管理员发货管理模块设计与实现

◆ 管理员删除订单模块设计与实现

◆ Servlet 控制器的设计与实现

◆ 模型 JavaBean 业务操作设计与实现

◆ Servlet 与 JSP 的关系

◆ MVC 与订单查询

◆ Servlet 技术特性分析

订单模块包括前台订单查询模块和后台订单处理模块两部分。其中前台会员可以通过一系列操作，跟踪自己的订单状态。这些操作包括查看自己在该商城中所有的订单信息；按出货状态查看订单信息；查看每一订单所购商品的详细信息。

后台管理员针对订单的操作包括查看所有商城用户订单信息；查看每一订单详细信息；管理员对某一订单执行发货操作；删除订单。

6.1 会员订单查询子模块

6.1.1 功能说明

会员提交购物车生成订单后可以对自己的订单进行查询。订单信息包括两类信息，一类是订单编号、订购人联系电话、寄送地址、订货时间等基本信息，另一类是当前订单中订购的商品详细信息，包括商品名称、订购商品数量和商品价格。会员每次提交订单，系统都为该次购物分配一个全局唯一订单编号。

订单生成后，会员和商城管理员对订单的操作是不一样的。会员可以根据订单编号了解自己订单的详细信息；而管理员可以对订单执行查询、出货、删除等操作。

会员订单查看操作的入口设计在主菜单上，单击"订单查看"超链接，页面将显示会员所有订单。另外，在查询页面设计了三个链接，分别是查询已出货订单、未出货订单及订单详细信息，方便会员完成订单的进一步操作。其中显示会员所有订单页面如图 6.1 所示。

| | 用户sa的所有订单信息 | | 已出货 未出货 返回 | | | |
编号	电话	地址	是否出货	订货时间	操作
201310190026070732426	15850504888	江苏南京栖霞区老城区98号	是	2013-10-19 00:26:00	详细信息
201310240944450450466	15850504888	江苏南京仙林大学城	是	2013-10-24 09:45:00	详细信息
201310242012520664385	15850504888	江苏南京栖霞区纬三路100号	否	2013-10-24 20:14:00	详细信息
20211117081844053706 2	15850504800	南京	否	2021-11-17 08:18:52	详细信息

图 6.1　显示会员所有订单页面

6.1.2　流程分析与设计

登录会员单击"订单查看"超链接，向 Servlet 容器发送请求，Servlet 容器接收客户请求，查询会员所有订单信息，最后将响应结果转发到订单显示页面。会员订单查询功能的开发流程如下：

（1）在菜单栏添加"查询订单"入口，发起 HTTP 请求。

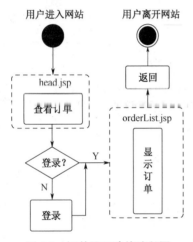

（2）创建订单表操作类"OrderDao.java"，定义查询会员订单的方法"selectOrderByName()"。

（3）创建 Servlet 控制器类"OrderServlet.java"，重写 doPost() 方法，在方法中完成业务逻辑。

① 获取会员请求类别信息，存放到 orderAction 中。

② 响应 HTTP 查询订单请求，分析会员请求，执行相应的业务逻辑。

③ 调用 selectOrderByName 方法，从后台取得会员所有订单资料。

④ 转发页面至 orderList.jsp 页面，显示订单信息。

（4）修改配置文件"web.xml"。

图 6.2　订单显示功能流程图

（5）创建订单显示页面 orderList.jsp 页面，从 Request 中取得订单信息并显示。订单显示功能流程如图 6.2 所示。

6.1.3　编程详解

1. 在菜单栏添加查询订单入口，发起 HTTP 请求

在菜单栏 head.jsp 页面添加"订单查看"超链接，实现发送订单查询请求。代码为："<a href="<%=/estore/OrderServlet?orderAction=orderAbstract%>"> 订单查看 </a>"。其中，"estore /OrderServlet"表示访问 Servlet 类"OrderServlet.java"的路径，"?orderAction=orderAbstract"是提交请求的参数，用作区分提交给 OrderServlet.java 的不同请求。

2. 创建订单表操作类 OrderDao.java

在数据库订单表操作类 OrderDao 中，添加方法实现会员对订单的查询功能。

在 OrderDao.java 中添加方法"public List selectOrderByName(String name)"，该方法实现按

会员名查询所有订单。该方法传入的参数是会员名，返回值是包含该会员所有订单的 List，可以使用"list.get(i)"取得 List 中第 i 个位置的订单对象，再使用 getXXX()方法获取对象的各字段的内容，具体步骤如下：

新建 cn.estore.dao 包，在包下新建类"OrderDao.java"，用于存放与订单操作相关的方法。为类添加 selectOrderByName 方法，实现查询会员所有订单的功能，方法将订单信息组织成 List 返回。

```
/* 前台会员订单查询(按会员名查询)
 * 输入：会员名
 * 输出：该会员对应的所有订单集合 List[e]，其中的 e 是 OrderEntity 对象
 */
public List selectOrderByName(String name) {
    List list = new ArrayList();
    try {
        ps = connection.prepareStatement(
                 "select * from tb_order where name=?");
        ps.setString(1, name);
        ResultSet rs = ps.executeQuery();//获取指定姓名的所有订单资料
        while (rs.next()) {//循环将 rs 中数据存至 order 对象中
            OrderEntity order = new OrderEntity();
            order.setOrderId(rs.getString(1));
            order.setName(rs.getString(2));
            order.setRealName(rs.getString(3));
            order.setAddress(rs.getString(4));
            order.setMobile(rs.getString(5));
            order.setTotalPrice(Float.valueOf(rs.getString(6)));
            order.setDeliveryMethod(rs.getString(7));
            order.setMemo(rs.getString(8));
            order.setDeliverySign(rs.getBoolean(9));
            order.setCreateTime(rs.getString(10));
            order.setPaymentmode(rs.getString(11));
            list.add(order);//将 order 对象存进 list
        }
    } catch (SQLException ex) {
        ex.printStackTrace();
    }
    return list;
}
```

3. 创建 Servlet 控制器类"OrderServlet.java"

OrderServlet 充当着控制器的角色，客户端向指定 Servlet 提交不同的页面请求，实现不同的功能。为区分不同的页面请求而设计了参数"orderAction"，Servlet 容器根据 orderAction 参数值，来确定请求类别和具体业务逻辑。在查看订单子模块中 orderAction 值被设为"orderAbstract"，表示查看所有订单。head.jsp 页面向 OrderServlet 发出查询请求，订单控制类接收请求后，将该请求分发给后台的 OrderDao.java 类处理。OrderServlet 的处理逻辑是：调用 OrderDao 类的 selectOrderByName 方法，获得 List 类型订单集合对象"list[orderEntity]"，将该对象保存至 Request；随后页面转发到 orderList.jsp 页面，显示订单信息。下面先实现订单控制类"OrderServlet.java"，而创建 Servlet 控制类主要有两种方法：

第一种方法，创建一个普通的 Java 类，这个类继承 HttpServlet 类，再手动配置 web.xml 文件注册 Servlet，此方法操作相对比较烦琐。

第二种方法是直接通过 Eclipse 的 IDE 集成开发环境进行创建，系统会自动配置 web.xml 文件，我们采用第二种方法，具体步骤如下：

新建包"cn. estore.servlet"，并在包中新建 Servlet 处理类"OrderServlet.java"。

第一步：在 Eclipse 操作界面上通过 New 菜单创建 Servlet 类，如图 6.3 所示。

第二步：单击"Next"按钮进入 Servlet 类基本属性配置界面，如图 6.4 所示。

设置 Servlet 所在文件夹"estore./src"，所属包为"cn. estore.servlet"，类名"OrderServlet"，添加父类"javax.servlet.http.HttpServlet"接口，添加的方法有"Inherted abstract methods""Constructors from superclass""init() and destroy()""doGet()""doPost()"。

第三步：单击"Next"按钮进入 Servlet 配置信息界面，如图 6.5 所示。

图 6.3　创建 Servlet 类界面

图 6.4　Servlet 类基本属性配置界面

图 6.5　Servlet 配置信息界面

这一步将配置信息写入 web.xml 配置文件中：

web.xml 文件如下：

```xml
<servlet>
    <description>OrderContorller</description>
    <display-name>OrderContorller</display-name>
    <servlet-name>OrderServlet</servlet-name>
    <servlet-class>cn.estore.servlet.OrderServlet</servlet-class>
</servlet>
<servlet-mapping>
    <servlet-name>OrderServlet</servlet-name>
    <url-pattern>/OrderServlet</url-pattern>
</servlet-mapping>
```

一个 Servlet 对象正常运行需要进行正确的配置，以告知容器哪一个请求调用哪一个 Servlet 对象来处理，对 Servlet 起到注册的作用。Servlet 的配置包含在 web.xml 文件中。

在 web.xml 文件中，通过<servlet>标签声明一个 Servlet 对象，标签中两个子元素分别是<servlet-name>和<servlet-class>，<servlet-name>表示自定义的 Servlet 名称，<servlet-class>元素用于指定 Servlet 类完整的位置，包含 Servlet 对象的包名和类名，形如<servlet-class>cn.estore. servlet.OrderServlet</servlet-class>。

在 web.xml 文件中声明 Servlet 对象后，需要映射访问 Servlet 的 URL，此操作使用<servlet-mapping>标签进行配置。<servlet-mapping>标签包含两个子标签，分别为<servlet-name>和<url-pattern>，其中<servlet-name>元素与<servlet>标签中的<servlet-name>元素相对应。

<url-pattern>元素用于映射访问 URL，<url-pattern>/OrderServlet</url-pattern>表示设定查询会员订单的相对路径为"/ OrderServlet"。

第四步：为 OrderServlet 添加方法，完善 doPost()方法或 doGet()方法。

重写 doPost()方法，在方法中添加下述代码：

```
// 获取会员订单请求类别
String orderAction = request.getParameter("orderAction").toString();
…
// orderAction= orderAbstract，表示查看当前会员的所有订单
if (orderAction.equals("orderAbstract")) {          //表示查看会员订单请求
  List list = new ArrayList();                      //存放订单信息链表
          //取得用户名，作为取得订单链表的输入参数
  String curUserName = session.getAttribute("name").toString();
  list = order.selectOrderByName(curUserName);      //生成订单集合
  request.setAttribute("orderAbstract", list);      //将订单存至 request
          //服务器端请求转发，跳转至前台订单显示页面，request 不发生变化
  request.getRequestDispatcher("pages/order/orderList.jsp")
                  .forward(request, response);
  }
…
```

其中，curUserName 中保存登录的会员名，来自于 Session 中的"name"属性，该属性是在用户登录成功后被保存的。将当前会员的所有订单信息保存至 Request 后，服务器请求页面转发"getRequestDispatcher(url).forward(request,response)"，进而完成订单页面显示。

使用"request.getRequestDispatcher("pages/order/orderList.jsp").forward(request,response)"而不是"response.sendRedirect(url)"的原因是：Request 转发直接将请求转发到指定 URL，Request 对象始终存在，保证了订单信息不丢失；若使用 response.sendRedirect(url)，虽然也能跳转到指定的 URL，但是会新建 Request，原 Request 中的数据丢失，若想传递订单信息只有在 URL 后附加参数实现。

> **注意：**
>   response.sendRedirect(url)：跳转到指定的 URL 并新建 Request，原 Request 中数据丢失；若要传递参数，只有在 URL 后附加 "url?deliveredSign=true" 地址栏才会发生变化。
>   request.getRequestDispatcher(url).forward(request,response)：直接将请求转发到指定 URL，Request 对象始终存在，地址栏不会变化。

4. 修改 web.xml 配置文件

我们采用了 IDE 集成环境，系统在 web.xml 文件中自动生成了 Servlet 相关配置，不需要我们再手工配置。自动生成的关键代码如下：

```
<servlet>
  <description>OrderContorller</description>
  <display-name>OrderContorller</display-name>
  <servlet-name>OrderServlet</servlet-name>
  <servlet-class>cn.estore.servlet.OrderServlet</servlet-class>
</servlet>
<servlet-mapping>
  <servlet-name>OrderServlet</servlet-name>
  <url-pattern>/OrderServlet</url-pattern>
</servlet-mapping>
```

5. 显示页面实现（orderList.jsp）

在上节 doPost()方法中，已实现会员订单信息的查询，"request.setAttribute("orderAbstract"", list)实现将订单集合存至 Request 的 orderAbstract 属性中。

这一步需要将 orderAbstract 属性中的订单信息列表取出来，再依次取得其中的每一个元素，呈现在页面上，完整的实现过程如下：

（1）在"pages/order"创建订单显示页面"orderList.jsp"中，引入实体类和 Dao 类。

在"pages/order"下创建"orderList.jsp"，在页面中导入集合接口"java.util.List"、导入实体类"OrderEntity"，添加代码如下：

```
<%@page import="java.util.*"%>
<%@page import="cn.estore.dao.OrderDao"%>
<%@page import="cn.estore.entity.OrderEntity"%>
```

（2）取得会员订单集合 List，通过"request.getAttribute ("orderAbstract")"取得当前会员的订单信息集合存至对象 List 中，代码如下：

```
<%
    //获取当前用户所有订单
  List list = (List) request.getAttribute("orderAbstract");
  //循环取得 List 中每一个订单，依次取出每个属性显示
  for (int i = start; i < over; i++) {
     OrderEntity form = (OrderEntity) list.get(i);
   …//显示订单
   }
%>
```

（3）订单表 OrderEntity 类设计 getXxx()方法，对象 form 调用这些方法将订单的信息取出并在页面上显示。先显示订单表头，再逐一取出每一条订单，依次显示，代码如下：

```
<!--显示订单表头-->
<table width="99%" border="1" bordercolor="#FFFFFF" bgcolor="CCCCCC">
<tr bgcolor="#DCDCDC">
        <td width="11%" height="25">
            <div align="center">编号</div>
        </td>
    <td width="11%">
        <div align="center">电话</div>
     </td>
        <td width="35%" height="25">
            <div align="center">地址</div>
        </td>
    <td width="15%">
        <div align="center">是否出货</div>
     </td>
        <td width="11%" height="25">
            <div align="center">订货时间</div>
        </td>
    <td width="17%">
        <div align="center">操作</div>
        </td>
    </tr>
<!--循环显示 list 集合中每一个元素-->
  <%
  for (int i = start; i < over; i++) {
  OrderEntity form = (OrderEntity) list.get(i);
  %>
  <tr align="center" bgcolor="#FFFFFF">
  <td height="25"> <%=form.getOrderId()%> </td>
  <td> <%=form.getMobile()%>  </td>
```

```
        <td> <%=form.getAddress()%> </td>
        <td>
         <% //提取发货状态，若已发货，则在页面显示"是"否则显示"否"
        if (Boolean.valueOf(form.getDeliverySign())) {
          %>
          是
        <% } else {%>
          否
        <%}%>
        </td>
        <td> <%=form.getCreateTime()%> </td>
        <td>
        <%-- 查询指定订单详细资料的请求，--%>
            <a  href="OrderServlet?orderAction=orderDetail&orderId=
               <%=form.getOrderId()%>">详细信息
            </a>
        </td>
      </tr>
    <%}%>
</table>
```

说明：发货状态栏显示"是"或"否"，要根据"form.getDeliverySign()"的布尔值来决定，为真显示"是"，表示商家已经发货了，为假显示"否"，表示还没有发货。

（4）在每一个订单最后一列添加"详细信息"链接，作为查询订购商品详细信息的入口，"<a href="OrderServlet?orderAction=orderDetail&orderId=<%=form.getOrderId()%>">详细信息</a>"，在 6.2 章节实现此子模块。

在订单显示页面（orderList.jsp）的标题栏醒目位置，放置了查询"已出货"和"未出货"超链接，作为按出货状态查询的入口，在 6.3 章节实现这个子模块。代码如下：

```
<div align="center">用户
    <%=session.getAttribute("name").toString()%>的所有订单信息
    <a href="OrderServlet?orderAction=orderDelivered&deliverySign=true">
        已出货
    </a>
    <a href="OrderServlet?orderAction=orderDelivered&deliverySign=false">
        未出货
    </a>
    <a href="javascript:history.go(-1)">返回</a>
</div>
```

6.1.4　Servlet 与 JSP 的关系

简单地说，一个 Servlet 就是一个 Java 类，它是在服务器上驻留的、基于 HTTP 协议的可以通过"请求-响应"编程模型来访问的应用程序，它被用来扩展 Web 服务器的性能，主要处理客户端的请求并将其结果发送到客户端。虽然 Servlet 可以对任何类型的请求产生响应，但通常只用来扩展 Web 服务器的应用程序。

Servlet 与 Applet 相对应，Applet 是运行在客户端浏览器上的程序，而 Servlet 是运行在服务器端的程序，因为都是字节码对象，可动态从网络加载，所以 Servlet 对 Server 就如同 Applet 对 Client 一样，但是，由于 Servlet 运行在 Server 中，所以它并不需要一个图形用户界面。

本模块用到的 Servlet 的主要功能是：读取会员端发送到服务器端的显式数据（表单数据）和

隐式数据（请求报头）；服务器端发送显式数据（表单数据）和隐式数据（请求报头）到会员端。

我们可以看到 Servlet 与 JSP 的功能相似，都是处理请求并返回响应。JSP 和 Servlet 如此相似，它们之间难道有什么联系吗？为什么 Sun 要创造两种功能相似的东西呢？

（1）其实 JSP 经编译后就是 Servlet，也可以说 JSP 就是 Servlet，所有的 JSP 页面最终都会被服务器转换成 Servlet 来执行。

（2）最核心的区别是 JSP 更擅长页面表现，而 Servlet 更擅长业务逻辑。

（3）实际应用中采用 Servlet 来控制业务流程，而采用 JSP 来生成展示页面。

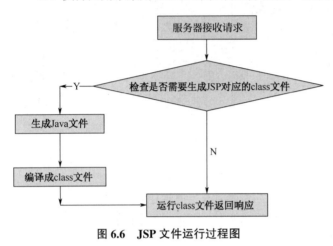

图 6.6　JSP 文件运行过程图

（4）JSP 位于 MVC 设计模式的视图层，而 Servlet 位于控制层。

服务器在获得请求的时候会先根据 JSP 页面生成一个 Java 文件，然后使用 JDK 的编译器将此文件编译，最后运行得到的 class 文件处理用户的请求并返回响应。如果再有请求访问这个 JSP 页面，服务器会先检查 JSP 文件是否被修改过，如果被修改过，则重新生成 Java 重新编译，如果没有，就直接运行上次得到的 class 文件，整个运行过程如图 6.6 所示。

第一次访问 JSP 的时候速度会比较慢的原因就是因为它要经过生成 Java 文件和编译成 class 文件的步骤。以后再次访问同一页面就会感觉到速度明显变快，也是因为 class 文件已经生成。

为什么 JSP 要经过这些步骤转换成 Servlet 再去执行呢？因为 Java 起初创建网站的时候就只有 Servlet 可以使用，为此还专门指定了一套 Servlet 标准，就是 javax.servlet 包下的类。但是人们马上就发现，使用 Servlet 显示复杂页面太费力了，于是就有了仿效 ASP 和 PHP 的 JSP 出现，开发人员可以在美工做好的页面上直接嵌入代码，然后让服务器将 JSP 转换成 Servlet 来执行。

下面通过两个简单的例子来了解 Servlet 和 JSP 是如何开发和运作的。

示例一：

编写一个名为"HelloServlet.java"的类，编译成 class 放在 WEB-INF/classes 下。

```
package servlet;
import java.io.IOException;
import java.io.PrintWriter;
import javax.servlet.ServletException;
import javax.servlet.http.HttpServlet;
import javax.servlet.http.HttpServletRequest;
import javax.servlet.http.HttpServletResponse;
public class HelloServlet extends HttpServlet {
    public void doGet(HttpServletRequest request, HttpServletResponse
response) throws ServletException, IOException {
        PrintWriter out = response.getWriter();
        out.println("hello");
        out.flush();
        out.close();
    }}
```

　　HelloServlet 中实现的功能很简单，在 doGet()方法中先取得 response（响应）的输出流，再向里面写入"hello"。

　　修改 WEB-INF 目录下的 web.xml 文件，添加 HelloServlet 的配置信息。

```xml
<?xml version="1.0" encoding="UTF-8"?>
<web-app    xmlns="http://java.sun.com/xml/ns/j2ee"xmlns:xsi="http:
//www. w3. org/2001/XMLSchema-instance"xsi:schemaLocation="http://java.
sun.com/xml/ ns/j2ee http://java. sun.com/xml/ns/j2ee/web-app_2_4.xsd"
version="2.4">
   <servlet>
     <servlet-name>HelloServlet</servlet-name>
     <servlet-class>servlet.HelloServlet</servlet-class>
   </servlet>
   <servlet-mapping>
     <servlet-name>HelloServlet</servlet-name>
     <url-pattern>/</url-pattern>
   </servlet-mapping>
</web-app>
```

　　只要注意 servlet 和 servlet-mapping 两部分就可以了。

　　①servlet 标签中定义了一个名为"HelloServlet"的 Servlet。这个"HelloServlet"对应的 class 是"servlet.HelloServlet"，请注意这里的 class 要写全名。

　　②servlet-mapping 标签则是把刚刚定义的"HelloServlet"映射到"/"这个请求路径上。

　　HelloServlet 的运行结果如图 6.7 所示。

　　示例二：

　　编写一个效果与"HelloServlet"完全相同的"Hello.jsp"放在 WEB-INF 目录下，它的内容为"hello"。访问"http://localhost:8080/hello.jsp"，会看到与图 6.8 相同的效果。

 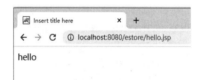

图 6.7　HelloServlet 运行结果　　　　　　图 6.8　hello.jsp 运行结果

　　现在打开 Tomcat 的 work 目录。在"Catalina\localhost\estore\org\apache\jsp"目录下，如图 6.9 所示，可以看到两个文件，分别是"hello_jsp.class"和"hello_jsp.java"，如图 6.10 所示。

图 6.9　hello.jsp 文件编译后所在文件目录图　　图 6.10　hello.jsp 文件编译后的文件图

　　提示：如果使用的是 Eclipse 自带的 Tomcat 作为 Web 服务器，则 JSP 编译后存放的详细位置应该是：C:\Documents and Settings\用户名\workspace\.metadata\.plugins\org.eclipse. wst.server.core\tmp0\wtpwebappsz。

　　打开"hello_jsp.java"可以看到里边的源代码，以下只挑出其中一部分。

```
out = pageContext.getOut();
_jspx_out = out;
out.write("hello");
```

获得 pageContext 的输出流并将 "hello" 写入，于是浏览器上就看到了 "hello" 的字样。这里的 "hello_jsp.java" 就是由 hello.jsp 生成的。服务器在获得请求的时候会先根据 JSP 页面生成一个 Java 文件，然后使用 JDK 的编译器将此文件编译，最后运行得到的 class 文件处理用户的请求返回响应。如果再有请求访问该 JSP 页面，服务器会先检查 JSP 文件是否被修改过，如果被修改过，则重新生成 Java 文件，重新编译；如果没有，就直接运行上次得到的 class。

既然 JSP 是为了简化 Servlet 开发，那么为什么现在又要去用 Servlet？这是因为 JSP 虽然比 Servlet 灵活，却容易出错，找不到良好的方式来测试 JSP 中的代码，尤其在需要进行复杂的业务逻辑时，这一点很可能成为致命伤。所以一般都不允许在 JSP 里出现与业务操作有关的代码，从这点来看，前几章中使用的方法就违反了这一标准，部分业务操作都写在了 JSP 里，一旦出现问题就会让维护人员不知所措。

Servlet 是一个 Java 类，需要编译之后才能使用，虽然显示页面的时候会让人头疼，不过在进行业务操作和数据运算方面就比 JSP 稳健得多了。因此我们就要结合两者的优点，使用 Servlet 作为控制层组件进行业务操作和请求转发，JSP 全面负责页面显示，这也是目前公司企业里常用的一种开发方式。

6.2 会员查看订单详细信息

6.2.1 功能说明

完成上一节开发后系统已经能够显示当前会员在商场所有的订单，在订单中能浏览到每一订单的编号、电话、地址、出货状态及订货时间。订单中具体购买了哪些商品、每一种商品的购买价格、订单的合计金额信息，这些订单详细资料的查询与显示，则是本子模块将完成的功能。

在每一个订单的后面添加 "详细信息" 超链接，单击 "详细信息" 超链接后，页面能够显示订单所购商品的细节，如图 6.11 所示。

订单号为：20211117081844 0537062 的详细信息

用户账号	sa	用户姓名	sa
送货电话	15850504800	送货地址	南京
付款方式	现金支付	运送方式	现金支付
备注信息	wu	订货时间	2021-11-17 08:18:52

商品详细信息

商品名称	商品数量	商品价格
猪猪	10	1.0元

图 6.11　订单详细信息显示界面

6.2.2 流程分析与设计

用户通过单击 "详细信息" 超链接向控制器 orderServlet 发出查询对应订单的详细信息的请求，Servlet 容器接收到客户请求后，执行订单详细信息的查询操作。订单详细信息显示的开发流程如下：

（1）在 "订单显示" 页面，添加 "详细信息" 查询入口，传递参数订单号 "orderID"，发起 HTTP 请求。

（2）为 OrderItemDao 添加方法"selectOrderDetailByNumber(String orderId)"，实现按订单号检索数据库，查询该订单的所有商品的详细信息，将商品信息组织成集合 List，以方便 doPost 方法中的业务处理。

（3）修改 Servlet 处理类"orderServlet.java"，在 doPost()方法中，响应 HTTP 查询"订单详细信息"请求，并完成业务处理。该处理类调用方法"selectOrderDetailByNumber"从后台取得会员所有订单信息，然后将页面转发至 orderItemList.jsp 页面。

（4）新建 orderItemList.jsp 页面，从 Request 中取得订单详细集合，遍历集合，显示订单信息。为了客户查看方便，在显示订单详细信息时，将订单的基本信息也显示在页面上。

显示订单详细功能流程图如图 6.12 所示。

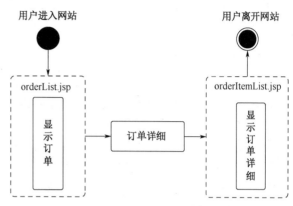

图 6.12　显示订单详细功能流程图

6.2.3　编程详解

（1）在前台显示页面"orderList.jsp"中添加查询"详细信息"入口。

前后台发出的所有订单类操作请求，都是提交给订单控制类"orderServlet.java"来处理的。在前台 orderList.jsp 页面发起 orderAction 为"orderDetail"的请求，该请求执行订单详细信息查询。在会员每个订单的最后一列后新增加一列，存放"详细信息"链接，代码如下：

```
<td>
    <%-- 查询指定订单详细资料的请求--%>
    <a  href="OrderServlet?orderAction=orderDetail&
            orderId=<%=form.getOrderId()%>">详细信息
    </a>
</td>
```

（2）订单明细操作类 OrderItemDao 实现。

在 OrderItemDao 类中添加方法"selectOrderDetailByNumber"，方法根据订单号 orderID，从数据表"tb_order_item"中提取属于订单号 orderID 的购买商品的详细资料，打包存于集合 List 上，供后面查询之用。

```
// 按编号查询订单明细
  public List selectOrderDetailByNumber(String orderId) {
        //存放返回指定 ID 订单明细集合 List[OrderItemEntity]
      List list = new ArrayList();
      OrderItemEntity orderDetail = null; //存放订单某一购买商品的明细
      ProductDao goodsDao = new ProductDao();
      try {
        ps = connection.prepareStatement(
            "select * from tb_order_item where order_id=?");
        ps.setString(1, orderId);                //传递参数 orderId 值
        ResultSet rs = ps.executeQuery();  //执行查询返回 RS
        while (rs.next()) {                //循环每一字段，存至商品明细对象
            orderDetail = new OrderItemEntity();
```

```
            orderDetail.setOrderId(rs.getString(2));
            orderDetail.setProductId(rs.getInt(3));
            orderDetail.setProductName(rs.getString(4));
            orderDetail.setProductPrice(rs.getFloat(5));
            orderDetail.setAmount(rs.getInt(6));
            list.add(orderDetail);//将某一商品明细对象添加至 list
            }
    } catch (SQLException ex) {
    }
    return list;
}
```

（3）修改 Servlet 类，接收查询详细信息页面请求，获取该会员订单详细查询数据，存至
Session 对象中，并转发到前台"orderItemList.jsp"显示。

首先获得前台页面发起的 orderAction 为"orderDetail"的查询请求；其次根据订单编号
"orderID"调用后台的订单处理类"OrderDao.java"和"OrderItemDao.java"中相应的方法，
取得指定订单详细的购物信息，以保存在集合 List 中；而后将查询结果 List 保存到 Request 的
属性 orderItems 中，并调用 request.getRequestDispatcher 方法实现页面转发。

修改"OrderServlet.java"，在 doPost()中添加响应 orderAction 为"orderDetail"的代码。

OrderServlet 控制器根据 orderAction 值执行不同的功能，设计控制器接收到 actionServlet
值为"orderDetail"，表示查看订单详细信息。

添加 actionServlet 值为"orderDetail"后的处理代码如下：

```
// 获取会员订单请求类别
String orderAction = request.getParameter("orderAction").toString();

//此处省略非关键代码
// orderAction= orderDetail，表示查看当前会员的所有订单
if (orderAction.equals("orderDetail")) {
    //指定订单号的详细资料
    String orderId = request.getParameter("orderId").toString();
    //据订单 orderId 筛选出订单基本资料
    OrderEntity orderAbstract = order.selectOrderByNumber(orderId);
    //保存至 request，供显示页面获取
    request.setAttribute("orderAbstract", orderAbstract);
    // 获取该用户指定某订单号的详细购物资料
    List list = new ArrayList();
    list = orderDetail.selectOrderDetailByNumber(orderId);
    request.setAttribute("orderItems", list);
    request.getRequestDispatcher("pages/order/orderItemList.jsp")
                .forward(request, response);
}
```

这里同时取出订单基本信息和订单详细信息，在一个页面上展现，以便于会员浏览。

（4）会员订单查询显示页面"orderItemList.jsp"接收控制器"orderServlet.java"传出的订单基
本数据"request.getAttribute("orderAbstract")"和订单详细数据"request.getAttribute("orderItems")"，
以此为基础渲染页面，形成订单详细页面。

① 在"pages/order"下创建"orderItemList.jsp"，在页面中引入实体类 OrderEntity 用以接
收 Session 中的"orderAbstract"属性值（其中存放的是该用户某个订单的基本信息）；引入实体
类"OrderItemEntity"用以接收 Session 中的"orderItems"属性值（其中存放的是该会员某指定
orderID 订单的详细信息），代码如下：

```
<%@page import="cn.estore.entity.OrderEntity"%>
<%@page import="cn.estore.entity.OrderItemEntity"%>
```

② 取得 Request 中 OrderServlet 传过来的订单基本信息和订单详细信息；借助于 OrderEntity 和 OrderItemEntity，依次显示订单基本信息和循环显示该订单所有商品的详细信息，代码如下：

```
<%
  String number = request.getParameter("orderId");//接收订单编号
  OrderEntity orderEntity = //取得传回的订单基本信息
              (OrderEntity) request.getAttribute("orderAbstract");
   //接收后台 servler 传回的参数（订单详细信息）
   List list = (List) request.getAttribute("orderItems");
%>
```

③ 订单表的 OrderEntity 类设计有对应每个数据表字段的 getXxx()方法，对象 form 调用这些方法将订单的每一个属性资料取出，显示到页面适当位置，代码如下：

```
订单号为：<%=orderEntity.getOrderId()%>的基本信息
<table width="26%" border="1" bordercolor="#FFFFFF" bgcolor="#DCDCDC">
  <tr align="center">
      <td width="26%" height="25">
          用户账号
      </td>
      <td width="22%" bgcolor="#FFFFFF">
            <%=orderEntity.getName()%>
      </td>
      <td width="26%">
          用户姓名
      </td>
      <td width="22%" bgcolor="#FFFFFF">
            <%=orderEntity.getRealName()%>
      </td>
  </tr>
          ......<!--寄送方式、备注信息、订货时间等相关属性的展示同上，此处略去 -->
</table>
   订单号为：<%=orderEntity.getOrderId()%>商品详细信息
<table width="74%" border="1" bordercolor="#FFFFFF" bgcolor="#DCDCDC">
  <tr>
      <td>商品名称</td>
      <td>商品数量</td>
       <td>商品价格</td>
  </tr>
      <% //求得本订单总金额
        float sum = 0;
        for (int i = 0; i < list.size(); i++) {
        OrderItemEntity form = (OrderItemEntity) list.get(i);
        sum = sum + form.getAmount() * form.getProductPrice();
      %>
  <tr bgcolor="#FFFFFF">
      <td><%=form.getProductName()%></td>
      <td><%=form.getAmount()%></td>
      <td><%=form.getProductPrice()%>元</td>
  </tr>
    <%}%>
</table>
<table width="20%" border="0" align="center">
  <tr>
      <td><font color="red" >合计金额:</font></td>
```

```
                    <td align="left"><%=sum%></td>
        </tr>
        <tr>
            <td align="right"><font color="red" >发货状态:</font></td>
            <td align="left">
            <% if (orderEntity.getDeliverySign()) {
            %>
                是
            <%
                } else {
            %>
                否
            <%
                }
            %>
        </td>
    </tr>
</table>
...<!--分页操作代码略-->
```

上述代码中，orderItemList 页面接收 OrderServlet 传回的参数订单详细信息 "request. getAttribute("orderItems")" 和订单基本信息 "request.getAttribute("orderAbstract")"，并生成显示界面。

显示界面主要由 2 个<table>标签组成，第一个〈table〉标签中摆放显示订单基本资料，第二个〈table〉标签中摆放显示订单所购商品的详细资料。最下面可以显示订单总金额等其他辅助信息。

另外，显示订单是否发货，要由"form.getDeliverySign()"的布尔值来决定，为真显示"是"，表示已经发货了，为假在页面显示"否"，表示没有发货。

6.2.1 MVC 与订单模块

1. MVC 模式

MVC 模式（Model-View-Controller）是软件工程中的一种软件架构模式，该模式把软件系统分为三个基本部分：模型（Model）、视图（View）和控制器（Controller）。MVC 结构如图 6.13 所示。

MVC 模式的目的是实现一种动态的程序设计，使后续对程序的修改和扩展简化，并且使程序某一部分的重复利用成为可能。除此之外，此模式通过对不同的功能模块进行分离，使程序结构更加直观。

模型（Model）层用于封装与应用程序的业务逻辑相关的数据及对数据的处理方法。"模型"有对数据直接访问的权力，例如，对数据库的访问。"模型"不依赖"视图"和"控制器"，也就是说，模型不关心它会被如何显示或是被如何操作。但是模型中数据的变化一般会通过一种刷新机制被公布。为了实现这种机制，那些用于监视此模型的视图必须事先在此模型上注册，从而使视图可以了解在数据模型上发生的改变。

视图（View）层能够实现数据的显示。在视图中一般没有程序上的逻辑。为了实现视图上的刷新功能，视图需要访问它监视的数据模型（Model），因此应该事先在被它监视的数据那里注册。

控制器（Controller）负责转发请求，对请求进行处理，起到不同层面间的组织作用，用于控制应用程序的流程。由它处理事件并做出响应，"事件"包括用户的行为和数据模型上的改变。

MVC 模式的优点：在最初的 JSP 网页中，将数据层代码（如数据库查询语句）和表示层代码（类如 HTML）混在一起。经验比较丰富的开发者会将数据从表示层分离开来，但这通常不是很容易做到，它需要精心地计划和不断尝试。MVC 从根本上强制性地将它们分开。尽管构造 MVC 应用程序需要一些额外的工作，但是它带给我们的好处是毋庸置疑的。

首先，多个视图能共享一个模型。如今，同一个 Web 应用程序会提供多种用户界面，例如，用户希望既能够通过浏览器来收发电子邮件，还希望通过手机来访问电子邮箱，这就要求 Web 网站同时能提供 Internet 界面和 WAP 界面。在 MVC 设计模式中，模型响应用户请求并返回响应数据，视图负责格式化数据并把它们呈现给用户，业务逻辑和表示层分离，同一个模型可以被不同的视图重用，所以大大提高了代码的可重用性。

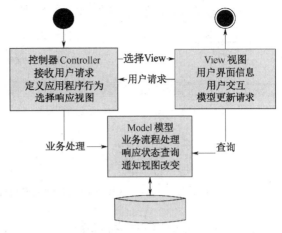

图 6.13 MVC 开发模式图

其次，控制器与模型和视图保持相对独立，所以可以方便地改变应用程序的数据层和业务规则。例如，把数据库从 MySQL 移植到 Oracle，或者把 RDBMS 数据源改变成 LDAP 数据源，只需改变模型即可。一旦正确地实现了控制器，不管数据来自数据库还是 LDAP 服务器，视图都会正确地显示它们。由于 MVC 模式的三个模块相互独立，改变其中一个不会影响其他两个，所以依据这种设计思想能构造良好的、独立性高的构件。

最后，控制器提高了应用程序的灵活性和可配置性。控制器可以用来连接不同的模型和视图去完成用户的需求，也可以构造应用程序提供强有力的手段。给定一些可重用的模型和视图，控制器可以根据用户的需求选择适当的模型进行处理，然后选择适当的视图将处理结果显示给用户。

2. MVC 模式在订单模块中的应用

这里 orderServlet 对应的就是 Controller（控制器），用来做请求的分发。Model（模型）就是指类 "orderEntity.java" "orderItemEntity.java" "ordereItemDao.java" 和 "orderDao.java"，它提供页面请求所需的各种数据及数据操作的信息。4 个 JSP 页面 "head.jsp" "orderList.jsp" "odrer ListDelivery.jsp" "orderItemList.jsp" 构成了 View（视图）这一层，用来发出请求和显示结果数据。

后台管理用户发出的所有请求操作也和前台类似，也被提交给订单控制类 "orderServlet.java" 来处理，订单控制类先根据 JSP 页面提交的请求类型，将各种请求再分发给后台的订单类 "orderItemDao.java" 和 "orderDao.java" 来进行业务处理，最后将处理的结果转换为 orderEntity.java 和 orderItemEntity.java 对象，并打包成 List，传回前台 JSP 页面 "orderSelect.jsp" 和 "orderItemList.jsp" 显示。

6.3　会员查看已出货和未出货订单信息

6.3.1　功能说明

前面已述及，会员能够查询所有订单，也能看每一个订单的详细资料，若想查看所有已出货的订单或者查看所有未出货的订单，该怎么处理呢？

在显示订单页面，单击"已出货"或"未出货"链接，能够按照出货状态查看所有订单，比如单击"未出货"链接，能够查看当前会员所有未出货的订单基本信息，如图 6.14 所示。

用户 sa 的所有订单信息

编号	电话	地址	是否出货	订货时间	操作
20211 1 1T61 84 405 17062	158 4800	南京	否	2021-11-17 08:18:52	详细信息
2013 12 20 4385	158 4888	江苏南京栖霞区纬三路 号	否	2013-10-24 20:14:00	详细信息

图 6.14　查询已出货或未出货订单页面

6.3.2　流程分析与设计

用户可以通过单击"已出货"或者"未出货"链接，向控制器 orderServlet 发出按出货状态查询订单请求。Servlet 容器接收到用户请求后，执行后台处理，将查询结果转发到显示页面。

分类订单信息显示的开发流程如下：

（1）在"订单显示"页面，添加"已发货"和"未发货"的查询入口，向 Servlet 容器发起 HTTP 请求，实现查询所有已经发货订单和查询所有未发货订单，此处设计 orderAction 的值为"orderDelivered"。

（2）数据库表操作类设计。在类 OrderDao.java 中添加方法"selectOrderByNameAndDeliverySign(String name, Boolean sign)"，第一个参数是会员名，第二个参数为是否出货标志，为真表示已经出货，否则表示未出货；该方法实现按会员名和出货标志检索数据表"tb_orderItem"，再将查询结果组织成集合 List，以方便 doPost 方法中的业务处理。

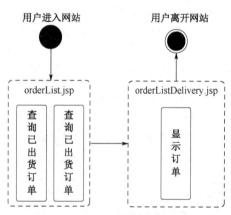

图 6.15　查询出货或未出货操作实现

（3）修改 Servlet 处理类"OrderServlet.java"，在 doPost() 方法中，响应 HTTP 查询"已发货"或"未发货"请求，并完成业务处理，调用前述方法，取得已出货或未出货商品集合 List，然后页面转发至 orderListDelivery.jsp 页面。

（4）在"pages/order"文件夹下，新建 orderListDelivery.jsp 页面。从 Request 中取得会员请求的出货或未出货订单集合 List，遍历集合，显示订单资料。由方法"request.getAttribute("order-DeliveryList")"获得信息，并以此为基础渲染页面。

按出货状态显示订单流程图如图 6.15 所示。

6.3.3　编程详解

（1）在前台显示页面"orderList.jsp"的标题栏中，添加查询"已出货"和"未出货"查询操作的入口。orderList.jsp 页面提交了两个参数，一个是订单分类查询标志"orderDelivered"，另一个标志是区分查询已出货还是查询未出货的布尔型变量标志 sign，代码如下：

```
<td>
    用户<%=session.getAttribute("name").toString()%>的所有订单信息
<a href="OrderServlet?
            orderAction=orderDelivered&
            deliverySign=true">已出货
    </a>
    <a href="OrderServlet?
            orderAction=orderDelivered&
            deliverySign=false">未出货
    </a>
    <a href="javascript:history.go(-1)">返回</a>
</td>
```

（2）数据库表操作类实现。在 OrderDao.java 类中添加方法"selectOrderByNameAndDeliverySign(String name, Boolean sign)"，第一个参数为当前会员，第二个参数 sign 是来自 orderList.jsp 页面，以区别查询类别。代码如下：

```
// 以会员名和出货标志为条件查询信息,
  public List selectOrderByNameAndDeliverySign(String name, Boolean sign)
{
    List list = new ArrayList();//准备存放已/未出货订单
    OrderEntity order = null;
    try {//按姓名+已出或未出货标志查询订单信息
        ps = connection.prepareStatement("select * from tb_order " +
            "where name=? and delivery_sign=? order by  order_id DESC");
        ps.setString(1, name);//为两变量填充数据
        ps.setBoolean(2, sign);
        ResultSet rs = ps.executeQuery();//执行 SQL 查询
        while (rs.next()) {//依次读取数据集,存放至 order 临时对象中
            order = new OrderEntity();
            order.setOrderId(rs.getString(1));
            order.setName(rs.getString(2));
            order.setRealName(rs.getString(3));
            order.setAddress(rs.getString(4));
            order.setMobile(rs.getString(5));
            order.setTotalPrice(Float.valueOf(rs.getString(6)));
            order.setDeliveryMethod(rs.getString(7));
            order.setMemo(rs.getString(8));
            order.setDeliverySign(rs.getBoolean(9));
            order.setCreateTime(rs.getString(10));
            order.setPaymentmode(rs.getString(11));
            list.add(order);//将一订单存放到 list 中
        }
    } catch (SQLException ex) {
    }
    return list;//返回查询已出货或未出货订单集合 list
  }
```

（3）修改 OrderServlet.java，在 doPost()中添加响应 orderAction 为"orderDelivered"的代码，执行业务逻辑。

前后台发出的所有请求都提交给订单控制类"orderServlet.java"来处理。首先，订单控制类 OrderServlet.java 获取 orderList.jsp 页面提交的请求，并判断 orderAction 值，若值为 orderDelivered，

则表明是要执行操作"按出货标志查询当前会员订单"；其次，将请求分发给后台的订单处理类 OrderDao.java 来进行业务处理，并将处理的结果保存为 orderEntity.java 对象，存储在集合 List 中，并保存 List；最后页面转发至前台 JSP 页面"orderListDelivery.jsp"显示信息，代码如下：

```
//orderAction=orderDelivered 表示显示查询已发货或未发货订单
//deliverySign 为发货标志，已发货为真，未发货为假
if (orderAction.equals("orderDelivered")) {
//获取查询的已出货订单标识还是未出货订单标识
 Boolean boolSign = Boolean.valueOf(request.getParameter("deliverySign"));
  // 获取当前客号名
  String name = session.getAttribute("name").toString();
  // 调用底层方法，生成包含已出或未出订单的 list
  List orderDeliveryList = order.
                           selectOrderByNameAndDeliverySign(name, boolSign);
  //将查询出的订单集合传送出去
  request.setAttribute("orderDeliveryList", orderDeliveryList);
  //请求转发
  request.getRequestDispatcher(
     "pages/order/orderListDelivery.jsp").forward(request,response);
}
```

将查询的数据集合存储到 orderDeliveryList 属性中，以供展示页面使用。

（4）显示页面实现。

在"pages/order"文件夹下，新建 orderListDelivery.jsp 页面；在代码中实现从 Request 中取得查询的集合 List，遍历集合，显示订单资料。

① 在"pages/order"下创建"orderListDelivery.jsp"，在页面中引入实体类 OrderEntity 用以接收 Session 中的"orderAbstract"属性值（其中存放的是该用户某订单的基本信息），引入实体类 OrderItemEntity 用以接收 Session 中的"orderItems"属性值（其中存放的是该会员某指定 orderId 订单的详细信息），代码如下：

```
<%@page import="cn.estore.entity.OrderEntity"%>
<%@page import="cn.estore.entity.OrderItemEntity"%>
```

② 取得 Request 中 OrderServlet 传过来的已出货或者未出货的订单信息集合；借助于 OrderEntity，依次循环显示该订单信息，代码如下：

```
<%
    //接收后台 servler 传回的参数（订单详细信息）
    list = (List)request.getAttribute("orderDeliveryList");
%>
```

③ 订单表的 OrderEntity 类设计有对应每个数据表字段的 getXxx()方法，对象 form 调用这些方法将订单的信息取出在页面上显示，代码如下：

```
<%
    for (int i = start; i < over; i++) {
    OrderEntity form = (OrderEntity) list.get(i);
%>
 <tr align="center" bgcolor="#FFFFFF">
    <td height="25"><%=form.getOrderId()%></td>
    <td><%=form.getMobile()%></td>
    <td><%=form.getAddress()%></td>
    <td>
     <%if (Boolean.valueOf(form.getDeliverySign())) { %>
```

```
                                        是
                                        <%
                                          } else {
                                        %>
                                        否
                                        <%
                                          }
                                        %>
    </td>
    <td><%=form.getCreateTime()%></td>
    <td> <a href="OrderServlet?orderAction=orderDetail&
                orderId=<%=form.getOrderId()%>">详细信息</a>
    </td>
  </tr>
  <%
      }
  %>
  ...<!--分页操作代码略-->
```

6.3.4　Servlet 技术特性分析

Java Servlet API 定义了一个 Servlet 和 Java 服务器之间的标准接口，这使得 Servlet 具有跨服务器平台的特性。Servlet 通过创建一个框架来扩展服务器的能力，以提供 Web 上进行请求和响应服务。当客户机发送请求至服务器时，服务器将请求信息发送给 Servlet，并让 Servlet 建立起服务器连接，向客户机返回响应。当启动 Web 服务器或客户机第一次请求服务时，可以自动装入 Servlet。装入后，Servlet 继续运行直到其他客户机发出请求。Servlet 的功能涉及范围很广。例如，Servlet 可完成如下功能：

（1）创建并返回一个包含基于会员请求性质的动态内容的完整 HTML 页面。

（2）创建可嵌入现有 HTML 页面中的一部分 HTML 页面（HTML 片段）。

（3）与其他服务器资源（包括数据库和基于 Java 的应用程序）进行通信。

（4）用多个客户机处理连接，接收多个客户机的输入，并将结果广播到多个客户机上。例如，Servlet 可以是多参与者的游戏服务器。

（5）当允许在单连接方式下传送数据的情况下，在浏览器上打开服务器至 Applet 的新连接，并将该连接保持在打开状态。当允许客户机和服务器简单、高效地执行会话的情况下，Applet 也可以启动客户浏览器和服务器之间的连接。可以通过定制协议或标准（如 IIOP）进行通信。

（6）对特殊的处理采用 MIME 类型过滤数据，例如，图像转换和服务器端包括 SSI。

（7）将定制的处理提供给所有服务器的标准例行程序。例如，Servlet 可以修改如何认证用户。

当用户发送一个请求到某个 Servlet 的时候，Servlet 容器会创建一个 ServletRequst 和 ServletResponse 对象。在 ServletRequst 对象中封装了用户的请求信息，然后 Servlet 容器把 ServletRequst 和 ServletResponse 对象传给用户所请求的 Servlet，Servlet 把处理好的结果写在 ServletResponse 中，然后 Servlet 容器把响应结果传给用户。

和前台会员一样，后台管理员同样可以对订单进行查看，此外管理员还可以完成订单的出货标记和删除操作。管理员在后台 JSP 页面（orderSelect.jsp）可以提交以下几种请求：

（1）查看所有商城用户订单资料。

（2）查看每一个订单的详细资料。

（3）管理员对某个订单执行发货操作模块。

（4）管理员删除订单模块。

6.4　管理员查看所有订单及详细信息

6.4.1　功能说明

后台-订单操作

编号	客户姓名	是否出货	订货时间	操作
201310190026070732426	sa	是	2013-10-19 00:26:00	详细信息 已发 删除
201310222002150819885	wangjs	是	2013-10-22 20:02:00	详细信息 已发 删除
201310240944450450464	sa	是	2013-10-24 09:45:00	详细信息 已发 删除
201310240945450221464	han	否	2013-10-24 09:46:00	详细信息 发货 删除
201310242012520664385	sa	否	2013-10-24 20:14:00	详细信息 发货 删除
201410071140220292138	1	否	2014-10-07 11:40:00	详细信息 发货 删除
201410071149000355612	1	否	2014-10-07 11:49:00	详细信息 发货 删除
201912270842125690119	2	否	2019-12-27 08:42:12	详细信息 发货 删除
201912270844203705086	2	否	2019-12-27 08:44:20	详细信息 发货 删除
201912270846486436551	2	否	2019-12-27 08:46:48	详细信息 发货 删除
共有2页	共有11条记录		当前为第1页	上一页　　下一页

图 6.16　显示会员所有订单页面

会员生成订单后，在系统数据表中保存了订单的编号、客户姓名、订购人联系电话、寄送地址、订货时间等基本信息，还保存了当前订单中订购的每一件商品的详细信息，包括商品名称、订购商品数量和下单时商品的价格。

作为管理员，可以查看商城所有订单，要对所有会员的订单请求做出及时响应。

另外，为了操作便利，在本页面放置了三个链接，分别是详细信息链接、发货链接和删除链接，页面如图 6.16 所示。

6.4.2　流程分析与设计

管理员登录后，单击"订单管理"菜单，Servlet 容器接收客户请求，获取商城所有订单信息，将请求转发到订单显示页面，开发流程如下。

（1）在菜单页面添加查询订单入口。

用参数 "orderAction"来区分不同的页面请求，当"orderAction=selectAllOrder"时，表示管理员希望查询后台所有订单信息。

（2）修改订单表操作类"OrderDao.java"，定义查询所有订单的方法 selectAllOrder，查询后台所有订单。

（3）修改 Servlet 控制器类"OrderServlet.java"，管理员通过单击菜单"订单管理"向该控制器发送请求，OrderServlet.java 获取请求后调用 OrderDao.java 类中的 selectAllOrder 方法得到所有订单信息，最终通过"orderSelect.jsp"显示商场所有订单信息。

① 分析客户请求。

② 修改 doPost()方法。

③ 响应 HTTP 查询订单请求，完成业务处理：从后台取得所有会员订单资料。

④ 转发页面至 orderSelect.jsp 页面。

（4）修改配置文件 web.xml。

（5）创建订单显示页面"orderSelect.jsp"，从 Request 中取得订单信息并显示。订单显示功能流程图如图 6.17 所示。

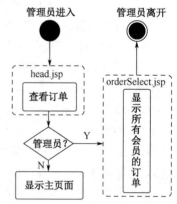

图 6.17　订单显示功能流程图

6.4.3　编程详解

1. 在菜单栏添加查询订单入口，发起 HTTP 请求

在菜单栏 head.jsp 页面添加查询订单入口链接，以实现发送订单查询请求，订单查询的链接为 "<a href="<%=/estore/OrderServlet?orderAction=selectAllOrder%>">管理订单 </a>"。

2. 订单表操作类实现

新建 cn. estore.dao 包，在包下修改类 OrderDao.java，增加用于后台订单操作方法；向类中添加 selectAllOrder 方法，实现查询商城所有订单，再组织成 List 返回。

```
/* 管理员查询会员所有订单查询
 * 输入：无
 * 输出：商城所有订单集合 List[e]，其中的 e 是 OrderEntity 对象
 */
public List selectAllOrder() {
    List list = new ArrayList();
    try {
        ps = connection.prepareStatement("select * from tb_order");
        ResultSet rs = ps.executeQuery();//获取所有订单资料
        while (rs.next()) {//循环将 rs 中的数据存至 order 对象中
            OrderEntity order = new OrderEntity();
            order.setOrderId(rs.getString(1));
            order.setName(rs.getString(2));
            order.setRealName(rs.getString(3));
            order.setAddress(rs.getString(4));
            order.setMobile(rs.getString(5));
            order.setTotalPrice(Float.valueOf(rs.getString(6)));
            order.setDeliveryMethod(rs.getString(7));
            order.setMemo(rs.getString(8));
            order.setDeliverySign(rs.getBoolean(9));
            order.setCreateTime(rs.getString(10));
            order.setPaymentmode(rs.getString(11));
            list.add(order);//将 order 对象存进 list
        }
    } catch (SQLException ex) {
        ex.printStackTrace();
    }
    return list;
}
```

3. 修改 Servlet 类 OrderServlet.java，实现业务逻辑

管理员向指定 Servlet 提交了查询请求，actionServlet 值为 "selectAllOrder" 表示管理员查看商城所有订单。

订单控制类收到页面提交的请求后，将调用 OrderDao.java 类执行查询操作，处理逻辑调用 OrderDao 类中的 selectAllOrder 方法，获得订单集合 list[orderEntity] 对象，并将对象保存至 Request 对象，再转向 orderSelect.jsp 页面显示订单。

修改 Servlet 类 "OrderServlet.java"，在 doPost() 中添加响应 orderAction 为 "orderDetail" 的代码。添加 actionServlet 值为 "orderDetail" 后的代码如下：

```
// 获取会员订单请求类别
String orderAction = request.getParameter("orderAction").toString();
……
```

```
     // orderAction= selectAllOrder，表示查看当前会员的所有订单
  if(orderAction.equals("selectAllOrder")){//查询所有订单
    List list=new ArrayList();
        String i=request.getParameter("i");
        if (i!=null)request.setAttribute("i",i);
        list=order.selectAllOrder();
  request.setAttribute("AllOrder", list);
        request.getRequestDispatcher("pages/admin/order/orderSelect.
jsp").
  forward(request, response);
      }
```

在 doPost()方法中，实现查询所有订单信息的操作，并将订单集合保存到 Request 对象的 AllOrder 属性中，代码是"request.setAttribute("AllOrder", list);"。

4．创建 orderSelect.jsp 页面

（1）新建文件夹"pages/admin/order"，新建显示所有订单页面"orderSelect.jsp"，引入实体类"OrderEntity"和"OrderDao"，代码如下：

```
<%@page import="java.util.*"%>
<%@page import="cn.estore.dao.OrderDao"%>
<%@page import="cn.estore.entity.OrderEntity"%>
```

（2）将 AllOrder 属性中的订单信息列表取出来，依次取得其中的每一个元素，呈现在页面上，完整的实现过程如下：

```
<%
    //获取当前用户所有订单
  List list = (List) request.getAttribute("AllOrder");
  //循环取得 list 中每一个订单，依次取出每个属性显示
  for (int i = start; i < over; i++) {
      OrderEntity form = (OrderEntity) list.get(i);
    ...//显示订单过程
      }
%>
```

（3）调用订单列表信息，逐条取出每个订单，依次显示。由于本节商城所有订单显示和 6.1 节中的会员订单显示完全一样，此处可参考 6.1.3 节会员订单显示页面的实现方法，代码如下：

```
<table width="99%" border="1" bordercolor="#FFFFFF" bgcolor="CCCCCC">
  <tr bgcolor="#DCDCDC">
          <!--显示订单表头-->
    </tr>
  <%
  for (int i = start; i < over; i++) {
  OrderEntity form = (OrderEntity) list.get(i);
    //循环显示 list 集合中的每一个元素
  %>
  <tr align="center" bgcolor="#FFFFFF">
  <td height="25"><%=form.getOrderId()%></td>
  <td><%=form.getRealName()%></td>
    <td>
        <%
        if (!form.getDeliverySign()) {
        %>
      否
      <% } else { %>
      是
```

```
                    <%}%>
            </td>
            <td><%=form.getCreateTime()%></td>
            <td>
             <a href="OrderServlet?orderAction=orderDetail&orderId=
                        <%=form.getOrderId()%>">详细信息
</a>
                <%
                if (form.getDeliverySign()) {
                %>
                    已发
            <% } else { %>
            <a href="OrderServlet?orderAction=despatch&orderId=
             <%=form.getOrderId()%>">
             <font color="red">
                发货
             </font>
            </a>
                <% } %> <a href="javascript:deleteOrder('<%=form.getOrderId()%>')">
删除</a>
            </td>
        </tr>
         <% } %>
    </table>
```

说明：发货状态栏显示“是”或“否”，是根据“form.getDeliverySign()”的布尔值来决定的，为真显示“是”，表示商家已经发货了，为假显示“否”，表示还没有发货。

（4）在所有订单显示页面“orderSelect.jsp”中，添加了三个管理员订单操作链接，分别是详细信息、发货、删除。

显示详细信息操作的链接是“<a href="OrderServlet?orderAction=orderDetail& orderId=<%= form.getOrderId()%>">详细信息</a>”；显示订单详细信息前面已经实现。

在发货操作中，设计了发货操作的 orderAction 的值为“despatch”，此外还传递了订单号，发货操作的链接是“<a href="OrderServlet?orderAction=despatch&orderId= <%=form.get OrderId()%>"><font color="red">发货</font></a>”，在 6.5 节将实现该功能。

删除操作的链接是“<a href="javascript:deleteOrder('<%=form.getOrderId()%>')">删除</a>”，在 6.6 节将实现该功能。

6.5　管理员发货

6.5.1　功能说明

在商家发货后，需要及时更新订单的发货状态，使会员能及时了解订单状态。

在订单查看页面，单击“发货”链接，能够更改当前订单的发货状态，使之变成“已发”，页面如图 6.18 所示。

后台-订单操作

编号	客户姓名	是否出货	订货时间	操作
2013101900260707324266	sa	是	2013-10-19 00:26:00	详细信息 已发 删除
2013102200215081998855	wangjs	是	2013-10-22 20:02:00	详细信息 已发 删除
2013102409444504504666	sa	是	2013-10-24 09:45:00	详细信息 已发 删除
2013102409454450221464	han	否	2013-10-24 09:46:00	详细信息 发货 删除
2013102420125206643855	sa	否	2013-10-24 20:14:00	详细信息 发货 删除
2014100711402202922138	1	否	2014-10-07 11:40:00	详细信息 发货 删除
2014100711490003556122	1	否	2014-10-07 11:49:00	详细信息 发货 删除
2019122708421225691119	2	否	2019-12-27 08:42:12	详细信息 发货 删除
2019122708442037058666	2	否	2019-12-27 08:44:20	详细信息 发货 删除
2019122708464864354311	2	否	2019-12-27 08:46:48	详细信息 发货 删除

共为2页	共有11条记录	当前为第1页	上一页	下一页

图 6.18　订单发货页面

6.5.2 流程分析与设计

当用户单击"发货"链接，就向控制器 orderServlet 发出更改发货状态的请求。Servlet 容器接收到客户请求后分析操作类型，执行后台处理，最终更改显示页面"orderSelect.jsp"的发货状态。

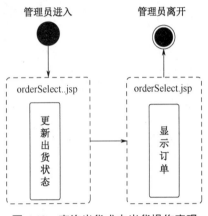

图 6.19　查询出货或未出货操作实现

发货操作的开发流程如下：

（1）添加查询入口，这一步在 6.4.3 节已经实现，设置提交参数为"orderAction"，同时传递了一个订单编号参数 orderID。

（2）数据库表操作类设计。在类 OrderDao.java 中添加方法"updateSignOrder (String orderId)"，参数是订单编号。该方法实现按订单编号修改出货状态为"已发"。

（3）修改 Servlet 处理类"OrderServlet.java"，在 doPost()方法中，调用 updateSignOrder 方法，更新订单出货状态，然后重新获取订单信息，刷新 orderSelect.jsp 页面。

按出货状态显示订单流程图如图 6.19 所示。

6.5.3 编程详解

（1）在商城所有订单显示页面"orderSelect.jsp"添加查询入口。

（2）为 OrderDao.java 添加方法"updateSignOrder(String orderId)"。

该方法的参数是订单编号，方法按订单编号修改出货状态为"已发"，代码如下：

```
// 出货操作
public void updateSignOrder(String orderId) {
    try {
        ps = connection.prepareStatement(
            "update  tb_order  set  delivery_sign='true'  where
order_id=?");
        ps.setString(1, orderId);
        ps.executeUpdate();
        ps.close();
    } catch (SQLException ex) {
            ex.printStackTrace();}}
```

（3）修改 OrderServlet.java，在 doPost()中添加响应 orderAction 为"despatch"的代码。

订单控制类 OrderServlet.java 获取页面提交的请求参数 orderAction，若参数值为 despatch，则表明是要执行更改出货状态操作。此时将调用 OrderDao.java 执行业务处理，调用 updateSignOrder 方法来更改订单状态，并将更新后的订单信息保存到 Requset 对象中。最后执行流程跳转到"orderSelect.jsp"显示订单信息，代码如下：

```
//orderAction=despatch 表示显示查询已发货或未发货订单
if(orderAction.equals("despatch")){//根据获取的 orderId 出货
    List list=new ArrayList();
    String i=request.getParameter("i");
    if (i!=null)request.setAttribute("i",i);
    //更改出货状态
```

```
    order.updateSignOrder(request.getParameter("orderId").toString());
     list=order.selectAllOrder();//所有订单重新读取继续显示
    request.setAttribute("AllOrder", list);
    request.getRequestDispatcher("pages/admin/order/orderSelect.jsp").
                              forward(request, response);
  }
```

将更新过出货状态的所有订单信息存储到 AllOrder 属性中，以供订单显示。

（4）显示页面实现。此步操作在 6.4.3 中已经实现，此处略。

6.6　管理员删除订单

6.6.1　功能说明

若用户要求撤销订单或其他情况下，则需要及时删除无效订单。在"显示订单"页面，单击"删除"链接将删除当前订单，删除执行后跳转到视图页面"orderSelect.jsp"。

6.6.2　流程分析与设计

管理员所有订单查看页面有"删除"链接，代码是"<a href="javascript:deleteOrder('<%=form.getOrderId()%>')">删除</a>"。当用户单击"删除"链接，将调用函数"deleteOrder"完成删除操作。

删除订单操作的主要流程如下：

（1）添加删除入口。

（2）在 OrderDao.java 中添加方法"deleteOrder(String orderId)"。方法的参数是删除订单的编号。

（3）修改 Servlet 处理类"OrderServlet.java"，在 doPost()方法中调用 deleteOrder 方法，删除指定订单，执行成功后跳转到 orderSelect.jsp 页面。

6.6.3　编程详解

（1）添加删除链接入口。

```
<script Language="JavaScript">
   function deleteOrder(orderID) {
    if (confirm("确定要删除吗？")) {
     window.location =
           "OrderServlet?orderAction=deleteOrder&orderId="+orderID;
    }
    }
</script>
```

deleteOrder 函数内部向控制器 orderServlet 发出删除订单号为 orderID 的操作请求。

（2）为 OrderDao.java 中添加方法"deleteOrder(String orderId)"。

```
   // 删除订单(删除订单前必须先删除订单明细)
   public boolean deleteOrder(String orderId) {
```

```
        //删除订单明细
    OrderItemDao orderItem=new OrderItemDao();
    orderItem.deleteOrderItems(orderId);
    try {
        ps = connection.prepareStatement(
                    "delete from tb_order where order_id=?");
ps.setString(1, orderId);
        //删除订单
        ps.executeUpdate();
        ps.close();
        return true;
    } catch (SQLException ex) {
        return false;
    }
}
```

（3）修改前述已生成的 Servlet 类"OrderServlet.java"，在 doPost()中添加响应 orderAction 为"deleteOrder"的代码，执行业务逻辑，代码如下：

```
//orderAction=deleteOrder 表示删除订单
    // 删除订单(删除订单前必须先删除订单明细)
    public boolean deleteOrder(String orderId) {
        OrderItemDao orderItem=new OrderItemDao();
        orderItem.deleteOrderItems(orderId);
        try {
            ps = connection.prepareStatement(
                    "delete from tb_order where order_id=?");
            ps.setString(1, orderId);
            ps.executeUpdate();
            ps.close();
            return true;
        } catch (SQLException ex) {
            return false;
        }
    }
}
```

（4）显示页面"orderSelect.jsp"实现。此步操作在 6.4.3 中已经完成，此处省略。

6.7　Servlet 知识总结

6.7.1　Servlet 的生命周期

Servlet 的生命周期始于将它装入 Web 服务器的内存时，并在终止运行或重新装入 Servlet 时销毁。

（1）初始化阶段，主要包括以下 4 个步骤：

① 当 Web 客户请求 Servlet 服务或当 Web 服务器启动时，窗口加载 Servlet 类。

② Servlet 容器创建 ServletConfig 对象，用于配置 Servlet 初始化信息。

③ Servlet 容器创建一个 Servlet 对象。

④ Servlet 窗口调用 Servlet 对象的初始化方法 init()进行初始化，并且需要给 init()方法传一个 ServletConfig 对象。该对象包含了初始化参数，并且负责向 Servlet 窗口传递数据；若传送失败，Servlet 将无法工作。

（2）请求处理阶段。对于到达服务器的用户请求，服务器可以随时响应请求；Servlet 容器会创建特定于请求的一个"请求"对象 ServletRequest 和一个"响应"对象 ServletResponse，在 ServletRequst 对象中封装了用户的请求信息。

然后，Servlet 容器把 ServletRequst 和 ServletResponse 对象传给用户所请求的 Servlet。

调用 Servlet 的 service()方法，该方法用于传递"请求"和"响应"对象。service()方法接收 ServletRequest 对象和 ServletResponse 对象；service()方法可以调用其他方法来处理请求，例如，doGet()、doPost()或其他的方法。Servlet 把处理好的结果写在 ServletResponse 中，然后 Servlet 容器把响应结果传给客户机。

（3）销毁阶段。当服务器不再需要 Servlet，或重新装入 Servlet 的新实例时，服务器会调用 Servlet 的 destroy()方法，释放占用资源。

> **说明：** 在 Servlet 生命周期中，Servlet 的初始化和销毁阶段只会发生一次，而 service 方法执行的次数则取决于 Servlet 被客户端访问的次数。

6.7.2　Java Servlet API

Servlet 是运行在服务器端的 Java 应用程序，由 Servlet 容器负责对其管理，当用户对容器发送 HTTP 请求时，容器通知相应的 Servlet 对象处理，以完成客户机和服务器间的交互，Servlet API 提供了标准的接口与类，以支持上述操作。

1. Servlet 接口

Servlet 容器通过调用 Servlet 对象提供的标准 API 接口，实现用户和服务器间的交互。在 Servlet 开发中，任何一个 Servlet 对象都要访问 "javax.servlet"。Servlet 核心接口，可能直接也可能间接访问。该接口中主要有 5 个方法，如表 6.1 所示。

表 6.1　Servlet 接口方法

方　　法	说　　明
public void init(ServletConfig config)	Servlet 初始化
public void service(ServletRequest request, ServletResponse response)	处理用户请求
public ServletConfig getServletConfig()	返回获取的 Servlet 配置信息
Public String getServletInfo()	返回有关 Servlet 信息
public void destroy()	销毁对象、释放资源

（1）init()方法。在 Servlet 的生命期中，仅执行一次 init()方法。它是在服务器装入 Servlet 时执行的。可以配置服务器，以在启动服务器或会员机首次访问 Servlet 时装入 Servlet。无论有多少客户机访问 Servlet，都不会重复执行 init()。

默认的 init()方法通常是符合要求的，但也可以用定制 init()方法来覆盖它，典型的是管理服务器端资源。例如，可能编写一个定制 init()方法来只用于一次装入 GIF 图像，改进 Servlet 返回 GIF 图像和含有多个客户机请求的性能。另一种情况是初始化数据库连接。默认的 init()方法设置了 Servlet 的初始化参数，并用它的 ServletConfig 对象参数来启动配置，因此所有覆盖 init() 方法的 Scrvlet 应调用 super.init()以确保仍然执行这些任务。在调用 service()方法之前，应确保已完成了 init()方法。

（2）service()方法。service()方法是 Servlet 的核心。每当一个用户请求一个 HttpServlet 对象，该对象的 service()方法就要被调用，而且传递给这个方法一个"请求"（ServletRequest）对象和一个"响应"（ServletResponse）对象作为参数。在 HttpServlet 中已存在 service()方法。默认的服务功能是调用与 HTTP 请求的方法相应的 do 功能。例如，如果 HTTP 请求方法为 Get，则默认情况下就调用 doGet()。Servlet 应该为 Servlet 支持的 HTTP 方法覆盖 do 功能。因为 HttpServlet.service()方法会检查请求方法是否调用了适当的处理方法，不必要覆盖 service() 方法。只需覆盖相应的 do 方法就可以了。

① 当一个用户通过 HTML 表单发出一个 HTTP Post 请求时，doPost()方法被调用。与 Post 请求相关的参数作为一个单独的 HTTP 请求从浏览器发送到服务器。当需要修改服务器端的数据时，应该使用 doPost()方法。

② 当一个用户通过 HTML 表单发出一个 HTTP Get 请求或直接请求一个 URL 时，doGet() 方法被调用。与 Get 请求相关的参数被添加到 URL 的后面，并与这个请求一起发送。当不会修改服务器端的数据时，应该使用 doGet()方法。

Servlet 的响应可以是下列几种类型：

● 一个输出流，浏览器根据它的内容类型（如 text/HTML）进行解释。

● 一个 HTTP 错误响应，重定向到另一个 URL、Servlet、JSP。

（3）GetServletConfig()方法。GetServletConfig()方法返回一个 ServletConfig 对象，该对象用来返回初始化参数和 ServletContext。ServletContext 接口提供有关 Servlet 的环境信息。

（4）GetServletInfo()方法。GetServletInfo()方法是一个可选的方法，它提供有关 Servlet 的信息，如作者、版本、版权。

当服务器调用 Servlet 的 Service()、doGet()和 doPost()这三个方法时，均需要"请求"和"响应"对象作为参数。"请求"对象提供有关请求的信息，而"响应"对象提供了一个将响应信息返回给浏览器的一个通信途径。javax.servlet 包中的相关类为 ServletResponse 和 ServletRequest，而 javax.servlet.http 包中的相关类为"HttpServletRequest"和"HttpServletResponse"。Servlet 通过这些对象与服务器通信并最终与客户机通信。Servlet 能通过调用"请求"对象的方法获知客户机环境，服务器环境的信息和所有由客户机提供的信息。Servlet 可以调用"响应"对象的方法发送响应，该响应是准备发回客户机的。

（5）destroy()方法。destroy()方法仅执行一次，即在服务器停止且卸载 Servlet 时执行该方法。一般将 Servlet 作为服务器进程的一部分来关闭。默认的 destroy()方法通常是符合要求的，但也可以覆盖它，典型的是管理服务器端资源。例如，如果 Servlet 在运行时会累计统计数据，则可以编写一个 destroy()方法，该方法用于在未装入 Servlet 时将统计数字保存在文件中。另一个示例是关闭数据库连接。

当服务器卸载 Servlet 时，将在所有 service()方法调用完成后，或在指定的时间间隔过后调用 destroy()方法。一个 Servlet 在运行 service()方法时可能会产生其他的线程，因此请确认在调用 destroy()方法时，这些线程已终止或完成。

2. GenericServlet 抽象类

GenericServlet 没有实现 service()方法，只是抽象类，由于编写 Servlet 对象时必须实现

javax.servlet. Servlet 接口中的 5 个方法，非常不方便，GenericServlet 抽象类为 Servlet 接口提供了通用实现，它与任何网络应用层协议无关。GenericServlet 类除了实现 Servlet 接口，还实现了 ServletConfig 接口和 Serializable 接口，原型是 "public abstract class GenericServlet implements Servlet, ServletConfig,java.io.Serializable"。

3. HttpServlet 抽象类

HttpServlet 是 GenericServlet 抽象类的子类，虽然 GenericServlet 为 Servlet 接口提供了通常实现，但是对处理 Servlet 的 HTTP 协议请求，仍然不方便；HttpServlet 对 GenericServlet 抽象类进行了扩展，为 HTTP 请求提供了更加便捷的方法。

HttpServlet 仍然是抽象类，扩展该类可以创建一个适合 HttpServlet 的网站，为 HTTP1.1 中定义的 7 种请求提供了相应的方法，一个扩展 HttpServlet 的子类，必须重写至少一个方法：

（1）doGet()：用于支持 HTTP 的 Get 请求的方法。

（2）doPost()：用于 HTTP 的 Post 请求的方法。

（3）doPut()：用于 HTTP 的 Put 请求的方法。

（4）doDelete()：用于 HTTP 的 Delete 请求的方法。

（5）init()和 destroy()：管理保持 Servlet 生命周期信息的资源。

（6）getServletInfo()：提供 Servlet 自身的信息。

（7）doOptions()方法和 doTrace()方法有简单的实现，不需要重写。

4. HttpServletRequest 接口

该接口位于 javax.servlet.http 包中，HttpServletRequest 是专用于 HTTP 协议接口 javax. servlet.ServletRequest 子接口，它用于封装 HTTP 请求消息。同 HttpServletResponse 一样，在 service()方法内部调用 HttpServletRequest 对象的各种方法来获取请求消息，常用的方法有：

（1）getQueryString 方法：返回请求行中的参数部分。

（2）getContextPath 方法：返回请求资源所属于的 Web 应用程序的路径。

（3）getPathInfo 方法：返回请求 URL 中的额外路径信息。额外路径信息是请求 URL 中的位于 Servlet 的路径之后和查询参数之前的内容，它以"/"开头；getPathTranslated 方法返回 URL 中的额外路径信息所对应的资源的真实路径。

（4）getRequestURI 方法：返回请求行中的资源名部分。

（5）getServletPath 方法：返回 Servlet 的名称或 Servlet 所映射的路径。

（6）getRequestURL 方法：返回客户端发出请求时的完整 URL。

5. HttpServletResponse 接口

（1）addCookie。

public void addCookie(Cookie cookie)：在响应中增加一个指定的 Cookie。

（2）sendRedirect。

public void sendRedirect(String location) throws IOException：使用给定的绝对 URL 路径，给客户端发出一个临时转向的响应，调用这个方法后，响应立即被提交。

（3）setHeader。

public void setHeader(String name, String value)：用一个给定的名称和域设置响应头。如果响应头已经被设置，新的值将覆盖当前的值。

（4）setStatus。

public void setStatus(int statusCode)：这个方法设置了响应的状态码，如果状态码已经被设置，新的值将覆盖当前的值。

6．ServletConfig 接口

该接口位于 javax.servlet 包中，封闭了 Servlet 的初始化参数信息。每个 Servlet 仅有一个 ServletConfig 对象。

6.7.3 创建 Servlet 的简单实例

（1）创建一个 Servlet 类，通常涉及下列 4 个步骤：

① 扩展 HttpServlet 抽象类。

② 重载适当的方法，如覆盖（或称为重写）doGet()或 doPost()方法。

③ 如果有 HTTP 请求信息，则获取该信息。

用 HttpServletRequest 对象来检索 HTML 表格所提交的数据或 URL 上的查询字符串。"请求"对象含有特定的方法以检索客户机提供的信息，有以下 3 个可用的方法：

- getParameterNames();
- getParameter();
- getParameterValues()。

④ 生成 HTTP 响应。HttpServletResponse 对象生成响应，并将它返回到发出请求的客户机上。它的方法允许设置"请求"标题和"响应"主体。"响应"对象还含有 getWriter()方法以返回一个 PrintWriter 对象。使用 PrintWriter 的 print()和 println()方法以编写 Servlet 响应来返回给会员机。或者，直接使用 out 对象输出有关 HTML 文档内容。

（2）一个 Servlet 的简单实例（ServletSample.java）。

```java
import java.io.*;
import java.util.*;
import javax.servlet.*;
import javax.servlet.http.*;
    // 第一步：扩展 HttpServlet 抽象类
    public class ServletSample extends HttpServlet {
    // 第二步：重写 doGet()方法
    public void doGet (HttpServletRequest request,
     HttpServletResponse response)throws ServletException, IOException {
    String myName = "";
    // 第三步：获取 HTTP 请求信息
    java.util.Enumeration keys = request.getParameterNames();
    while (keys.hasMoreElements());
    {
      key = (String) keys.nextElement();
      if (key.equalsIgnoreCase("myName"))
        myName = request.getParameter(key);
    }
    if (myName == "")
        myName = "Hello";
    // 第四步：生成 HTTP 响应
    response.setContentType("text/html");
    response.setHeader("Pragma", "No-cache");
    response.setDateHeader("Expires", 0);
    response.setHeader("Cache-Control", "no-cache");
  out.println("<head><title>Just a basic servlet</title></head>");
    out.println("<body>");
    out.println("<h1>Just a basic servlet</h1>");
```

```
out.println ("<p>" + myName + ", this is a very basic servlet
              that writes an HTML page.");
out.println ("<p>For instructions on running those samples on your
              Tomcat 应用服务器, "+"open the page:");
out.println("</body></html>");
out.flush();      }
}
```

上述 ServletSample 类扩展 HttpServlet 抽象类、重写 doGet()方法。在重写的 doGet()方法中，获取 HTTP 请求中的一个任选的参数（myName），该参数可作为调用的 URL 上的查询参数传递到 Servlet。

6.7.4　Servlet 的配置

正常运行 Servlet 程序还需要进行适当的配置，配置文件为 web.xml。下面介绍 Servlet 在文件"web.xml"中的配置。

（1）Servlet 的名称、类和其他选项的配置。在 web.xml 文件中配置 Servlet 时，首先必须指定 Servlet 的名称、Servlet 类的路径，还可选择性地给 Servlet 添加描述信息，并且指定在发布时显示的名称和图标。具体实现代码如下：

```
<servlet>
  <description>Order Controller</description>
  <display-name>Order Controller </display-name>
  <servlet-name>OrderServlet</servlet-name>
  <servlet-class>cn.estore.servlet.OrderServlet </servlet-class>
</servlet>
```

代码说明：

<description>和</description>元素之间的内容是 Servlet 的描述信息，<display-name>和</display-name>元素之间的内容是发布时 Servlet 的名称，<servlet-name>和</servlet-name>元素之间的内容是 Servlet 的名称，<servlet-class>和</servlet-class>元素之间的内容是 Servlet 类的路径。

（2）初始化参数。Servlet 可以配置一些初始化参数，代码如下：

```
<servlet>
  <init-param>
    <param-name>number</param-name>
    <param-value>1000</param-value>
  </init-param>
</servlet>
```

代码说明：

指定 number 的参数值是 1000。在 Servlet 中可以通过在 init()方法体中调用 getInitParameter()方法进行访问。

（3）Servlet 的映射。在 web.xml 配置文件中可以给一个 Servlet 做多个映射，因此可以通过不同的方法访问这个 Servlet，其实现代码如下：

```
<servlet-mapping>
   <servlet-name> OrderServlet </servlet-name>
   <url-pattern> /OrderServlet </url-pattern>
</servlet-mapping>
```

代码说明：指定名称为 OrderServlet 的 Servlet 的映射路径为 "/OrderServlet"。

6.7.5 调用 Servlet

要调用 Servlet 或 Web 应用程序，可以使用下列任一种方法：由 URL 调用 Servlet、在<FORM>标签中调用 Servlet、在 <SERVLET>标签中调用或在 JSP 文件中调用等，下面简单介绍前两种。

（1）由 URL 调用 Servlet。这里介绍两种用 Servlet 的 URL 从浏览器中调用该 Servlet 的方法。

① 指定 Servlet 名称：当用 Web 应用服务器来将一个 Servlet 实例添加（注册）到服务器配置中时，必须指定 "Servlet 名称" 参数的值。例如，可以指定将 "hi" 作为 "HelloWorld Servlet" 的名称。要调用该 Servlet，需打开 "http://servername/servlet/hi"。也可以指定 Servlet 和类使用同一名称（HelloWorldServlet）。在这种情况下，将由 "http://servername/servlet/ HelloWorldServlet" 来调用 Servlet 的实例。

② 指定 Servlet 别名：用 Web 应用服务器来配置 Servlet 别名，该别名是用于调用 Servlet 的快捷 URL，更详细的内容请参考相关技术文档。

（2）在<FORM>标签中调用 Servlet。可以在<FORM>标签中调用 Servlet。HTML 格式使用户能在 Web 页面（即从浏览器）上输入数据，并向 Servlet 提交数据。例如：

```
<FORM METHOD="GET" ACTION="/servlet/myservlet">
<OL>
  <INPUT TYPE="radio" NAME="broadcast" VALUE="am">AM <BR>
  <INPUT TYPE="radio" NAME="broadcast" VALUE="fm">FM <BR>
</OL>
（用于放置文本输入区域的标记、按钮和其他的提示符）
</FORM>
```

ACTION 特性表明了用于调用 Servlet 的 URL。关于 METHOD 的特性，如果用户输入的信息是通过 Get 方法向 Servlet 提交的，则 Servlet 使用 doGet()方法处理请求。反之，如果用户输入的信息是通过 Post 方法向 Servlet 提交的，则 Servlet 使用 doPost()方法处理请求。使用 Get 方法时，用户提供的信息是查询字符串表示的 URL 编码，无须对 URL 进行编码，因为这是由表单完成的。然后 URL 编码的查询字符串被附加到 Servlet URL 中，则整个 URL 提交完成。URL 编码的查询字符串将根据用户与可视部件之间的交互操作，将用户所选的值同可视部件的名称进行配对。例如，考虑前面的 HTML 代码段将用于显示按钮（标记为 am 和 fm），如果用户选择 "fm" 按钮，则查询字符串将包含 "NAME=VALUE" 的配对操作为 "broadcast=fm"。因为在这种情况下，Servlet 将响应 HTTP 请求，因此 Servlet 应基于 HttpServlet 类。Servlet 应根据提交给它的查询字符串中的用户信息使用的 Get 或 Post 方法，而相应使用 doGet() 或 doPost() 方法。

6.7.6 Servlet 调用匹配规则

当一个请求发送到 Servlet 容器的时候，容器先会将请求的 URL 减去当前应用上下文的路径作为 Servlet 的映射 URL，比如想要访问的是 "http://localhost/test/index.html"，而应用的上下文是 test，容器会将 "http://localhost/test" 去掉，剩下的 "/index.html" 部分拿来做 Servlet 的映射匹配。这个映射匹配过程是有顺序的，而且当有一个 Servlet 匹配成功以后，就不会去理会剩下的 Servlet 了。其匹配规则和顺序如下：

（1）精确路径匹配。比如 ServletA 的 url-pattern 为 "/test"，ServletB 的 url-pattern 为 "/*"，这个时候，若访问的 URL 为 "http://localhost/test"，这个时候容器就会先进行精确路径匹配，发现 "/test" 正好被 ServletA 精确匹配，那么就去调用 ServletA，而不会去理会其他的 Servlet 了。

（2）最长路径匹配。ServletA 的 url-pattern 为"/test/*"，而 ServletB 的 url-pattern 为"/test/a/*"，此时访问"http://localhost/test/a"，容器会选择路径最长的 Servlet 来匹配，也就是这里的 ServletB。

（3）扩展匹配。如果 URL 最后一段包含扩展名，容器将会根据扩展名选择合适的 Servlet。如 ServletA 的 url-pattern 为"*.action"。当访问路径以".action"结尾则该 Servlet 被调用。

（4）如果前面都没有匹配成功，则容器会让 Web 应用程序来调用默认 Servlet 处理请求。如果没有定义默认 Servlet，容器将向客户端发送 404（请求资源不存在）错误信息。

练习题

一、选择题

1. HttpServlet 的子类要从 HTTP 请求中获得请求参数，应该调用下列哪个方法？（   ）
   - A. 调用 HttpServletRequest 对象的 getAttribute()方法
   - B. 调用 servletContext 对象的 getAttribute()方法
   - C. 调用 HttpServletRequest 对象的 getHaramter()方法
   - D. 调用 HttpServletRequest 对象的 getHeader()方法

2. 当 Servlet 容器初始化一个 Servlet 时，需要完成下列哪些操作？（   ）
   - A. 把 web.xml 文件中的数据加载到内存中
   - B. 把 Servlet 类的 class 文件中的数据加载到内存中
   - C. 创建一个 ServletConfig 对象
   - D. 调用 Servlet 对象的 init()方法
   - E. 调用 Servlet 对象的 service()方法
   - F. 创建一个 Servlet 对象

3. 当 Servlet 容器销毁一个 Servlet 时，会销毁（   ）对象。
   - A. Servlet 对象
   - B. 与 Servlet 对象相关联的 ServletConfig 对象
   - C. ServletContext 对象
   - D. ServletRequest 对象和 ServletResponse

4. 在 Web 应用中包含这样一段逻辑：
   ```
   if(用户尚未登录){
       把请求转发给 login.jsp 登录页面；
   }
   else{
   把请求转发给 shoppingcart.jsp 购物车页面；
   }
   ```
   以上逻辑应该由 MVC 的（   ）模块来实现。
   - A. 视图　　　　　　　B. 控制器　　　　　　　C. 模型

5. 在 Web 应用中包含这样一段逻辑：
   ```
   if(购物车为空){
       用红色字体显示文本"购物车为空"；
   }
   else{
   显示购物车中的所有内容；
   }
   ```
   以上逻辑应该由 MVC 的（   ）模块来实现。
   - A. 视图　　　　　　　B. 控制器　　　　　　　C. 模型

6. 下列关于 Servlet 的说法中，正确的是（　　）。

    A. Servlet 是运行在服务器端的小插件

    B. 当会员请求访问某个 Servlet 时，服务器就把特定的 Servlet 类源代码发送至浏览器，由浏览器来编译并运行 Servlet

    C. Tomcat 是目前唯一能运行 Servlet 的服务器，其他服务器如果希望运行 Servlet 就必须与 Tomcat 集成

    D. Servlet 规范规定，标准 Servlet 接口有 service()方法，它有两个参数，分别为 ServletRequest 和 ServletResponse 类型

7. 假设在 helloapp 应用中有一个 HelloServlet 类，它位于 myPack 包中，那么这个类的.class 文件的存放路径应该是（　　）。

    A. helloapp/HelloServlet.class

    B. helloapp/WEB-INF/HelloServlet.class

    C. helloapp /WEB-INF/classes/HelloServlet.class

    D. helloapp /WEB-INF/classes/myPack/HelloServlet.class

8. 假设在 helloapp 应用中有一个 HelloServlet 类，它位于 myPack 包中，它在 web.xml 中的配置如下：

```
<servlet>
    <servlet-name>HelloServlet</servlet-name>
    <servlet-class>myPack.HelloServlet</servlet-class>
</servlet>
<servlet-mapping>
    <servlet-name>HelloServlet</servlet-name>
    <url-pattern>/hello</url-pattern>
</servlet-mapping>
```

在浏览器中访问 HelloServlet 的 URL 是（　　）。

    A. http://localhost:8080/HelloServlet

    B. http://localhost:8080/helloapp/HelloServlet

    C. http://localhost:8080/ helloapp/myPack.HelloServlet

    D. http://localhost:8080/helloapp/hello

二、简答题

1. 下述 web.xml 文件代码，请补全 doPost 方法，输出两个 Servlet 初始化参数的值。

```
<?xml version="1.0" encoding="UTF-8"?>
<web-app>
  <servlet>
    <servlet-name>getdataservlet</servlet-name>
    <servlet-class>com.wy.servlet.GetDataServlet</servlet-class>
    <init-param>
      <param-name>a</param-name>
      <param-value>1</param-value>
    </init-param>
    <init-param>
      <param-name>b</param-name>
      <param-value>2</param-value>
    </init-param>
  </servlet>
  <servlet-mapping>
    <servlet-name> getdataservlet </servlet-name>
    <url-pattern>/myFirstServlet</url-pattern>
  </servlet-mapping>
</web-app>
public class GetDataServlet extends HttpServlet {
public void doPost(HttpServletRequest request, HttpServletResponse response)
    throws ServletException, IOException {
```

```
    PrintWriter out = response.getWriter();
  }}
```

2．简述 Servlet 与 Servlet 之间，以及 Servlet 与 JSP 之间是如何实现通信的。

3．JSP 和 Servlet 是什么关系？各有什么优点？

4．MVC 开发模式的优点是什么？

5．利用 MVC 模式改写"商品展示"模块。

三、操作题

为 E-STORE 电子商城的订单模块增加"商品销量排行"功能。

第 7 章

使用过滤器实现用户授权验证

本章要点：

- ◆ Servlet 过滤器开发技术
- ◆ 用户授权验证功能模块设计与实现
- ◆ Servlet 过滤器技术特性分析
- ◆ Servlet 过滤器的典型应用

7.1　使用 Servlet 过滤器实现用户授权验证功能

7.1.1　Servlet 过滤器实现用户登录验证功能说明

我们知道，用户首次登录后都会在 Session 中留下相应的用户对象作为标志，在以后的操作中，如果需要验证用户是否处于登录状态，只需要在相应的 JSP 或者 Servlet 中查看相应的 Session即可。但是如果在每个页面或 Servlet 中都添加身份验证的代码显然会对编程造成很大的麻烦，也会增加多余的代码。而 Servlet 过滤器可以截取从客户端发送到服务器的请求，并做出处理答复。它的主要功能是验证用户是否来自可信的网络、对用户提交的数据重新编码、从系统里获取配置的信息、过滤掉用户某些不应该出现的词汇、验证用户是否已经登录、可以验证客户端的浏览器是否支持当前的应用等。

7.1.2　Servlet 过滤器用户登录验证模块设计

建立一个过滤器涉及下列 5 个步骤：

（1）建立一个实现 Filter 接口的类。这个类需要实现 3 个方法，分别是 doFilter、init 和destroy。doFilter 方法包含相关的逻辑代码，利用 init 方法进行初始化操作，利用 destroy 方法进行清除操作。

（2）在 doFilter 方法中增加过滤代码。doFilter 方法的第一个参数为 ServletRequest 对象。此对象给过滤器提供了对请求对象（包括表单数据、Cookie 和 Http 请求头）的完全访问。第二个参数为 ServletResponse，通常在简单的过滤器中忽略此参数。最后一个参数为 FilterChain，此参数用来调用过滤器链上下一个过滤器或 JSP 页。

（3）调用 FilterChain 对象的 doFilter 方法。Filter 接口的 doFilter 方法获取一个 FilterChain对象作为它的一个参数。在调用此对象的 doFilter 方法时，激活下一个相关的过滤器。如果没有另一个过滤器，则 Servlet 或 JSP 页面被激活。

（4）对相应的 Servlet 和 JSP 页面注册过滤器。在部署描述符文件（web.xml）中使用 filter

和 filter-mapping 元素。

过滤器应用控制流程图如图 7.1 所示。

图 7.1　过滤器应用控制流程图

7.1.3　Servlet 过滤器用户登录验证模块实现

第一步：创建过滤器 SessionFilter，在 cn.estore.servlet 包中，执行"New"命令，创建一个 class 文件，单击"Add…"按钮，增加过滤器接口"javax.servlet.Filter"。创建 Servlet 过滤器界面如图 7.2 所示。

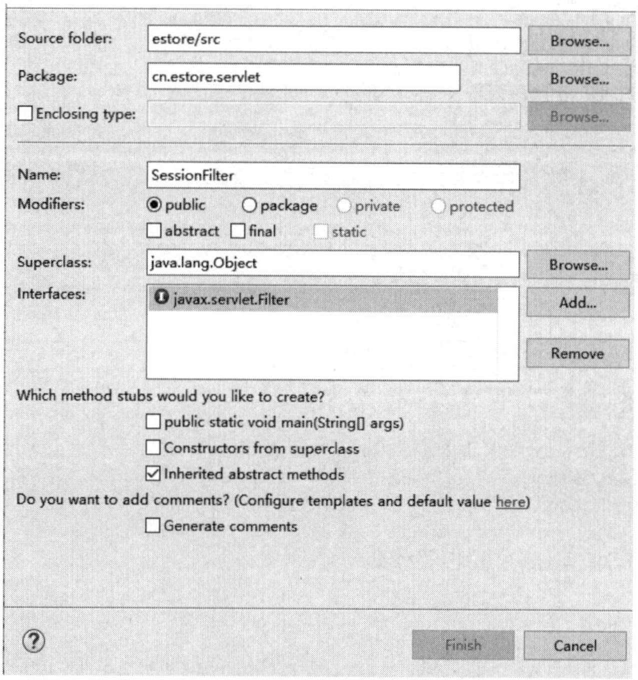

图 7.2　创建 Servlet 过滤器界面

打开 cn. estore.servlet 包，默认生成的类"SessionFilter.java"，代码如下所示：

```
package cn.estore.servlet;
import java.io.IOException;
import javax.servlet.Filter;
import javax.servlet.FilterChain;
import javax.servlet.FilterConfig;
import javax.servlet.ServletException;
import javax.servlet.ServletRequest;
import javax.servlet.ServletResponse;

public class SessionFilter implements Filter {
  public void destroy() {
      // TODO Auto-generated method stub
  }
```

```
    public void doFilter(ServletRequest arg0, ServletResponse arg1,
            FilterChain arg2) throws IOException, ServletException {
        // TODO Auto-generated method stub
    }
  public void init(FilterConfig arg0) throws ServletException {
        // TODO Auto-generated method stub
    }
  }
```

第二步：在 SessionFilter 中定义 FilterConfig 对象，添加 init 和 destory 方法，管理其生命周期。新定义 FilterConfig 类型的对象"config"，为其生成 Get/Set 方法，添加的代码如下：

```
public FilterConfig config;//配置参数对象
public void setFilterConfig(FilterConfig config) {
   this.config = config;
}
public FilterConfig getFilterConfig() {
   return config;
}
```

添加 init()方法和 destory()方法，添加的代码如下：

```
public void destroy() {
   this.config = null;
}

public void init(FilterConfig filterConfig) throws ServletException {
   this.config = filterConfig;
}
```

第三步：在 doFilter 方法中增加过滤相关代码。

在添加过滤业务逻辑前，先导入下述三个包：

```
import javax.servlet.http.HttpServletRequest;
import javax.servlet.http.HttpServletResponse;
import javax.servlet.http.HttpServletResponseWrapper;
```

修改 doFilter 方法，添加过滤相关代码：

```
//在 doFilter 方法中放入过滤行为
public void doFilter(ServletRequest request, ServletResponse response,
FilterChain chain) throws IOException, ServletException {
   HttpServletRequest httpreq = (HttpServletRequest) request;
   HttpServletResponse httpres = (HttpServletResponse) response;
   HttpServletResponseWrapper wrapper = new HttpServletResponseWrapper
((Http- ServletResponse) response);
       //通过配置参数对象 config 获取配置信息中的初始化参数"loginstrings"（需要过滤
的页面）
   String loginStrings = config.getInitParameter("logonStrings");
       //获取配置信息中的初始化参数"includeStrings"（需要过滤的页面！）
   String includeStrings = config.getInitParameter("includeStrings");
     //没有登录则需要重定向到的页面
   String redirectPath = httpreq.getContextPath() + config.getInitParameter
("redirectPath");
     //过滤器测试过滤行为，disabletestfilter 初始值为"N"
   String disabletestfilter = config.getInitParameter("disabletestfilter");
   if (disabletestfilter.toUpperCase().equals("Y")) {
     chain.doFilter(request, response);
     return;
```

```
          }
       String[] logonList = logonStrings.split(";");
       String[] includeList = includeStrings.split(";");
   Object user = httpreq.getSession().getAttribute("user");//获取 Session
中的用户对象
       Object manager=httpreq.getSession().getAttribute("manager");//获取
Session 中管理员用户对象
       if (user == null&&manager==null) {
         if (!this.isContains(httpreq.getRequestURI(), includeList)) {
          chain.doFilter(request, response);
          return;
         }
         if (this.isContains(httpreq.getRequestURI(), logonList)) {
          chain.doFilter(request, response);
          return;
         }
         wrapper.sendRedirect(redirectPath);
       } else {
         chain.doFilter(request, response);
       }
     }
```

在 SessionFilter 的过滤器中定义了 4 个初始化参数 loginStrings、includeStrings、redirectPath、disabletestfilter,配置在 web.xml 中的 4 个参数值,通过 Config 类中的 getInitParamenter()方法获得。

在 doFilter 方法中,还涉及字符串比较方法 "isContains(String container, String[] regx)",该方法判断 container 是否包含在 regx 中。在 SessionFilter.java 类中添加方法 "isContains",代码如下:

```
   public static boolean isContains(String container, String[] regx) {
   //字符串比较函数, 判断 container 是否包含在 regx 中
   boolean result = false;
   for (int i = 0; i < regx.length; i++) {
   if (container.indexOf(regx[i]) != -1) {
      return true;
     }
   }
   return result;
   }
```

第四步:对相应的 Servlet 和 JSP 页面注册过滤器。修改部署描述符文件(web.xml),在 <web-app>和</web-app>元素间添加 filter 元素和 filter-mapping 元素。

```
   <filter>
     <filter-name>SessionFilter</filter-name>
     <filter-class>cn.estore.servlet.SessionFilter</filter-class>
     <init-param>
       <param-name>loginStrings</param-name>
         <param-value>index.jsp;main.jsp;productsSoldRank.jsp;
           showCategory.jsp;showFindProductsByName.jsp;
           showProductDiscount.jsp;showProductOriginal.jsp,
          userLoginResult.jsp;userRegister.jsp;userRegisterResult.jsp
         </param-value>
     </init-param>
     .
     .
     .
   </filter>
   <filter-mapping>
     <filter-name>SessionFilter</filter-name>
```

```
    <url-pattern>/*</url-pattern>
</filter-mapping>
...
```

在<filter>元素中包含两个必要的子元素<filter-name>和<filter-class>，<filter-name>用来定义过滤器的名称为 SessionFilter，<filter-class>定义过滤器实现类，它的完整路径为"cn.estore.servlet.SessionFilter"；子元素<init-parm>用于设置过滤器的初始化参数，其中又包含子元素<param-name>与<param-value>，其中<param-name>元素用于声明初始化参数的名称，而<param-value>用于指定初始化参数的值。

完整的 web.xml 文件代码如下：

```xml
<?xml version="1.0" encoding="UTF-8"?>
<web-app version="2.5" xmlns="http://java.sun.com/xml/ns/javaee"
xmlns:xsi="http://www.w3.org/2001/XMLSchema-instance"
xsi:schemaLocation="http://java.sun.com/xml/ns/javaee
http://java.sun.com/xml/ns/javaee/web-app_2_5.xsd">
<welcome-file-list>
    <welcome-file>pages/product/main.jsp</welcome-file>
</welcome-file-list>
<!-- Servlet 配置文件，告知容器哪个请求由哪个 Servlet 对象处理 -->
<servlet>
    <description>OrderContorller</description>
    <display-name>OrderContorller</display-name>
    <servlet-name>OrderServlet</servlet-name>
    <servlet-class>cn.estore.servlet.OrderServlet</servlet-class>
</servlet>
<servlet-mapping>
    <servlet-name>OrderServlet</servlet-name>
    <url-pattern>/OrderServlet</url-pattern>
</servlet-mapping>
<listener>
    <listener-class>cn.estore.servlet.OnLineCount</listener-class>
</listener>
<!-- 注册过滤器 -->
<filter>
    <filter-name>encoding</filter-name>
    <filter-class>cn.estore.servlet.EncodingFilter</filter-class>
    <init-param>
        <param-name>encoding</param-name>
        <param-value>utf-8</param-value>
    </init-param>
</filter>
<filter-mapping>
    <filter-name>encoding</filter-name>
    <url-pattern>/*</url-pattern>
</filter-mapping>
<filter>
    <filter-name>SessionFilter</filter-name>
    <filter-class>cn.estore.servlet.SessionFilter</filter-class>
    <init-param>
        <param-name>loginStrings</param-name>
        <param-value>index.jsp;main.jsp;productsSoldRank.jsp;
          showCategory.jsp;showFindProductsByName.jsp;
            showProductDiscount.jsp;showProductOriginal.jsp,
              userLoginResult.jsp;userRegister.jsp;userRegisterResult.jsp
        </param-value>
    </init-param>
    <init-param>
```

```
            <param-name>includeStrings</param-name>
            <param-value>.jsp;.html;</param-value>
        </init-param>
        <init-param>
            <param-name>redirectPath</param-name>
            <param-value>pages/product/main.jsp </param-value>
        </init-param>
        <init-param>
            <param-name>disabletestfilter</param-name>
            <param-value>Y</param-value>
        </init-param>
    </filter>
    <filter-mapping>
        <filter-name>SessionFilter</filter-name>
        <url-pattern>/*</url-pattern>
    </filter-mapping>
    <servlet>
        <servlet-name>SessionServlet</servlet-name>
        <servlet-class>cn.estore.servlet.SessionFilter</servlet-class>
    </servlet>
    <servlet-mapping>
        <servlet-name>SessionServlet</servlet-name>
        <url-pattern >/SessionServlet</url-pattern>
    </servlet-mapping>
</web-app>
```

7.1.4 Servlet 过滤器技术特性分析

1. Servlet 过滤器工作原理

Servlet 过滤器接收请求并生成响应对象。过滤器会检查请求对象，决定将该请求转发给哪一个组件，或者中止该请求并直接向客户端返回一个响应。如果请求被转发了，它将被传递给下一个资源（其他过滤器、Servlet 或 JSP 页面）。当请求被过滤器处理后，一个响应将以相反的顺序发送出去，这样就给每个过滤器都提供了根据需要处理响应对象的机会。

过滤器是 Servlet 2.3 技术规范引入的一种新的 Web 应用程序组件。过滤器位于用户和 Web 应用程序之间，用于检查和修改两者之间的请求和响应。

过滤器作为一种 Web 应用程序组件，可以传输或修改用户请求与 Servlet 响应。它可以在用户请求到达 Servlet 之前对请求进行处理，也可以在响应离开 Servlet 之后修改响应信息，过滤器工作原理如图 7.3 所示。

> **提示**：在过滤器截获响应对象时，如果输出流被 Servlet 关闭了，那么过滤器就不能够再改变输出流中的响应信息。因此，如果需要修改响应信息，在 Servlet 的实现代码中，应当使用刷新输出流，而不能够关闭输出流。

```
    PrintWriter out=response.getPrintWriter();
    …
    out.flush(); //如果希望有过滤器截获并处理响应信息，此处不能用 out.close()代替
out.flush()
```

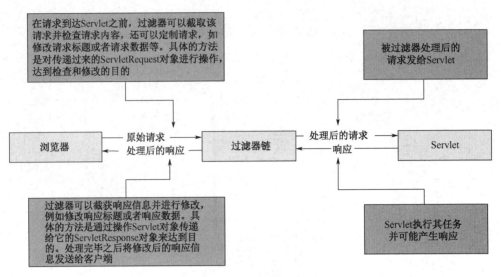

图 7.3　过滤器工作原理图

我们可以实现多个过滤器，这些过滤器就形成了一个"过滤器链"，过滤器链的实现与维护工作是由 Servlet 容器负责实现的。在每个 Filter 对象中，可以使用容器传入 doFilter 方法的 FilterChain 参数引用该过滤器链。FilterChain 接口定义了一个 doFilter 方法，用于将请求/响应继续沿链向后传送，其工作过程如图 7.4 所示。

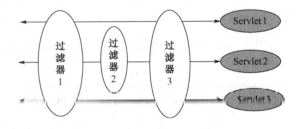

图 7.4　过滤器链的工作原埋图

过滤器链中不同过滤器的先后执行顺序是在部署文件"web.xml"中设定的。最先截取用户请求的过滤器将在最后才能截取 Servlet 响应信息。

2. 创建 Servlet 过滤器

Servlet 过滤器主要涉及三个接口，分别是 Filter 接口、FilterChain 接口与 FilterConfig 接口，这三个接口都位于 javax.servlet 包中。

（1）Filter 接口。定义一个过滤器对象必须要实现此接口，该接口有 3 个方法，如表 7.1 所示。

表 7.1　Filter 三个方法

接口中的方法	说　明
public void init(FilterConfig filterConfig)	过滤器初始化，每个实例只调用一次
public void doFilter(ServletRequest request, ServletResponse response, FilterChain chain)	过滤处理请求和响应请求
public void destroy()	结束生命周期

（2）FilterChain 接口。此接口由容器实现，只有一个方法"void doFilter(ServletRequest req) throw IOException, ServletException"，用于将过滤器处理的请求或响应传递给下一个过滤器对象。

（3）FilterConfig 接口。FilterConfig 接口由容器实现，以获取过滤器初始化期间的参数，主要方法如表 7.2 所示。

表 7.2　FilterConfig 接口方法

接 口 方 法	说　　明
Public String getFilterName()	返回过滤器名称
Public String getInitParameter(String name)	返回初始化参数名称为 name 的参数值
Public Enumeration getInitParameterNames()	返回所有初始化参数名的枚举集合
Public ServletContext getServletContext()	返回 Servlet 上下文对象

Servlet 过滤器本身不产生请求和响应对象，它只能提供过滤作用。Servlet 过滤器能够在 Servlet 调用之前检查 Request 对象，修改 Request Header 和 Request 内容；若在 Servlet 被调用之后检查 Response 对象，修改 Response Header 和 Response 内容，要实现以下的操作：

（1）建立一个实现 Filter 接口的类 "public class SessionFilter implements Filter"。所有过滤器都必须实现 "javax.servlet.Filter"。这个接口包含三个方法，分别为 doFilter、init 和 destroy。

```
public void doFilter(ServletRequset request, ServletResponse response,
 FilterChain chain)thows ServletException, IOException
```

每当调用一个过滤器（即每次请求与此过滤器相关的 Servlet 或 JSP 页面）时，就执行其 doFilter 方法。正是这个方法包含了大部分过滤逻辑。第一个参数为与传入请求有关的 ServletRequest。对于简单的过滤器，大多数过滤逻辑是基于这个对象的。如果处理 HTTP 请求，并且需要访问诸如 getHeader 或 getCookies 等在 ServletRequest 中无法得到的方法，就要把此对象构造成 "HttpServletRequest"。

第二个参数为 ServletResponse。除了在两个情形下要使用以外，通常忽略这个参数。首先，如果希望完全阻塞对相关 Servlet 或 JSP 页面的访问，可调用 "response.getWriter" 并直接发送一个响应到客户端。其次，如果希望修改相关的 Servlet 或 JSP 页面的输出，可把响应包含在一个收集所有发送到它的输出的对象中。然后，在调用 Serlvet 或 JSP 页面后，过滤器可检查输出，如果合适就修改它，之后发送到客户端。

doFilter 的最后一个参数为 FilterChain 对象。对此对象调用 doFilter 以激活与 Servlet 或 JSP 页面相关的下一个过滤器。如果没有另一个相关的过滤器，则对 doFilter 的调用会激活 Servlet 或 JSP 本身。

```
public void init(FilterConfig config) thows ServletException
```

init()方法只在此过滤器第一次初始化时执行，不是每次调用过滤器都执行它。对于简单的过滤器，可提供此方法的一个空体，但有两个原因需要使用 init()方法。首先，FilterConfig 对象提供对 Servlet 环境及 web.xml 文件中指派的过滤器名的访问。因此，利用 init()方法将 FilterConfig 对象存放在一个字段中，以便 doFilter 方法能够访问 Servlet 环境或过滤器名；其次，FilterConfig 对象具有一个 getInitParameter 方法，它能够访问部署描述符文件（web.xml）中分配的过滤器初始化参数。

```
public void destroy()
```

大多数过滤器简单地为此方法提供一个空体，不过，可利用它来完成诸如关闭过滤器使用的文件或数据库连接池等清除任务。

（2）将过滤行为放入 doFilter 方法。doFilter 方法为大多数过滤器的关键部分。每当调用一个过滤器时，都要执行 doFilter。对于大多数过滤器来说，doFilter 执行的步骤是基于传入的信息的。因此，可能要利用作为 doFilter 的第一个参数提供的 ServletRequest 对象。这个对象常构造为 HttpServletRequest 类型，以提供对该类的更特殊方法的访问。

（3）调用 FilterChain 对象的 doFilter 方法。Filter 接口的 doFilter 方法以一个 FilterChain 对象作为它的第三个参数。在调用该对象的 doFilter 方法时，会激活下一个相关的过滤器。这个过程一般持续到链中最后一个过滤器为止。在最后一个过滤器调用其 FilterChain 对象的 doFilter 方法时，会激活 Servlet 或 JSP 页面自身。但是，链中的任意过滤器都可以通过不调用其 FilterChain 的 doFilter 方法中断这个过程。在这样的情况下，不再调用 JSP 页面的 Serlvet，并且中断此调用过程的过滤器负责将输出提供给客户端。

3．Servlet 过滤器的配置

Servlet 过滤器是一个 Web 组件，与 Servlet 类似，也需要在 web.xml 应用配置文件中进行配置部署。这需要从两个方面进行配置部署。

首先是过滤器的 Web 应用定义，包含"<filter></filter>"元素；其次是 Web 应用的过滤器映射配置。

（1）过滤器的 Web 应用定义。在<filter>元素中包含两个必要的子元素<filter-name>和<filter-class>，用来定义过滤器的名称和过滤器相关的 Java 类的路径，此外还包含 4 个子元素<init-parm>、<icon>、<display-name>和<descryiption>。子元素<init-parm>用于设置过滤器的初始化参数，其中又包含两个常用的子元素，<param-name>与<param-value>。其中，<param-name>元素用于声明初始化参数的名称，<param-value>用于指定初始化参数的值。具体代码可参考 7.1.3 节。

（2）Web 应用的过滤器映射配置。可以将过滤器映射到一个或多个 Servlet 和 JSP 文件，也可以映射到任意的 URL。

映射到一个或多个 JSP 文件，代码如下：

```
<filter-mapping>
    <filter-name>filterstation</filter-name>
    <url-pttern>/jsp/filename.jsp</url-pattern>
</ filter-mapping >
```

说明：名称为 filterstation 的过滤器映射到工作空间下的 jsp 目录下的 filename.jsp 文件。如果将文件名改为"*.jsp"就可以映射到 jsp 目录下的所有 jsp 文件。

映射到一个或多个 Servlet 文件中时使用的代码如下：

```
<filter-mapping>
    <filter-name>FilterName</filter-name>
    <url-pttern>/FilterName1</url-pattern>
</ filter-mapping >
<filter-mapping>
    <filter-name>FilterName</filter-name>
    <url-pttern>/FilterName2</url-pattern>
</ filter-mapping >
```

说明：与映射到的 JSP 文件不同之处是其提供的不是路径，而是 Servlet 名称。其中 FilterName1 和 FilterName2 的 Servlet 都被映射到 FilterName 过滤器上。

映射到任意的 URL 时使用的代码如下：

```
<filter-mapping>
    <filter-name>FilterName</filter-name>
    <url-pttern>/*</url-pattern> </ filter-mapping >
```

> 说明：只要把"/*"写入<url-pttern>元素和</url-pattern>元素之间即可。

7.2　Servlet 过滤器知识总结

过滤器是一个程序，它先于与之相关的 Servlet 或 JSP 页面运行在服务器上。过滤器可附加到一个或多个 Servlet 或 JSP 页面上，并且可以检查进入这些资源的请求信息。在这之后，过滤器可以做如下的选择：

（1）以常规的方式调用资源（即调用 Servlet 或 JSP 页面）。

（2）利用修改过的请求信息调用资源。

（3）调用资源，但在发送响应到客户机前对其进行修改。

（4）阻止该资源调用，代之以转到其他的资源，返回一个特定的状态代码或生成替换输出。

过滤器提供了以下几个重要好处：

（1）它以一种模块化的或可重用的方式封装公共的行为。

（2）利用它能够将高级访问决策与表现代码相分离。

（3）过滤器使我们能够对许多不同的资源进行批量性的更改。

> 提示：过滤器只在与 Servlet 规范 2.3 版本兼容的服务器上有作用。如果 Web 应用需要支持旧版服务器，就不能使用过滤器。

7.3　过滤器典型应用：字符编码过滤器

在使用 JSP 页面进行中文字符输出时，常常遇到字符编码出错的问题，这里可以编写下面这样一个字符编码过滤器来解决字符编码不统一所带来的乱码问题，然后将这个过滤器应用到 Sevlet 或 JSP 页面上。

首先编写字符编码过滤器类，具体实现代码如下：

```
package cn.estore.servlet;

import javax.servlet.FilterChain;
import javax.servlet.ServletRequest;
import javax.servlet.ServletResponse;
import java.io.IOException;
import javax.servlet.Filter;
import javax.servlet.http.HttpServletRequest;
import javax.servlet.ServletException;
```

```
import javax.servlet.FilterConfig;

public class EncodingFilter implements Filter{
    protected FilterConfig filterConfig;
    private String targetEncoding = "utf-8";

    /**
     *初始化过滤器,和一般的Servlet一样,它也可以获得初始参数
     */
    public void init(FilterConfig config) throws ServletException {
      this.filterConfig = config;
      //从配置文件中获得字符编码格式
      this.targetEncoding = config.getInitParameter("encoding");
    }

    /**
     *进行过滤处理，这个方法最重要，所有过滤处理的代码都在此实现
     */
    public  void  doFilter(ServletRequest  srequest,  ServletResponse
sresponse, FilterChain chain)
    throws IOException, ServletException {
      System.out.println("使用以下方法对请求进行编码: encoding="+targetEncoding);
      HttpServletRequest request = (HttpServletRequest)srequest;
      // 设置字符编码格式
      request.setCharacterEncoding(targetEncoding);
      // 把处理权发送到下一个
      chain.doFilter(srequest,sresponse);
    }

    public void setFilterConfig(final FilterConfig filterConfig){
      this.filterConfig filterConfig;
    }

    //销毁过滤器
    public void destroy(){
      this.filterConfig=null;
    }
}
```

其次，在 web.xml 中进行过滤器注册和参数配置，具体配置信息如下：

```
<?xml version="1.0" encoding="UTF-8"?>
<web-app version="2.5" xmlns="http://java.sun.com/xml/ns/javaee"
  xmlns:xsi="http://www.w3.org/2001/XMLSchema-instance"
  xsi:schemaLocation="http://java.sun.com/xml/ns/javaee
  http://java.sun.com/xml/ns/javaee/web-app_2_5.xsd">
  <filter>
    <filter-name>encoding</filter-name>
    <filter-class>cn.estore.servlet.EncodingFilter</filter-class>
    <init-param>
      <param-name>encoding</param-name>
      <param-value>utf-8</param-value>
    </init-param>
  </filter>
  <filter-mapping>
    <filter-name>encoding</filter-name>
    <url-pattern>/*</url-pattern>
  </filter-mapping>
</web-app>
```

当用户访问系统中任意的 JSP 或者 Servlet 时，就会调用字符编码过滤器，对字符编码进行设置，避免出现字符乱码问题。

练习题

一、选择题

1. 以下关于过滤器的说法中正确的是（　　）。
   - A. 过滤器负责过滤的 Web 组件只能是 Servlet
   - B. 过滤器能够在 Web 组件被调用之前检查 ServletRequest 对象，修改请求头和请求正文的内容，或者对请求进行预处理
   - C. 所有自定义的过滤器类都必须实现 javax.servlet.Filter 接口
   - D. 在一个 web.xml 文件中配置的过滤器可以为多个 Web 应用中的 Web 组件提供过滤

2. 以下关于过滤器的生命周期的说法中正确的是（　　）。
   - A. 当用户请求访问的 URL 与为过滤器映射的 URL 匹配时，Servlet 容器将先创建过滤器对象，再依次调用 init()、doFilter()和 destroy 方法
   - B. 当用户请求访问的 URL 与为过滤器映射的 URL 匹配时，Servlet 容器将先调用过滤器的 doFilter() 方法
   - C. 当 Web 应用终止时，Servlet 容器将先调用过滤器对象的 destroy 方法，然后销毁过滤器对象
   - D. 当 Web 应用启动时，Servlet 同期会初始化 Web 应用的所有过滤器

3. 以下选项中属于 Filter 接口的 doFilter()方法的参数类型的是（　　）。
   - A. ServletRequest
   - B. ServletResponse
   - C. FilterConfig
   - D. FilterChain

4. Filter 为 HttpServlet1 提供过滤。Filter1 的 doFilter()方法的代码如下：

```
public void doFilter(ServletRequest servletRequest,
              ServletResponse servletResponse, FilterChain filterChain) {
    System.out.print("one");
    filterChain.doFilter(servletRequest, servletResponse);
    System.out.print("two");
}
```

HttpServlet1 的 service()方法的代码如下：

```
public void service(ServletRequest request,ServletResponse response)
    throws ServletException, IOException {
  System.out.print("before");
  PrintWriter out = reponse.getWriter();
  out.print("hello");
  System.out.print("after");
}
```

当客户端请求访问 HttpServlet1 时，在 Tomcat 控制台将得到什么结果？（　　）
   - A. one two before hello after
   - B. one before after two
   - C. one before hello after two
   - D. before after one two

5. 在 web.xml 文件中已经为 RequestFilter 类配置了如下<filter>元素：

```
<filter>
    <filter-name>RequestFilter</filter-name>
    <filter-class>mypack.RequestFilter</ filter-class>
</filter>
```

以下选项中使得 RequestFilter 能够为 out.jsp 过滤的是（　　）。

A. ```
<filter-mapping>
        <filter-name> RequestFilter</filter-name>
            <url-pattern>/out.jsp</url-pattern>
    </ filter-mapping>
```

B. ```
<filter-mapping>
        <filter-name> mypack.RequestFilter </filter-name>
            <url-pattern>/out.jsp</url-pattern>
    </ filter-mapping>
```

C. ```
<filter-mapping>
        <filter-name> RequestFilter </filter-name>
            <url-pattern>/out </url-pattern>
    </ filter-mapping>
```

D. ```
<filter-mapping>
        <filter-name> RequestFilter </filter-name>
            <url-pattern>/*</url-pattern>
    </ filter-mapping>
```

6. 以下关于过滤器的说法中正确的是（　　）。

A. 在 web.xml 中使用<filter-mapping>元素部署 filter，使用其子元素 "<servlet-name>" 将过滤器映射到 Servlet 或者 JSP

B. 部署过滤器使用的<filter-mapping>元素，其先后顺序是无所谓的

C. 在 web.xml 中声明 filter 时使用<filter>元素，该元素只能包含两个子元素

D. 在 web.xml 中可以在<filter>元素下使用<init-param>为该 filter 设置初始化参数

7. 以下关于过滤器的说法中错误的是（　　）。

A. Filter 接口中定义了三个方法，init()、doFilter()、destroy()

B. 过滤器的 doFilter()方法在请求和响应经过该过滤器时都会被调用

C. 在 web.xml 中声明 filter 时使用<filter>元素，该元素只能包含两个子元素

D. 在 web.xml 中使用<filter-mapping>元素部署 filter，使用其子元素 "<url-pattrern>" 将过滤器映射到 Servlet 或者 JSP

二、简答题

1. 观察下面的 web.xml，写出请求信息到达 servlet1，servlet2，servlet3 分别要经过哪些过滤器。

```
<filter-mapping>
    <filter-name>filter1</filter-name>
    <servlet-name>servlet1</servlet-name>
  </filter-mapping>
  <filter-mapping>
    <filter-name>filter1</filter-name>
    <servlet-name> servlet2</servlet-name>
  </filter-mapping>
  <filter-mapping>
    <filter-name>filter1</filter-name>
    <servlet-name> servlet3</servlet-name>
  </filter-mapping>
  <filter-mapping>
    <filter-name>filter2</filter-name>
```

```
    <servlet-name>servlet2</servlet-name>
  </filter-mapping>
  <filter-mapping>
    <filter-name>filter3</filter-name>
    <servlet-name> servlet2</servlet-name>
  </filter-mapping>
  <filter-mapping>
    <filter-name>filter3</filter-name>
    <servlet-name> servlet3</servlet-name>
  </filter-mapping>
servlet1:
servlet2:
servlet3:
```

2．简述过滤器的基本编写过程。

3．如果不使用过滤器实现用户授权验证功能，我们可以用什么技术来达到同样的"用户授权验证"功能？

三、操作题

请使用过滤器实现用户访问权限控制。例如，后台管理用户使用的 JSP 文件存放在 Admin 文件夹中，只有后台登录的用户才可以访问，前台登录用户不能访问。请编写过滤器来实现。

第 **8** 章

使用监听器实现在线人数统计

📖 **本章要点：**

- ◆ Servlet 监听器开发技术
- ◆ 在线人数统计功能模块设计与实现
- ◆ Servlet 监听器技术特性分析
- ◆ Servlet 监听器的典型应用

8.1　使用 Servlet 监听器实现在线人数统计

8.1.1　在线人数统计功能分析

在系统运行过程中，有时需要了解当前使用系统的用户的信息。有多少人在使用系统？具体又是哪些人在使用系统？一般做法是结合登录和退出功能设计计数器，即当用户输入用户名密码进行登录的时候计数器加 1，然后当用户单击"退出"按钮退出系统的时候计数器减 1。

这种处理方式存在一些缺点，例如，用户正常登录后，可能会忘记单击"退出"按钮，而直接关闭浏览器，导致计数器减 1 的操作没有及时执行；网站中还经常有一些内容是不需要登录就可以访问的，比如查看商品，在这种情况下也无法使用上述方法进行在线人数统计。

下面，我们就使用 Servlet 监听器来解决这个问题，用户登录后显示如图 8.1 所示页面，即使非正常退出也能正确显示在线用户数目。

图 8.1　显示在线人数页面

8.1.2　Servlet 监听器模块设计

我们可以利用 Servlet 规范中定义的事件监听器（Listener）来解决这个问题，实现准确的在线人数统计功能。

对每一个正在访问的用户，服务器会为其建立一个对应的 HttpSession 对象。当一个浏览器第一次访问网站的时候，服务器会新建一个 HttpSession 对象，并触发 HttpSession 创建事件。如果注册了 HttpSessionListener 事件监听器，则会调用 HttpSessionListener 事件监听器的 sessionCreated 方法。相反，当这个浏览器访问结束或者超时的时候，服务器会销毁相应的 HttpSession 对象，触发 HttpSession 销毁事件，同时调用所注册 HttpSessionListener 事件监听器的 sessionDestroyed 方法。

可见，当一个用户开始访问的时候会执行 sessionCreated( )方法，当用户访问结束时会执行 sessionDestroyed()方法。这样只需要在 HttpSessionListener 实现类的 sessionCreated 方法中让计数器加 1，在 sessionDestroyed 方法中让计数器减 1，就能实现网站在线人数的监听。

根据以上分析，可以通过 Session 监听器的 javax.servlet.http.HttpSessionListener 接口和 ServletContext 监听器的 javax.servlet.ServletContextListener 接口提供的功能来实现在线人数统计和在线用户监听。

8.1.3　Servlet 监听器编程详解

根据上述对在线监听功能的分析，我们得到 OnLineCount 在线人数统计监听器的详细实现步骤。

第一步：创建监听器类"OnlineCount.java"。通过"New"命令创建一个 class 文件，该类是实现 ServletContextListener、HttpsessionListener 接口的监听处理器类，具体设置如图 8.2 所示。

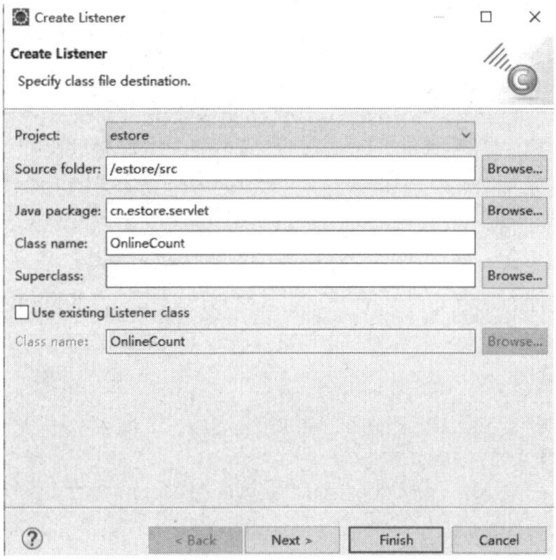

图 8.2　创建 Servlet 监听器界面

生成代码如下：

```
    public class OnlineCount implements ServletContextListener, HttpSession-
Listener{
    public void contextInitialized(ServletContextEvent sce){
        //应用程序初始化时启动
    }
    public void contextDestroyed(ServletContextEvent sce){
    //应用程序卸载时启动
    }
    public void sessionCreated(HttpSessionEvent se){
    //当有用户访问时启动
    }
    public void sessionDestroyed(HttpSessionEvent se){
    //当有用户退出时启动
    }
}
```

> **注意**：此时必须实现以上 4 个方法。

第二步：为监听行为添加代码。

（1）为用户访问监听行为添加代码。将参数 counter 设置为 ServletContext 对象的属性，这个属性在服务器运行期间一直有效，当 Session 对象创建时，将 counter 的值加 1。将改变了的 counter 值再次保存到 ServletContext 对象中。

```java
public void sessionCreated(HttpSessionEvent se){
  HttpSession session=se.getSession();
  ServletContext context=session.getServletContext();
  Integer counter=(Integer)context.getAttribute("counter");
  counter=new Integer(counter.intValue()+1); //在线人数加1
  context.setAttribute("counter", counter);
}
```

（2）为用户退出监听行为添加代码。当 Session 对象销毁时，将 counter 的值减 1。将改变了的 counter 值再次保存到 ServletContext 对象中。

```java
public void sessionDestroyed(HttpSessionEvent se){
  HttpSession session=se.getSession();
  ServletContext context=session.getServletContext();
  Integer counter=(Integer)context.getAttribute("counter");
  counter=new Integer(counter.intValue()-1); //在线人数减1
  context.setAttribute("counter", counter);
}
```

（3）为应用程序初始化添加代码。在系统运行初始化时，同时创建计数器，并将计数器的初始值设置为 0。

```java
public void contextInitialized(ServletContextEvent sce){
  ServletContext context=sce.getServletContext();
  Integer counter=new Integer(0);
  context.setAttribute("counter", counter); //初始化在线人数计数器
}
```

（4）为应用程序卸载添加代码。当卸载应用程序时，删除计时器参数。

```java
public void contextDestroyed(ServletContextEvent sce){
  ServletContext context=sce.getServletContext();
  context.removeAttribute("counter");//删除在线人数计数器
}
```

第三步：将 Session 监听器配置到 web.xml 配置文件中。

```xml
…
<listener>
    <listener-class>cn.estore.servlet.OnlineCount</listener- class>
</listener>
…
```

第四步：显示在线用户的监听结果。

在需要显示的 JSP 页面 "pages/common/leftParts/onLineNumber.jsp" 中加入如下代码：

```jsp
<td>
 <font color="orange">在线人数
   <%
```

```
        if(application.getAttribute("counter")!= null){
    %>
    <%=application.getAttribute("counter")%>
    <%}else{ %>1
    <%}%>
  </font>
</td>
```

显示效果如图 8.1 所示，OnlineCount.java 的完整代码如下：

```java
package cn.estore.servlet;
import javax.servlet.ServletContext;
import javax.servlet.ServletContextEvent;
import javax.servlet.ServletContextListener;
import javax.servlet.http.HttpSession;
import javax.servlet.http.HttpSessionEvent;
import javax.servlet.http.HttpSessionListener;
/*
 * 在线人数统计
 */
public class OnLineCount implements
  ServletContextListener , HttpSessionListener{
  public void sessionCreated(HttpSessionEvent se) {
      // TODO session 创建时启动
      HttpSession session=se.getSession();
      ServletContext context=session.getServletContext();
      //counter 存放在线人数
      int counter= Integer.valueOf(
                  context.getAttribute("counter").toString());
      counter=counter+1;
      context.setAttribute("counter", counter);
  }
  public void sessionDestroyed(HttpSessionEvent se) {
      // TODO session 销毁时启动
      HttpSession session=se.getSession();
      ServletContext context=session.getServletContext();
      //counter 存放在线人数
      int counter=Integer.valueOf(
                  context.getAttribute("counter").toString());
      counter=counter-1;//退出时在线人数减1
      context.setAttribute("counter", counter);
  }
  public void contextDestroyed(ServletContextEvent arg0) {
      // TODO Auto-generated method stub
      ServletContext context=arg0.getServletContext();
      context.removeAttribute("counter");
  }
  public void contextInitialized(ServletContextEvent arg0) {
      // TODO 应用程序初始化时启动
      ServletContext context=arg0.getServletContext();
      int counter=0;
      context.setAttribute("counter", counter);
  }
}
```

8.1.4　Servlet 监听器技术特性分析

1. Servlet 事件监听器简介

Servlet 事件监听器与 Java 的 GUI 事件监听器类似，一般情况下按监听的对象划分，Servlet

事件监听器可以分为：

（1）用于监听应用程序环境对象（ServletContext）的事件监听器。

（2）用于监听用户会话对象（HttpSession）的事件监听器。

（3）用于监听请求消息对象（ServletRequest）的事件监听器。

按监听的事件类项划分，Servlet 事件监听器可以分为：

（1）用于监听域对象自身的创建和销毁的事件监听器。

（2）用于监听域对象中的属性的增加和删除的事件监听器。

（3）用于监听绑定到 HttpSession 域中的某个对象的状态的事件监听器。

Servlet 规范中为每种事件监听器都定义了相应的接口，在编写事件监听器程序时只需实现这些接口就可以了。Servlet 事件监听器需要在 Web 应用程序的部署文件（web.xml）中进行注册，一个 web.xml 可以注册多个 Servlet 事件监听器。当发生被监听对象创建、修改、销毁等事件时，Web 容器就会产生相应的事件对象（如 ServletcontextEvent、ServletRequestEvent 或 HttpSessionEvent），同时 Web 容器将调用与之相应的 Servlet 事件监听器对象的相应方法，用户在这些方法中编写的事件处理代码即被自动执行。

2．监听域对象的创建、改变和销毁

在一个 Web 应用程序的整个运行周期内，Web 容器会创建和销毁 3 个重要的对象：ServletContext、HttpSession、ServletRequest。在 Servlet 2.4 规范中定义了 3 个接口：ServletContextListener，HttpSessionListener，ServletRequestListener。这三个接口对应的实现对象将分别监听 ServletContext、HttpSession、ServletRequest 对象的创建、修改和销毁等事件。

（1）在 ServletContextListener 接口中定义了两个事件处理方法，分别是 contextInitialized() 和 contextDestroyed()

```
public void contextInitialized(ServletContextEvent sce)
```

这个方法接收一个 ServletContextEvent 类型的事件对象参数，该方法在应用程序部署时激发。contextInitialized 可以通过这个事件对象参数获得当前被创建的 ServletContext 对象。

```
public void contextDestroyed(ServletContextEvent sce)
```

这个方法接收一个 ServletContextEvent 类型的事件对象参数，该方法在应用程序卸载时激发。contextDestroyed 可以通过这个事件对象参数获得当前被卸载的 ServletContext 对象。

（2）在 HttpSessionListneter 接口中共定义了两个事件处理方法，分别是 sessionCreated() 方法和 sessionDestroyed() 方法。

```
public void sessionCreated(HttpSessionEvent se)
```

这个方法接收一个 HttpSessionEvent 类型的事件对象参数，该方法在容器创建一个新的 Session 对象时激发。sessionCreated 可以通过这个参数获得当前被创建的 HttpSession 对象。

```
public void sessionDestroyed(HttpSessionEvent se)
```

这个方法接收一个 HttpSessionEvent 类型的事件对象参数，该方法在容器销毁一个 Session 对象时激发。sessionDestroyed 可以通过这个参数获得当前被销毁的 HttpSession 对象。

（3）在 ServletRequestListener 接口中定义了两个事件处理方法，分别是 requestInitialized() 和 requestDestroyed()。

```
public void requestInitialized(ServletRequestEvent sre)
```

这个方法接收一个 ServletRequestEvent 类型的事件对象参数，在容器创建一个新的 Request 请求对象时激发。RequestInitialized 可以通过这个参数获得当前被创建的 ServletRequest 对象。

```
public void requestDestroyed(ServletRequestEvent sre)
```

这个方法接收一个 ServletRequestEvent 类型的事件对象参数，在容器销毁一个 Request 请求对象时激发。requestDestroyed 可以通过这个参数获得当前被销毁的 ServletRequest 对象。

可以看出 3 个监听器接口中定义的方法非常相似，执行原理与应用方式也相似，在 Web 应用程序中可以注册一个或者多个实现某一接口的事件监听器，Web 容器在创建或销毁某一对象（如 ServletContext，HttpSession）时就会产生相应的事件对象（如 ServletcontextEvent、ServletRequestEvent 或 HttpSessionEvent），接着依次调用每个事件监听器中的相应处理方法，并将产生的事件对象传递给这些方法。

在本章的在线人数统计功能实现中，我们监听以下 4 个事件即可。

（1）当应用程序部署时，容器会创建一个 ServletContext 上下文参数，此时会激发 contextInitialized(ServletContextEvent sce)方法，完成对在线人数计数器的初始化。

（2）当应用程序卸载时，容器会销毁程序的 ServletContext 上下文，此时会激发 contextDestroyed(ServletContextEvent sce)方法，完成对在线人数计数器的删除。

（3）当有用户访问时容器会创建一个 Session 对象，此时会激发 session Created（HttpSessionEvent se）方法，完成对在线人数加 1 的动作。

（4）当有用户离开时容器会销毁一个 Session 对象，此时会激发 sessionDestroyed（HttpSessionEvent se）方法，完成对在线人数减 1 的动作。

8.2　Servlet 监听器知识总结

1. Servlet 监听器介绍

和 Servlet 过滤器一样，Servlet 监听器也是在 Servlet 2.3 规范中引入的一项重要功能，并且在 Servlet 2.4 版本中得到了增强。用一句话来概括 Servlet 监听器的作用，那就是增加 Web 的事件处理机制，更好地监视和控制 Web 应用状态的变化。

Servlet 监听器是 Web 应用程序事件模型的一部分，当 Web 应用中的某些状态发生变化时，Servlet 容器将产生相应的事件，此时监听器来接收和处理这些事件。

在 Servlet 2.4 中有 8 个监听器、6 个事件，根据监听对象的类型和范围，可以分为 3 类：ServletContext 事件监听器、HttpSession 事件监听器和 ServletRequest 事件监听器，具体如表 8.1 所示。

表 8.1　Servlet 监听器分类

监 听 对 象	监听器接口	对应的 Event 类
ServletContext	ServletContextListener	ServletContextEvent
	ServletContextAttributeListener	ServletContextAttributeEvent

监听对象	监听器接口	对应的 Event 类
HTTPSession	HttpSessionListener	HttpSessionEvent
	HttpSessionActivationListener	
	HttpSessionAttributeListener	HttpSessionBindingEvent
	HttpSessionBindingListener	
ServletRequest	ServletRequestListener	ServletRequestEvent
	ServletRequestAttributeListener	ServletRuquestAttributeEvent

2. Servlet 上下文监听

Servlet 上下文监听可以监听 ServletContext 对象的创建、删除，以及属性添加、删除和修改操作，此监听器需要用到如下两个编程接口。

（1）ServletContextListener 编程接口。此接口存放在 javax.servlet 包内，主要实现监听 ServletContext 的创建和删除。

ServletContextListener 接口提供两个方法，也被称为"Web 应用程序的生命周期方法"。下面分别介绍这两个方法。

```
contextInitialized(ServletContextEvent event)
```

方法说明：应用程序被加载及初始化时激发。

```
contextDestoryed(ServletContextEvent event)
```

方法说明：应用程序被关闭时激发。

（2）ServletAttributeListener 编程接口。此接口存放在 javax.servlet 包内，主要实现监听 ServletContext 属性的添加、删除和修改。

ServletAttributeListener 接口提供以下 3 个方法。

```
attributeAdded(ServletContextAttributeEvent event)
```

方法说明：如果有对象被加入 Application 的范围时激发。

```
attributeReplaced(ServletContextAttributeEvent event)
```

方法说明：如果在 Application 的范围内有对象取代另一个对象时激发。

```
attributeRemoved(ServletContextAttributeEvent event)
```

方法说明：如果有对象被从 Application 的范围移除时激发。

3. HTTP 会话监听

HTTP 会话监听（Httpsession）信息，有 4 个接口可以进行监听。

（1）HttpSessionListener 编程接口。HttpSessionListener 接口实现监听 HTTP 会话创建、销毁。此接口提供了以下两个方法。

```
sessionCreated(HttpSessionEvent event)
```

方法说明：创建新的 Session 对象时被激发。

```
sessionDestoryed(HttpSessionEvent event)
```

方法说明：Session 对象被销毁时激发。

注意：HttpSessionEvent 类的主要方法为 getSession()，可以使用此方法回传一个 Session 对象。

（2）HttpSessionActivationListener 编程接口。HttpSessionActivationListener 接口实现监听 Http 会话中属性的变化。此接口提供以下 3 个方法。

```
attributeAdded(HttpSessionBindingEvent event)
```

方法说明：若有对象被加入 Session 范围时激发。

```
attributeReplaced(HttpSessionBindingEvent event)
```

方法说明：若在 Session 范围，有对象取代另一个对象时激发。

```
attributeRemoved(HttpSessionBindingEvent event)
```

方法说明：如果有对象从 Session 范围内被移除时激发。

注意：HttpSessionBindingEvent 类主要有三个方法：getName()、getsession()、getValues()。

（3）HttpBindingListener 编程接口。HttpBindingListener 接口实现监听 HTTP 会话中对象的绑定信息。它是唯一不需要在 web.xml 中设定 Listener 的，此接口提供以下两个方法。

```
valueBound(HttpSessionBindingEvent event)
```

方法说明：当有对象加入 Session 范围时会被自动调用。

```
valueUnBound(HttpSessionBindingEvent event)
```

方法说明：当有对象从 Session 范围内移除时会被自动调用。

（4）HttpSessionAttributeListener 编程接口。HttpSessionAttributeListener 接口实现监听 HTTP 会话中属性的设置请求。此接口提供以下两个方法。

```
SessionDidActivate(HttpSessionEvent event)
```

方法说明：Session 对象的状态变为有效状态时激发。

```
SessionWillPassivate(HttpSessionEvent event)
```

方法说明：Session 对象的状态变为无效状态时激发。

4．Servlet 请求监听

在 Servlet 2.4 规范中，一旦能够在监听程序中获取客户端的请求，就可以对请求进行统一处理。

（1）ServletRequestListener 编程接口。ServletRequestListener 接口提供了以下两个方法。

```
requestInitialized(ServletRequestEvent event)
```

方法说明：ServletRequest 对象被加载及初始化时激发。

```
requestDestoryed(ServletRequestEvent event)
```

方法说明：ServletRequest 对象被销毁时激发。

（2）ServletRequestAttributeListener 编程接口。ServletRequestAttributeListener 接口提供了以下 3 个方法。

```
attributeAdded(ServletRequestAttributeEvent event)
```

方法说明：有对象被加入 Request 范围时激发。

```
attributeReplaced(ServletRequestAttributeEvent event)
```

方法说明：在 Request 范围内有对象取代另一个对象时激发。

```
attributeRemoved(ServletRequestAttributeEvent event)
```

（3）方法说明：有对象被从 Request 范围移除时激发。

5．Servlet 请求监听器应用实例

对客户端请求进行监听的技术是在 Servlet 2.4 版本之后才出现的。一旦监听程序能够获得客户端请求，就可以对所有客户端请求进行统一处理。例如，校园网的内部信息资源如果只允许在校园网内部访问，对远程访问则发出提示信息并拒绝访问，这就可以通过监听客户端请求，从请求中获取到客户端的网络地址，并通过网络地址来做出相应的处理。如果是校园网内部 IP 地址则可以访问，如果是校园网内部 IP 地址以外的则发出提示信息并拒绝访问。

以下是实现客户端请求监听的一个简单的应用示例，读者可以在这个简单程序基础上进行二次开发来完成对远程访问的控制。

```java
package servlet;
import java.io.FileOutputStream;
import java.io.PrintWriter;
import javax.servlet.ServletRequest;
import javax.servlet.ServletRequestAttributeEvent;
import javax.servlet.ServletRequestAttributeListener;
import javax.servlet.ServletRequestEvent;
import javax.servlet.ServletRequestListener;
public class MyRequestListener implements
        ServletRequestListener,ServletRequestAttributeListener{
    public void requestDestroyed(ServletRequestEvent arg0) {
        //对销毁客户端请求进行监听
        print("reqeust destroyed");
    }
    public void requestInitialized(ServletRequestEvent arg0) {
        //对实现客户端请求进行监听
        print("Request init");
        ServletRequest sr = arg0.getServletRequest(); //初始化客户端请求
        print(sr.getRemoteAddr());           //获得请求客户端的地址
    }
    public void attributeAdded(ServletRequestAttributeEvent arg0) {
        //对属性的添加进行监听
        print("attributeAdded('"+arg0.getName()+"','"+arg0.
getValue()+"')");
    }
    public void attributeRemoved(ServletRequestAttributeEvent arg0) {
        //对属性的删除进行监听
        print("attributeRemoved('"+arg0.getName()+"','"+arg0.
getValue()+"')");
    }
    public void attributeReplaced(ServletRequestAttributeEvent arg0) {
        //对属性的更改进行监听

print("attributeReplaced('"+arg0.getName()+"','"+arg0.getValue()+"')");
    }
    private void print(String message){
        //调用该方法在 TXT 文件中打印出 message 字符串信息
        PrintWriter out = null;
        try{
            out = new PrintWriter(new
                        FileOutputStream("d:\\output.txt", true));
            out.println(new java.util.Date().toLocaleString()+
                    " Request-Listener: "+message);
```

```
                    out.close();
                }
            catch(Exception e) {
                e.printStackTrace();
            }
        }
    }
```

程序说明：该监听器类实现了 ServletRequestListener 和 ServletRequestAttributeListener 两个接口，ServletRequestListener 接口中定义的两个方法对客户端请求的创建和销毁进行监听；ServletRequestAttributeListener 接口类对请求中的属性添加、修改和删除进行监听。

下面编写 JSP 程序进行测试，代码如下：

```
<%
    out.println("Test RequestListener");
    request.setAttribute("username","zzb1"); //在请求中设置一个用户 username
属性
    request.setAttribute("username","zzb2"); //修改上面添加的 username 属性
    request.removeAttribute("username");  //删除创建的 username 属性
%>
```

8.3　Servlet 监听器的典型应用：在线用户监听器

监听器的作用是监听 Web 容器的有效事件，它由 Servlet 容器管理，利用 Listener 接口监听某个执行程序，并根据此程序的需要做出适当的响应。下面的程序通过监听器实现查看用户在线的情况，程序开发步骤如下：

（1）创建 UserInfoList.java 类文件，用来存储在线用户，并可以对在线用户进行添加和删除等具体操作，此文件代码如下：

```
package com.listener;
import java.util.*;

public class UserInfoList {
 /*利用 private static 成员产生唯一的 UserInfoList 类的对象，防止在类外产生新的
对象*/
    private static UserInfoList user = new UserInfoList();
    private Vector vector = null;
    public UserInfoList() {
      this.vector = new Vector();
    }
    /*外界使用的 getInstance 方法获取 UserInfoList 实例对象*/
    public static UserInfoList getInstance() {
      return user;
    }
    /*增加用户*/
    public boolean addUserInfo(String user) {
      if (user != null) {
      this.vector.add(user);
      return true;
      } else {
      return false;
      }
    }
```

```
/*获取用户列表*/
public Vector getList() {
    return vector;
}
/*移除用户*/
public void removeUserInfo(String user) {
    if (user != null) {
    vector.removeElement(user);
    }
    }
}
```

（2）创建 UserInfoTrace.java 类文件，实现 valueBound(HttpSessionBindingEvent arg0)和valueUnbound(HttpSessionBindingEvent arg0)两个方法。当有对象加入 Session 时，valueBound()方法会自动被执行。当有对象从 Session 移除时，valueUnbound()方法会自动被执行。在valueBound()和 valueUnbound()方法里面都加入了输出信息的功能，可以使用户在控制台中更清楚地了解执行过程，代码如下：

```
package com.listener;
import javax.servlet.http.HttpSessionBindingEvent;

public class UserInfoTrace implements HttpSessionBindingListener {
    private String user;
    private UserInfoList container = UserInfoList.getInstance();
    public UserInfoTrace() {
        user = "";
    }
    /*设置在线监听人员*/
    public void setUser(String user) {
        this.user = user;
    }
    /*获取在线监听人员*/
    public String getUser() {
        return this.user;
    }
    public void valueBound(HttpSessionBindingEvent arg0) {
        System.out.println("上线" + this.user);
    }
    public void valueUnbound(HttpSessionBindingEvent arg0) {
        System.out.println("下线" + this.user);
        if (user != "") {
            container.removeUserInfo(user);
        }
    }
}
```

（3）创建启动页面 "default.jsp" 和在线用户处理页面 "showUser.jsp"，在 showUser.jsp 页面中设置 Session 的 MaxInactiveInteral 值为 30 秒，这样可以限定 Session 的生命周期，此showUser.jsp 页面文件代码如下：

```
<%@ page contentType="text/html; charset= utf-8" language="java" import=
"java. sql.*"%>
<%@ page import="java.util.*"%>
<%@ page import="com.listener.*"%>
<html>
    <head>
    <meta http-equiv="Content-Type" content="text/html; charset=utf-8">
```

```
      <title>使用监听查看在线用户</title>
      <link href="css/style.css" rel="stylesheet" type="text/css">
      </head>
   <%
    UserInfoList list=UserInfoList.getInstance();
    UserInfoTrace ut=new UserInfoTrace();
    String name=request.getParameter("user");
    ut.setUser(name);
    session.setAttribute("list",ut);
    list.addUserInfo(ut.getUser());
    session.setMaxInactiveInterval(30);
   %>
      <body>
      <div align="center">
      <table    width="506"    height="246"    border="0"    cellpadding="0"
cellspacing ="0" background="image/ background2.jpg">
       <tr>
      <td align="center"><br>
       <textarea rows="8" cols="20">
      <%
       Vector vector=list.getList();
       if(vector!=null&&vector.size()>0){
       for(int i=0;i<vector.size();i++){
       String account=(String)vector.elementAt(i);
       account=new String(account.getBytes("utf-8"), "utf-8");
                                      //将 account 对象中的数据转换成中文
         out.println(account);
       }
       }
      %>
      </textarea><br><br>
       <a href="default.jsp">返回</a>

       </td>
       </tr>
      </table>
      </div>
      </body>
    </html>
```

default.jsp 页面的代码如下：

```
      <%@ page contentType="text/html; charset=utf-8" language="java" import
= "java.sql.*" %>
    <html>
     <head>
     <meta http-equiv="Content-Type" content="text/html; charset= utf-8">
     <title>使用监听查看在线用户</title>
     </head>
    <script language="javascript">
     function checkEmpty(form){
       for(i=0;i<form.length;i++){
         if(form.elements[i].value==""){
          alert("表单信息不能为空");
          return false;
         }
        }
      }
    </script>
     <link href="css/style.css" rel="stylesheet" type="text/css">
```

```
<body>
<div align="center">
 <table  width="506"  height="170"  border="0"  cellpadding="0"
cellspacing= "0" background= "image/background1.jpg">
 <tr>
 <td align="center">
<form     name="form"     method="post"     action="showUser.jsp"
onSubmit="return checkEmpty(form)">
 <input type="text" name="user"><br><br>
 <input type="submit" name="Submit" value="登录">
  </form>
  </td>
 </tr>
  </table>
 </div>
 </body>
 </html>
```

如图 8.3 所示，在文本框中输入用户名，单击"登录"按钮，运行结果如图 8.4 所示，在对话框中显示所有已经登录用户的名称。

图 8.3　测试监听的登录页面　　　　　　　　图 8.4　测试监听主页面

相比过滤器，监听器的实现比较简单，主要是使用一个 Java 类实现监听器的接口，然后在 web.xml 文件中进行相关配置，配置方法如下：

```
<listener>
 <listener-class>监听器名</listener-class>
</listener>
```

练习题

一、选择题

1. 为了监视 ServletContext 对象的变更，就需要编写一个 Java 类实现哪个监听器？（　　　）
   A. EventListener
   B. ServletContextAttributeListener
   C. ActionListener
   D. ServletContextListener

2. 为了监视 ServletContext 对象的属性变更，就需要编写一个 Java 类实现哪个监听器？（　　　）
   A. EventListener
   B. ServletContextAttributeListener
   C. ActionListener
   D. ServletContextListener

3. 下面说法中错误的是（　　　）。
   A. 当 Web 应用程序启动或关闭时均会触发 ServletContextEvent 事件
   B. 当 Web 应用程序启动时会调用 ServletContextListener 的 contextInitialized()方法
   C. 当 Web 应用程序关闭时会调用 ServletContextListener 的 contextDestroy()方法
   D. 当 Web 应用程序启动或关闭时均会触发 ServletContextAttributeEvent 事件

4．下面说法中错误的是（　　　）。

A．ServletContext 对象的任何属性发生变化都会触发 ServletContextAttributeEvent 事件

B．为 ServletContext 对象增加新属性时会调用 ServletContextAttributeListener 的 AttributeAdded() 方法

C．只有在为 ServletContext 对象增加属性或删除属性时才会触发 ServletContextAttributeEvent 事件

D．为 ServletContext 对象更改属性时会调用 ServletContextAttributeListener 的 attributeReplaced() 方法

5．以下关于监听器的说法中正确的是（　　　）。

A．部署监听器使用<listener>元素，该元素包含两个子元素 "<listener-name>" 和 "<listener-class>"

B．<listener>元素应该定义在<servlet>元素下

C．部署监听器使用<listener>元素，该元素包含一个子元素 "<listener-class>"

D．一个 Web 应用只能注册一个监听器

6．在使用 HttpSession 维护当前在线人数的 Web 应用中，当一个新用户登录到 Web 应用时？（　　　）

A．一个 HttpSessionEvent 对象将被送往 Web 应用的 HttpSessionListener 监听器

B．一个 ServletContextEvent 对象将被送往 Web 应用的 ServletContextListener 监听器

C．一个 HttpSessionEvent 对象将被送往 Web 应用的 ServletContextListener 监听器

D．一个 HttpSessionCreateEvent 对象将被送往 Web 应用的 HttpSessionListener 监听器

E．一个 HttpSessionActivationEvent 对象将被送往 Web 应用的 HttpSessionActivationListener 监听器

7．在创建会话对象时，容器会通知会话监听器并调用其（　　　）方法。

A．invalidate　　　　B．sessionCreate　　　　C．sessionCreated　　　　D．sessionInit

二、简答题

简述编写监听器的基本过程。

三、操作题

1．编写一个局域网监听器，本地访问可以不用登录就能直接进入主页面 "Index.jsp"，如果是远程访问则需要将请求转到登录页面 "Login.jsp"。

2．编写一个用户监听器，将每个登录用户访问的网站页面全部记录下来。

第 9 章

基于 Spring MVC 的应用开发

Spring MVC 是 Spring 提供的一个基于 MVC 设计模式的轻量级 Web 开发框架，本质上相当于 Servlet。

Spring MVC 角色划分清晰，分工明细。Spring MVC 是 Spring 框架的一部分，和 Spring 框架无缝集成，性能方面具有先天的优越性，是当今业界最主流的 Web 开发框架，最热门的开发技能。

📖 **本章要点：**

- ◆ Spring 框架概念
- ◆ Spring IoC 容器
- ◆ Spring 依赖注入
- ◆ Spring Bean 配置方式
- ◆ Spring MVC 执行流程
- ◆ Spring MVC 接口
- ◆ 基于 Spring MVC 的应用程序创建

9.1 Spring 框架基础

9.1.1 Spring 是什么

Spring 由 Rod Johnson 创立，2004 年发布了 Spring 框架的第一版，其目的是用于简化企业级应用程序开发的难度和周期。Spring 是目前主流的 Java Web 开发框架，是 Java 世界最为成功的框架。该框架是一个轻量级的开源框架，具有很高的凝聚力和吸引力。

Spring 自诞生以来一直备受青睐，它包括许多框架，如 Spring framework、SpringMVC、SpringBoot、Spring Cloud、Spring Data、Spring Security 等，所以有人将它们亲切地称为 Spring 全家桶。Spring framework 就是我们平时说的 Spring 框架，它是全家桶内其他框架的基础和核心。

Spring 是分层的一站式轻量级开源框架，以 IoC（Inverse of Control，控制反转）和 AOP（Aspect Oriented Programming，面向切面编程）为内核。

在 Spring 中，认为一切 Java 类都是资源，而资源都是类的实例对象（Bean），容纳并管理这些 Bean 的是 Spring 所提供的 IoC 容器，所以 Spring 是一种基于 Bean 的编程。

在实际开发中，服务器端通常采用三层体系架构，分别为视图层（Web）、业务逻辑层（Service）、持久层（Dao）。

Spring 致力于 Java EE 应用各层的解决方案，对每一层都提供了技术支持，在表现层提供了与 Spring MVC 框架的整合，在业务逻辑层可以管理事务和记录日志等，在持久层可以整合 MyBatis 和 JdbcTemplate 等技术。

从某个程度上来看，Spring 框架充当了黏合剂和润滑剂的角色，能够将相应的 Java Web 系统柔顺地整合起来，并让它们更易使用。

从设计上看，Spring 框架给予了 Java 程序员更高的自由度，对业界的常见问题也提供了良好的解决方案，因此，在开源社区受到了广泛的欢迎，并且被大部分公司作为 Java 项目开发的首选框架。

Spring 作为实现 Java EE 的一个全方位应用程序框架，为开发企业级应用提供了一个健壮、高效的解决方案。它不仅可以应用于服务器端开发，也可应用于任何 Java 应用的开发。

Spring 的基本框架主要包含六大模块：DAO、ORM、AOP、JEE、Web、Core，如图 9.1 所示。

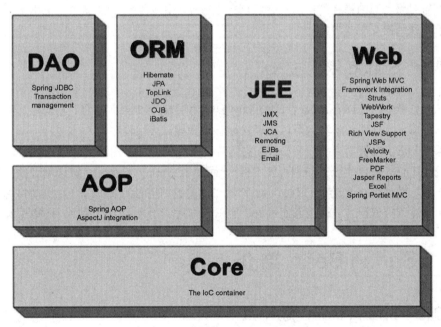

图 9.1　Spring 的基本框架

Spring DAO：Spring 提供了对 JDBC 的操作支持：JdbcTemplate 模板工具类。

Spring ORM：Spring 可以与 ORM 框架整合。例如，Spring 整合 Hibernate 框架，其中 Spring 还提供 HibernateDaoSupport 工具类，简化了 Hibernate 的操作。

Spring Web：Spring 提供了对 Struts、Springmvc 的支持，支持 Web 开发。与此同时 Spring 自身也提供了基于 MVC 的解决方案。

Spring AOP：Spring 提供面向切面的编程，可以给某一层提供事务管理，如在 Service 层添加事物控制。

Spring JEE：J2EE 开发规范的支持，如 EJB。

Spring Core：提供 IoC 容器对象的创建和处理依赖对象关系。

9.1.2 Spring IoC 容器

1. IoC 概念

IoC 不是一种技术，只是一种思想，一个重要的面向对象编程的法则，IoC 指的是将对象的创建权交给 Spring 去创建。使用 Spring 框架之前，对象的创建都是由开发者使用 new 在类的内部创建，从而导致类与类之间高耦合，难于测试，而使用 Spring 框架之后，对象的创建主动权都交给了 Spring 框架。

2. IoC 容器

IoC 容器是 Spring 的核心，也可以称为 Spring 容器。Spring 中使用的对象都由 IoC 容器进行实例化和初始化，包含从创建到销毁的整个生命周期。

由 IoC 容器管理的对象称为 Spring Bean，Spring Bean 就是 Java 对象，和使用 new 运算符创建的对象没有区别。

有了 IoC 容器后，把创建和查找依赖对象的控制权交给了容器，由容器进行注入组合对象，所以对象与对象之间的耦合是松散耦合，这样也方便测试，利于功能复用，更重要的是使得程序的整个体系结构变得非常灵活。

9.1.3 Spring 依赖注入

Spring 依赖注入（Dependency Injection，DI）和控制反转含义相同，它们是从两个角度描述的同一个概念。使用依赖注入可以更轻松地管理和测试应用程序。

当某个 Java 实例需要另一个 Java 实例时，传统的方法是由调用者创建被调用者的实例（例如，使用 new 关键字获得被调用者实例），而使用 Spring 框架后，被调用者的实例不再由调用者创建，而是由 IoC 容器创建。IoC 容器在创建被调用者的实例时，会自动将调用者需要的对象实例注入给调用者，调用者通过 IoC 容器获得被调用者实例，这称为依赖注入。

9.2 Spring Bean 简介

9.2.1 Spring Bean 是什么

在 Spring 中，构成应用程序主干并由 Spring IoC 容器管理的对象称为 Spring Bean。Bean 是任何 Spring 应用程序的基本构建块。Bean 相当于定义一个组件，这个组件用于具体实现某个功能，Spring 中所有的 Bean 组成一个 Bean 工厂。

9.2.2 Spring Bean 配置

Spring 容器可以被看作一个大工厂，而 Spring 容器中的 Bean 就相当于该工厂的产品。如果希望这个大工厂能够生产和管理 Bean，则需要告诉容器需要哪些 Bean，以及需要以何种方式将这些 Bean 装配到一起，所以 Bean 的装配方式也就是 Bean 依赖注入的方式。

以前 Java 框架基本都采用了 XML 作为配置文件，但是现在 Java 框架又不约而同地支持基于 Annotation（注解）的"零配置"来代替 XML 配置文件，而 Spring 3.x 提供了三种选择，分别是：基于 XML 的配置、基于 Annotation（注解）的配置和基于 Java 类的配置。本书中，主要介绍前面两种。

首先需要创建 JavaBean。

● BeanFactory.java 类

```
package com.njcit.Service;
public interface BeanFactory {
    public void Beantest();
}
```

● BeanFactoryImpl.java 类

```
package com.njcit.service.impl;
import com.njcit.service.BeanFactory;
public class BeanFactroyImpl implements BeanFactory {
    @Override
    public void Beantest() {
        System.out.println("------这是 XML 配置的bean!------}
}
```

1.基于 XML 的配置

```
<?xml version="1.0" encoding="UTF-8"?>
<beans
    xmlns="http://www.springframework.org/schema/beans"
    xmlns:xsi="http://www.w3.org/2001/XMLSchema-instance"
    xmlns:context="http://www.springframework.org/schema/context"
    xsi:schemaLocation="http://www.springframework.org/schema/beans
    http://www.springframework.org/schema/beans/spring-beans-3.0.xsd
    http://www.springframework.org/schema/context
http://www.springframework.org/schema/context/spring-context-3.0.xsd">

    <bean                                         id="beanFactroy"
class="com.stonegeek.service.impl.BeanFactroyImpl">

</beans>
```

在 XML 配置中，根元素是<beans>，<beans> 中可以包含多个<bean>子元素，每一个 <bean>子元素定义一个 Bean，通过 id 或 name 属性定义 Bean 的名称，如果未指定 id 和 name 属性，Spring 则自动将全限定类名作为 Bean 的名称。

下面是用于测试的 TestBean.java 类。

```
package com.njcit;
import com.njcit..service.BeanFactory;
import org.junit.Test;
import org.springframework.context.ApplicationContext;
import
org.springframework.context.support.ClassPathXmlApplicationContext;
public class TestBean {
    public void test(){
        ApplicationContext ctx= new ClassPathXmlApplicationContext(
    "applicationContext.xml");
        BeanFactory                         beanFactory=(BeanFactory)
ctx.getBean("beanFactroy");
        beanFactory.Beantest(); //------这是 XML 配置的bean!------}
    }
```

2. 基于 Annotation 的配置

虽然使用 XML 配置文件能实现 Bean 的配置与注入，但如果应用中有很多 Bean，会导致 XML 配置文件过于复杂，给后续的维护和升级带来难度。因此，Spring 提供了基于 Annotation 的 Bean 配置方式。

Spring 中常用注解如下：

@Component：一个泛化的概念，表示一个组件（Bean），可作用在任何层次。

@Controller：用于将控制层（如 Spring MVC 的 Controller）的实现类标注为 Spring 中的 Bean，目前该功能与 Component 相同。

@Repository：用于将数据访问层（DAO）的实现类标注为 Spring 中的 Bean，目前该功能与 Component 相同。

@Service：用于将业务层（Service 层）的实现类标注为 Spring 中的 Bean，目前该功能与 Component 相同。

@Auztowired：用于对 Bean 的属性变量、属性的 Setter 方法及构造方法进行标注，配合对应的注解处理器完成 Bean 的自动配置工作，默认按照 Bean 的类型进行配置。

下面使用注解的方式改写前面 BeanFactoryImpl 类。

BeanFactoryImpl.java 类。

```java
package com.njcit.service.impl;
import com.njcit.service.BeanFactory;
import org.springframework.stereotype.Service;
//通过@Service注解将 BeanFactoryImpl 类标注为 Spring 中的 Bean
@Service("beanFactory")
public class BeanFactroyImpl implements BeanFactory {
    @Override
    public void Beantest() {
        System.out.println("------这是注解配置的bean!------");
    }
}
```

XML 的配置文件修改如下：

```xml
<?xml version="1.0" encoding="UTF-8"?>
<beans
    xmlns="http://www.springframework.org/schema/beans"
    xmlns:xsi="http://www.w3.org/2001/XMLSchema-instance"
    xmlns:context="http://www.springframework.org/schema/context"
    xsi:schemaLocation="http://www.springframework.org/schema/beans
    http://www.springframework.org/schema/beans/spring-beans-3.0.xsd
    http://www.springframework.org/schema/context

http://www.springframework.org/schema/context/spring-context-3.0.xsd">

    <context:component-scan base-package="com.njcit" />

</beans>
```

其中，"<context:component-scan base-package="com.njcit" />" 表示使用 context 命名空间，通知 Spring 扫描指定包下所有的带注解的 Java Bean 类，并进行解析。一般使用注解方式配置 Java Bean 时，推荐使用扫描方式。注意，如果使用 Spring 4.0 以上版本，需要先向项目中导入 Spring AOP 的 JAR 包，如 Spring-aop-4.3.6.RELEASE.jar，否则会报错。

9.3　Spring MVC 框架基础

9.3.1　Spring MVC 是什么

Spring MVC 是结构最清晰的"Servlet+JSP+JavaBean"的实现，是一个典型的教科书式的 MVC 构架。在 Spring MVC 框架中，Controller 替换 Servlet 来担负控制器的职责，用于接收请求，调用相应的 Model 进行处理，处理器完成业务处理后返回处理结果。Controller 调用相应的 View 并对处理结果进行视图渲染，最终客户端得到响应信息。

Spring MVC 的注解驱动和对 Rest 风格的支持，也是它最具特色的功能。无论是在框架设计，还是在扩展性、灵活性等方面都全面超越了 Struts2 等 MVC 框架。并且由于 Spring MVC 本身就是 Spring 框架的一部分，所以可以说与 Spring 框架是无缝集成的，性能方面具有先天的优越性，对于开发者来说，其开发效率也高于其他的 Web 框架，在企业中的应用越来越广泛，成为主流的 MVC 框架。

Spring MVC 的主要特点如下：

（1）具有清晰的角色划分，Spring MVC 在 Model、View 和 Controller 方面提供了一个非常清晰的角色划分，这 3 个方面真正各司其职，各负其责。

（2）提供了大量的控制器接口和实现类，开发者可以使用 Spring 提供的控制器实现类，也可以自己实现控制器接口。

（3）可以自动绑定用户输入，并能正确地转换数据类型。

（4）内置了常见的校验器，可以检验用户输入。如果校验不能通过，那么就会重定向到输入表单。

（5）真正做到与 View 层的实现无关。它不会强制开发者使用 JSP，可以根据项目需求使用 Velocity、FreeMarker 等技术。

（6）提供了一个前端控制器"DispatcherServlet"。

（7）支持国际化。可以根据用户区域显示多国语言。

（8）面向接口编程。

9.3.2　Spring MVC 的执行流程

在学习框架之前，首先来了解一下 Spring MVC 框架的整体请求流程和使用到的 API 类。

Spring MVC 框架是高度可配置的，包含多种视图技术，例如 JSP、FreeMarker、Tiles、iText 和 POI。Spring MVC 框架并不关心使用的视图技术，也不会强迫开发者只使用 JSP。

Spring MVC 执行流程如图 9.2 所示。

SpringMVC 的执行流程如下：

（1）用户单击某个请求路径，发起一个 HTTP Request 请求，该请求会被提交到 DispatcherServlet（前端控制器）。

（2）由 DispatcherServlet 请求一个或多个 HandlerMapping（处理器映射器），并返回一个执行链（HandlerExecutionChain）。

（3）DispatcherServlet 将执行链返回的 Handler 信息发送给 HandlerAdapter（处理器适配器）。

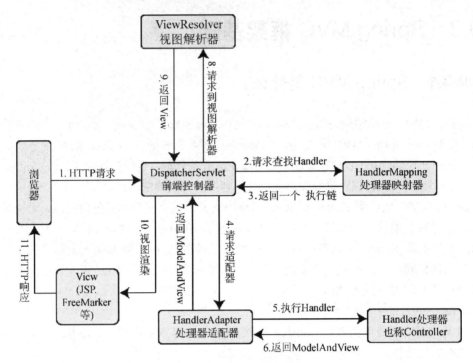

图9.2　Spring MVC 执行流程

（4）HandlerAdapter 根据 Handler 信息找到并执行相应的 Handler（常称为 Controller）。

（5）Handler 执行完毕后会返回给 HandlerAdapter 一个 ModelAndView 对象（Spring MVC 的底层对象，包括 Model 数据模型和 View 视图信息）。

（6）HandlerAdapter 接收到 ModelAndView 对象后，将其返回给 DispatcherServlet。

（7）DispatcherServlet 接收到 ModelAndView 对象后，会请求 ViewResolver（视图解析器）对视图进行解析。

（8）ViewResolver 根据 View 信息匹配到相应的视图结果，并返回给 DispatcherServlet。

（9）DispatcherServlet 接收到具体的 View 视图后，进行视图渲染，将 Model 中的模型数据填充到 View 视图中的 Request 域，生成最终的 View（视图）。

（10）视图负责将结果显示到浏览器（客户端）。

9.3.3　Spring MVC 接口

Spring MVC 涉及的组件有 DispatcherServlet（前端控制器）、HandlerMapping（处理器映射器）、HandlerAdapter（处理器适配器）、Handler（处理器）、ViewResolver（视图解析器）和 View（视图）。下面对各个组件的功能说明如下。

（1）DispatcherServlet。DispatcherServlet 是前端控制器，从图 9.2 可以看出，Spring MVC 的所有请求都要经过 DispatcherServlet 来统一分发。DispatcherServlet 相当于一个转发器或中央处理器，控制整个流程的执行，对各个组件进行统一调度，以降低组件之间的耦合性，有利于组件之间的拓展。

（2）HandlerMapping。HandlerMapping 是处理器映射器，其作用是根据请求的 URL 路径，通过注解或者 XML 配置，寻找匹配的处理器（Handler）信息。

（3）HandlerAdapter。HandlerAdapter 是处理器适配器，其作用是根据映射器找到的处理器（Handler）信息，按照特定规则执行相关的处理器（Handler）。

（4）Handler。Handler 是处理器，和 Java Servlet 扮演的角色一致。其作用是执行相关的请求处理逻辑，并返回相应的数据和视图信息，将其封装至 ModelAndView 对象中。

（5）ViewResolver。ViewResolver 是视图解析器，其作用是进行解析操作，通过 ModelAndView 对象中的 View 信息将逻辑视图名解析成真正的视图 View(如通过一个 JSP 路径返回一个真正的 JSP 页面)。

（6）View。View 是视图，其本身是一个接口，实现类支持不同的 View 类型（JSP、FreeMarker、Excel 等）。

以上组件中，需要开发人员进行开发的是处理器（Handler，常称 Controller）和视图（View），通俗地说，要开发处理该请求的具体代码逻辑，以及最终展示给用户的界面。

9.4　管理员登录功能的开发

本节将以 E-STORE 电子商城的后台管理员相关功能的开发为例向读者展示 Spring MVC 的开发流程。为了让初学者能够抓住 Spring MVC 开发过程的重点，我们将 JSP 页面做一定的简化，将登录成功 JSP 页面替换为只是显示"登录成功"的静态页面，在第 10 章中会对登录功能进行完整的介绍。

9.4.1　功能说明

与 E-STORE 电子商城的前台登录相似，后台管理员必须先登录才能进行相应管理操作。E-STORE 后台登录页面和登录成功页面如图 9.3 和图 9.4 所示。

图 9.3　E-STORE 后台登录页面

图 9.4　E-STORE 后台登录后管理页面

9.4.2　流程分析与设计

1. 设计数据库

（1）数据表的概念设计。管理员信息实体包括管理员编号、管理员名称、密码、管理员真实姓名、年龄、管理员类型标识等属性。其中管理员类型标识用来区分管理员的类型，字段是"1"表示为超级管理员，"0"表示为普通管理员。

（2）数据表的逻辑结构。管理员信息表用来保存 E-STORE 中所有管理员的信息，数据表命名为"tb_manager"，该表的结构见表 9.1。

表 9.1　tb_manager 表的结构

字 段 名	数 据 类 型	是 否 为 空	是否为主键	默 认 值	描　　述
id	int(4)	No	Yes	—	ID（自动编号）
name	varchar(50)	Yes	—	—	管理员名称
password	varchar(50)	Yes	—	—	登录密码
real_name	varchar(50)	Yes	—	—	真实姓名
sign	bit(1)	No	—	—	类型标识

（3）在数据库中创建表。在数据库中创建 tb_manager 数据表并添加测试数据。

2. 功能实现流程设计

（1）用户在 managerLogin.jsp 页面中填写登录用户名和密码，以请求参数的形式提交给控制器"ManagerController"。

（2）ManagerController（Controller 层）调用 Service 层，Service 层调用 Dao 层，Dao 层完成对数据库的查询，最后逐层返回结果给 ManagerController 来处理用户请求。

（3）若登录验证成功，跳转至 Manager 主页"ManagerIndex.jsp"。

（4）登录验证失败则跳转至登录页面"managerLogin.jsp"。

9.4.3 编程详解

后台登录是在系统中开发的第一个基于 Spring MVC 的功能模块，需要在工程中引入 Spring MVC 的支持。

1. 新建工程并引入 Spring MVC 支持

首先我们在 Eclipse 中新建一个项目，项目名称为"estore_back"，如图 9.5~图 9.7 所示。在项目创建完成后，可以在 WebContent/WEB-INF 下看到自动生成的 web.xml 文件，如图 9.8 所示。

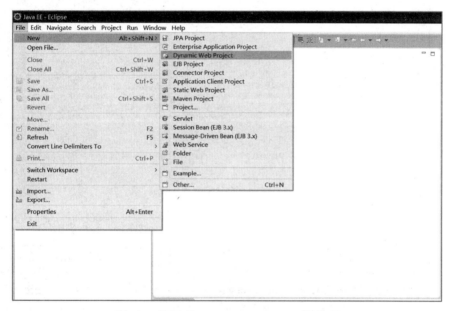

图 9.5 选择"**Dynamic Web Project**"选项

图 9.6 输入项目名"**estore_back**"并两次单击"**Next**"按钮

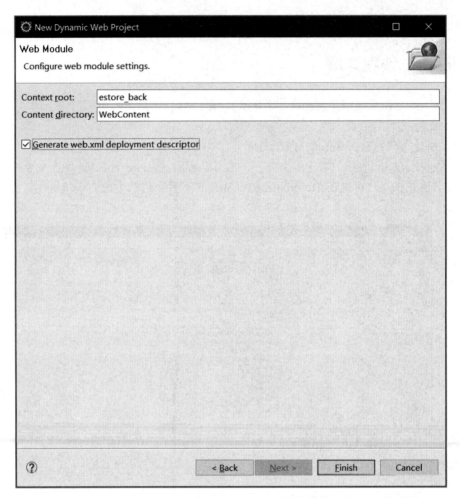

图 9.7　勾选"Generate web.xml deployment descriptor"并单击"Finish"按钮

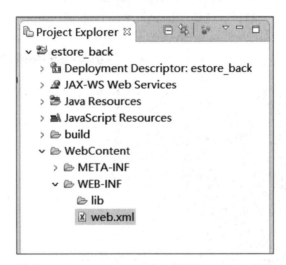

图 9.8　WebContent/WEB-INF 下的 web.xml 文件

接下来我们将提供的 jar 包复制到 WebContent/WEB-INF 下的 lib 文件夹内，如图 9.9 所示。

图 9.9 复制 jar 包到 lib 文件夹下

2. 搭建项目框架

在 Spring MVC 开发中，我们将项目分为三层：Controller 层、Service 层和 Dao 层。在这一步，我们将完成包、接口、类和配置文件等的创建。

（1）创建 Controller 层。

首先在 Java Resources/src 下新建包 "cn.estore.controller"；在 controller 包下新建 4 个类：CategoryBranchController、CategoryMainController、ManagerController、ProductController 创建的 Controller 层类如图 9.10 所示。

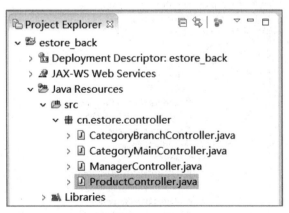

图 9.10 创建的 Controller 层类

（2）创建 Service 层。

在 cn.estore 下新建包 "service"；在 service 包下新建 4 个接口：CategoryBranchService、CategoryMainService、ManagerService 和 ProductService。

在 cn.estore 下新建包 "serviceImpl"；在 serviceImpl 包下新建 4 个类：CategoryBranchServiceImpl、CategoryMainServiceImpl、ManagerServiceImpl 和 ProductServiceImpl。这 4 个类是上面 4 个接口的实现类。创建的 Service 层类如图 9.11 所示。

图 9.11　创建的 Service 层类

（3）创建 Dao 层。

在 cn.estore 下新建包"dao"；在 dao 包下新建 4 个接口：CategoryBranchDao、CategoryMain Dao、ManagerDao 和 ProductDao。

在 cn.estore 下新建包"daoImpl"；在 daoImpl 包下新建 4 个类：CategoryBranchDaoImpl、CategoryMainDaoImpl、ManagerDaoImpl 和 ProductDaoImpl。这 4 个类是上面 4 个接口的实现类。创建的 Dao 层类如图 9.12 所示。

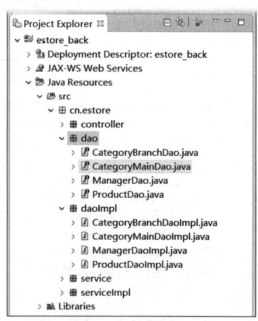

图 9.12　创建的 Dao 层类

（4）创建实体类和工具类。

在 cn.estore 下新建包"domain"；在 domain 包下新建 4 个类：CategoryBranch、CategoryMain、Manager 和 Product。

在 cn.estore 下新建包 "utils"；在 utils 包下新建类 DBHelper。

DBHelper 类的完整代码如下：

```
package cn.estore.utils;

import java.sql.*;

/**
 * 数据库访问工具类
 */
public class DBHelper {
    private static String driverClass = "com.mysql.cj.jdbc.Driver";
    private         static         String        jdbcUrl        =
"jdbc:mysql://localhost:3306/estoredbs?useUnicode=true&characterEncoding
=utf8&serverTimezone=UTC";
    private static String user = "root";
    private static String password = "root";
    private static Connection connection = null;

    public static Connection getConnection() {
        if (null == connection) {
            try {
                Class.forName(driverClass).newInstance();
                connection = DriverManager.getConnection(jdbcUrl, user,
password);
            } catch (Exception e) {
                System.out.println("数据库连接失败！");
            }
        }
        return connection;
    }
}
```

（5）创建配置文件。

在 Java Resources/src 下新建文件 "log4j.properties"，内容如下：

```
# Global logging configuration
log4j.rootLogger=ERROR, stdout
# MyBatis logging configuration...
log4j.logger.com.itheima.core=DEBUG
# Console output...
log4j.appender.stdout=org.apache.log4j.ConsoleAppender
log4j.appender.stdout.layout=org.apache.log4j.PatternLayout
log4j.appender.stdout.layout.ConversionPattern=%5p [%t] - %m%n
```

在 Java Resources/src 下新建包"resources"；在包 resources 下新建 applicationContext-dao.xml、applicationContext-service.xml 和 springmvc-config.xml 三个文件，三个文件内容如下。

applicationContext-dao.xml：

```
<?xml version="1.0" encoding="UTF-8"?>
<beans xmlns="http://www.springframework.org/schema/beans"
    xmlns:p="http://www.springframework.org/schema/p"
xmlns:aop="http://www.springframework.org/schema/aop"
    xmlns:xsi="http://www.w3.org/2001/XMLSchema-instance"
xmlns:tx="http://www.springframework.org/schema/tx"
    xmlns:context="http://www.springframework.org/schema/context"
```

```
        xsi:schemaLocation="http://www.springframework.org/schema/beans

http://www.springframework.org/schema/beans/spring-beans.xsd
                http://www.springframework.org/schema/aop
                http://www.springframework.org/schema/aop/spring-aop.xsd
                http://www.springframework.org/schema/tx
                http://www.springframework.org/schema/tx/spring-tx.xsd
                http://www.springframework.org/schema/context

http://www.springframework.org/schema/context/spring-context.xsd">
        <!-- 启动对 daoImpl 的组件扫描 -->
        <context:component-scan base-package="cn.estore.daoImpl" />

    </beans>
    applicationContext-service.xml:
    <?xml version="1.0" encoding="UTF-8"?>
    <beans xmlns="http://www.springframework.org/schema/beans"
        xmlns:p="http://www.springframework.org/schema/p"
xmlns:aop="http://www.springframework.org/schema/aop"
        xmlns:xsi="http://www.w3.org/2001/XMLSchema-instance"
xmlns:tx="http://www.springframework.org/schema/tx"
        xmlns:context="http://www.springframework.org/schema/context"
        xsi:schemaLocation="http://www.springframework.org/schema/beans

http://www.springframework.org/schema/beans/spring-beans.xsd
                http://www.springframework.org/schema/aop
                http://www.springframework.org/schema/aop/spring-aop.xsd
                http://www.springframework.org/schema/tx
                http://www.springframework.org/schema/tx/spring-tx.xsd
                http://www.springframework.org/schema/context

http://www.springframework.org/schema/context/spring-context.xsd">
        <context:component-scan base-package="cn.estore.serviceImpl" />
    </beans>
    springmvc-config.xml:
    <?xml version="1.0" encoding="UTF-8"?>
    <beans xmlns="http://www.springframework.org/schema/beans"
            xmlns:mvc="http://www.springframework.org/schema/mvc"
            xmlns:xsi="http://www.w3.org/2001/XMLSchema-instance"
            xmlns:p="http://www.springframework.org/schema/p"
            xmlns:context="http://www.springframework.org/schema/context"
            xsi:schemaLocation="
            http://www.springframework.org/schema/beans

http://www.springframework.org/schema/beans/spring-beans.xsd
            http://www.springframework.org/schema/mvc
            http://www.springframework.org/schema/mvc/spring-mvc.xsd
            http://www.springframework.org/schema/context

http://www.springframework.org/schema/context/spring-context.xsd">

        <!-- springmvc 配置 2-配置 URL 映射器+处理器适配器 -->
        <mvc:annotation-driven/>

        <!-- 配置扫描器 -->
        <context:component-scan base-package="cn.estore.controller" />

        <bean id="jspViewResolver"

    class="org.springframework.web.servlet.view.InternalResourceViewResolver">
```

```xml
            <property name="prefix" value="/pages/" />
            <property name="suffix" value=".jsp" />
        </bean>

        <bean id="mappingJacksonHttpMessageConverter"

    class="org.springframework.http.converter.json.MappingJackson2HttpMess
ageConverter">
            <property name="supportedMediaTypes">
                <list>
                    <value>application/json;charset=UTF-8</value>
                </list>
            </property>
        </bean>
        <!--
        org.springframework.web.servlet.mvc.annotation.AnnotationMethodHan
dlerAdapter=>
        org.springframework.web.servlet.mvc.method.annotation.RequestMappi
ngHandlerAdapter
        -->
        <bean

    class="org.springframework.web.servlet.mvc.method.annotation.RequestMa
ppingHandlerAdapter">
            <property name="messageConverters">
                <list>
                    <!--json 视图拦截器，读取到@ResponseBody 的时候去配置它 -->
                    <ref bean="mappingJacksonHttpMessageConverter" />
                </list>
            </property>
        </bean>
        <bean id="multipartResolver"

    class="org.springframework.web.multipart.commons.CommonsMultipartResolver">
            <property name="maxUploadSize" value="104857600" />
            <property name="defaultEncoding" value="UTF-8" />
            <property name="resolveLazily" value="true" />
        </bean>

    </beans>
```

创建的配置文件如图 9.13 所示。

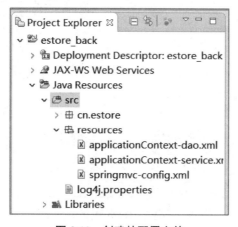

图 9.13 创建的配置文件

（6）复制静态资源并修改 web.xml 配置文件。

复制给出的静态资源 pages 文件夹和 resources 文件夹到 WebContent 下，此时会出现 JSP 报错，请将 Tomcat 依赖添加到项目中，步骤如下（需要 Eclipse 中配置 Tomcat，此处略）：

在项目上单击鼠标右键，选择"Build Path"→"Configure Build Path..."命令，如图 9.14 所示。

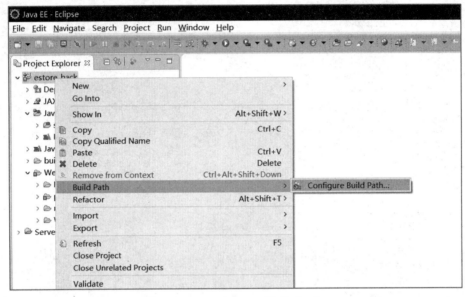

图 9.14　添加 Tomcat 依赖（1）

单击"Libraries"选项卡后单击"Add Library..."按钮，如图 9.15 所示。

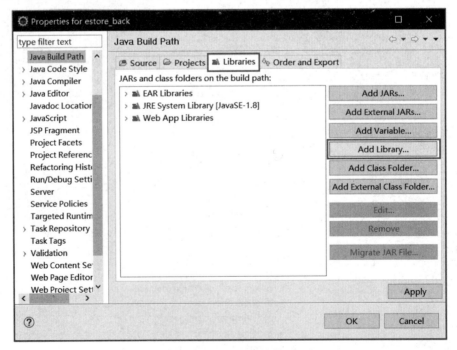

图 9.15　添加 Tomcat 依赖（2）

选择"Server Runtime"选项后单击"Next"按钮，如图 9.16 所示。

图 9.16　添加 Tomcat 依赖（3）

选择"Apache Tomcat v9.0"选项，单击"Finish"按钮，完成添加，如图 9.17 所示。

图 9.17　添加 Tomcat 依赖（4）

修改位于 WebContent/WEB-INF 下的 web.xml 文件，完整内容如下：

```
<?xml version="1.0" encoding="UTF-8"?>
<web-app        xmlns:xsi="http://www.w3.org/2001/XMLSchema-instance"
xmlns="http://java.sun.com/xml/ns/javaee"
xsi:schemaLocation="http://java.sun.com/xml/ns/javaee
http://java.sun.com/xml/ns/javaee/web-app_2_5.xsd" version="2.5">
    <display-name>estore_ssm_back</display-name>
    <context-param>
      <param-name>contextConfigLocation</param-name>
<param-value>classpath:resources/applicationContext-*.xml</param-value>
    </context-param>
    <listener>
<listener-class>org.springframework.web.context.ContextLoaderListener</listener-class>
    </listener>
    <filter>
      <filter-name>encoding</filter-name>
<filter-class>org.springframework.web.filter.CharacterEncodingFilter</filter-class>
      <init-param>
        <param-name>encoding</param-name>
        <param-value>UTF-8</param-value>
      </init-param>
    </filter>
    <filter-mapping>
      <filter-name>encoding</filter-name>
      <url-pattern>*.do</url-pattern>
    </filter-mapping>
    <servlet>
      <servlet-name>estore</servlet-name>
<servlet-class>org.springframework.web.servlet.DispatcherServlet</servlet-class>
      <init-param>
        <param-name>contextConfigLocation</param-name>
<param-value>classpath:resources/springmvc-config.xml</param-value>
      </init-param>
      <load-on-startup>1</load-on-startup>
    </servlet>
    <servlet-mapping>
      <servlet-name>estore</servlet-name>
      <url-pattern>*.do</url-pattern>
    </servlet-mapping>
    <welcome-file-list>
      <welcome-file>pages/managerLogin.jsp</welcome-file>
    </welcome-file-list>
</web-app>
```

复制文件和修改操作都完成后，web.xml 文件如图 9.18 所示。

3．部署应用与测试

（1）部署本 Web 应用系统。本例中使用的服务器为 Tomcat，在 Eclipse 中配置 Tomcat，然后将本示例中的 Web 项目部署到目标服务器 Tomcat 中。

（2）启动服务器。

（3）将应用部署到 Tomcat 如图 9.19 所示。

图 9.18　Web.xml 文件

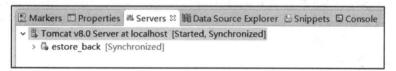

图 9.19　将应用部署到 Tomcat

（4）在浏览器的地址栏中输入"http://localhost:8080/estore_back/"，页面效果如图 9.20 所示。

图 9.20　页面效果

后台用户管理模块

◆ 后台管理总体规划

◆ 管理员登录功能模块设计与实现

◆ 管理员查询功能模块设计与实现

◆ 管理员添加功能模块设计与实现

◆ 管理员删除功能模块设计与实现

在第 9 章中我们学习了如何使用 Spring MVC 框架来构建一个 Web 应用。本章将继续进行 E-STORE 的开发，利用 Spring MVC 框架来完成 E-STORE 后台用户管理模块的开发。

在第 2 章中已经向大家展示了 E-STORE 后台管理的功能模块组成，E-STORE 后台管理主要包括管理员用户管理、商品信息管理、商城信息管理等。管理员用户管理包括管理员登录、管理员查询、管理员添加和管理员删除等功能。除了这些功能，管理员还可以登录后台，管理商品、管理大类别、管理小类别。

本章将依次完成以下功能：

（1）管理员登录。

（2）管理员查询。

（3）管理员添加。

（4）管理员删除。

10.1 E-STORE 后台总体规划

在第 3 章～第 5 章中，E-STORE 工程使用 "JSP+JavaBean" 实现了前台商品展示、前台会员登录管理、购物车等模块；第 6 章中使用 "JSP+JavaBean+Servlet" 实现了订单管理模块。本章开始的基于 SpringMVC 框架的后台管理模块开发不在原有的 E-STORE 工程基础上进行，而是新建了一个项目。为了合理组织 E-STORE 的各个功能组件，需要添加若干个包用来存放 SpringMVC 相关组件。

后台开发完成后的工程示意图如图 10.1 所示。

后台开发相关文件的位置描述如下：

（1）JSP 存放在 WebContent/pages。

（2）实体类存放在 cn.estore.domain。

（3）工具类存放在 cn.estore.utils。

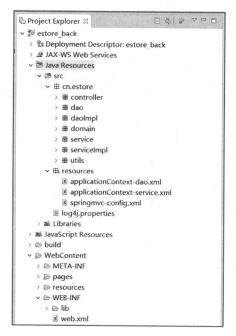

图 10.1　E-STORE 工程文件示意图

（4）Controller 层类存放在 cn.estore.controller。

（5）Service 层接口存放在 cn.estore.service，实现类存放在 cn.estore.serviceImpl。

（6）Dao 层接口存放在 cn.estore.dao，实现类存放在 cn.estore.daoImpl。

10.2　管理员登录

10.2.1　功能说明

如前所述，管理员登录成功后显示管理员登录状态，可以进行管理员用户管理、商品管理、大类别管理、小类别管理等操作。管理员登录成功后的页面如图 10.2 所示。

图 10.2　普通管理员登录成功后的页面

10.2.2 流程分析与设计

（1）用户在"managerLogin.jsp"页面中提供用户登录的信息，由用户输入用户名和密码，访问 form 表单里指定的 action，并将用户名和密码封装在 Manager 对象中。对应的 JSP 部分代码如下：

```
<form action="${pageContext.request.contextPath}/manager/managerLogin.do"
    method="post" onsubmit="return check()">
```

（2）根据 JSP 中 action 的路径，在 ManagerController 中编写 Controller 层处理 JSP 请求。

（3）在 ManagerService 中编写 Service 层接口方法，并在 ManagerServiceImpl 中实现该方法。

（4）在 ManagerDao 中编写 Dao 层接口，并在 ManagerDaoImpl 中编写实现类，完成对数据库的查询。

（5）逐级返回查询结果并根据不同结果做出相应的处理。

10.2.3 编程详解

在第 9 章中讲解了登录模块的开发流程，但是登录成功后的页面是一个静态页面，而实际上登录成功后应该出现管理员的登录主页面。管理员主页面包括三个区域，左边是各个管理模块的入口菜单，可以通过单击菜单进入某个管理界面；主页面的上部是快捷菜单，包括 LOGO、登录信息和退出登录选项卡；中间区域是显示主窗口，显示具体的内容。登录功能相关 JSP 已经给出，本节不再赘述，这里重点讲解登录主页面的后端开发过程。

1. Manager 实体类

Manager 实体类中的属性与数据库中的字段相对应，从数据库中查询出的数据将通过实体类完成数据的传递。具体的实现代码如下（省略了 Getter 和 Setter 方法，请自行添加）：

```java
public class Manager {
    private int id;// 自增长主键
    private String name;// 管理员用户名
    private String password;// 管理员密码
    private String realName;// 管理员实名
    private int sign = 0;// 管理员标志（1：超级管理员、0：普通管理员）

    public Manager() {
    }

    public Manager(int id, String name, String password, String realName,
int sign) {
        this.id = id;
        this.name = name;
        this.password = password;
        this.realName = realName;
        this.sign = sign;
    }

    @Override
```

```
      public String toString() {
          return "Manager [id=" + id + ", name=" + name + ", password=" +
password + ", realName=" + realName + ", sign="
                  + sign + "]";
      }
  }
```

2. ManagerDao 和 ManagerDaoImpl

Dao 层为数据库访问层，负责对数据库的增删改查。在 Dao 层的实现类上我们需要添加"@Repository"注解来表明这个类具有对数据库进行增删改查的功能。

在登录部分的实现中，我们只需要通过管理员的用户名和密码查询该管理员是否存在即可，实现代码如下。

ManagerDao：

```
public interface ManagerDao {
  public Manager login(String name, String password);
}
```

ManagerDaoImpl：

```
@Repository
public class ManagerDaoImpl implements ManagerDao {
  private Connection conn = DBHelper.getConnection();
  private PreparedStatement ps = null;
  private ResultSet rs = null;
  private String sql = "";
  @Override
  public Manager login(String name, String password) {
      Manager manager = null;
      sql = "select * from tb_manager where name = ? and password = ?";
      try {
          ps = conn.prepareStatement(sql);
          ps.setString(1, name);
          ps.setString(2, password);
          rs = ps.executeQuery();
          while (rs.next()) {
              manager = new Manager(rs.getInt(1), rs.getString(2),
rs.getString(3), rs.getString(4), rs.getInt(5));
          }
          return manager;
      } catch (Exception e) {
          e.printStackTrace();
      }
      return null;
  }
}
```

3. ManagerService 和 ManagerServiceImpl

Service 层为服务层，使用@Service 标记。Service 层是比 Dao 层高层次的一层结构，相当于将几种操作封装起来。ServiceImpl 实现类实现了 Service 接口，进行具体的业务操作。在 ServiceImpl 实现类中，需要注入 ManagerDao。其实现代码如下：

ManagerService：

```
public interface ManagerService {
  public Manager login(String name, String password);
}
```

ManagerServiceImpl：

```
@Service
public class ManagerServiceImpl implements ManagerService {
  private ManagerDao managerDao;

  @Autowired
  public void setManagerDao(ManagerDao managerDao) {
      this.managerDao = managerDao;
  }

  public Manager login(String name, String password) {
      return managerDao.login(name, password);
  }
}
```

4．ManagerController

为了响应前端的请求，我们需要添加"@Controller"注解来将 ManagerController 标识为一个 Controller，并使用"@RequestMapping"注解来指定控制器可以处理哪些 URL 请求。在 ManagerController 中，需要注入 ManagerService，其实现代码如下。

```
@Controller
@RequestMapping("/manager")
public class ManagerController {
  private ManagerService managerService;

  @Autowired
  public void setManagerService(ManagerService managerService) {
      this.managerService = managerService;
  }

  @RequestMapping("/managerLogin")
  public ModelAndView managerLogin(HttpSession session, String name,
String password) {
      ModelAndView mav = new ModelAndView();
      Manager manager = managerService.login(name, password);
      if (manager != null) {
          session.setAttribute("_USER_", manager);
          mav.addObject("msg", "登录成功！");
          mav.setViewName("ManagerIndex");
      } else {
          mav.addObject("err", "登录失败！");
          mav.setViewName("managerLogin");
      }
      return mav;
  }
}
```

通过代码可以看出，managerLogin 方法会先拿到请求中的"name"和"password"属性，然后通过 managerService 的 login 方法来查询用户是否存在。如果存在，将查询出的管理员用户以键值对的形式保存到 Session 中（key 为_USER_），然后跳转到 ManagerIndex.jsp 页面；如果不存在，则直接跳转到 managerLogin.jsp 页面。

启动服务器，使用浏览器打开"http://127.0.0.1:8080/estore_back/"，测试登录功能。若登录失败，则跳转回登录页面；登录成功后的页面如图 10.3 所示。

图 10.3　登录成功后的页面

❖　**知识拓展：@RequestMapping 注解的用法**

Spring 通过@Controller 找到相应的控制器类后，还需要知道控制器内部对每一个请求是如何处理的，这就需要使用"org.springframework.web.bind.annotation.RequestMapping"注解类型。RequestMapping 注解可以用于映射一个请求或者一个方法，它可以标注在一个类上或者一个方法上，用来处理请求地址映射的注解。

1. 标注在类上面

如果@RequestMapping 标注在类上面，表示该控制器处理的所有请求都被映射到指定路径下。此处不写，就默认为应用的根目录，否则需以"/"开头。例如，managerController 类中的"@RequestMapping("/manager")"，表示该类中的所有方法都需要通过路径"http://根目录/manager/..."访问。

2. 标注在方法上面

当标注在一个方法上时，该方法将成为一个请求处理方法，在程序接收对应的 URL 请求时被调用。例如，managerController 类中的 managerLogin 方法前"@RequestMapping("/managerLogin")"，表示 managerLogin 方法需要通过路径"http://根目录/manager/managerLogin"进行调用。

10.3　管理员查询

10.3.1　功能说明

管理员查询属于后台管理员模块的子功能，管理员登录后在页面左侧中有"查看管理员"菜单，单击该菜单将出现管理员查询结果页面，如图 10.4 所示。

图 10.4　管理员查询结果页面

10.3.2　流程分析与设计

功能实现流程设计如下：

（1）在 ManagerIndex.jsp 页面中单击菜单中的"查看管理员"按钮。

（2）根据 JSP 中 action 的路径，在 ManagerController 中编写 Controller 层处理 JSP 请求。

（3）在 ManagerService 中编写 Service 层接口方法，并在 ManagerServiceImpl 中实现该方法。

（4）在 ManagerDao 中编写 Dao 层接口，并在 ManagerDaoImpl 中编写实现类，完成对数据库的查询。

（5）逐级返回查询结果并根据不同结果做出相应的处理。

10.3.3　编程详解

1. 修改 ManagerDao 和 ManagerDaoImpl

为 ManagerDao 增加方法"selectManager"，在 ManagerDaoImpl 中实现该方法。该方法查询所有的管理员信息，返回管理员列表，具体实现代码如下。

ManagerDao:

```
public List<Manager> selectManager();
```

ManagerDaoImpl:

```
@Override
public List<Manager> selectManager() {
    Manager manager = null;
    List<Manager> list = new ArrayList<>();
    sql = "select * from tb_manager";
    try {
        ps = conn.prepareStatement(sql);
        rs = ps.executeQuery();
        while (rs.next()) {
            manager = new Manager(rs.getInt(1), rs.getString(2),
rs.getString(3), rs.getString(4), rs.getInt(5));
            list.add(manager);
```

```
        }
        return list;
    } catch (Exception e) {
        e.printStackTrace();
    }
    return null;
}
```

2. 修改 ManagerService 和 ManagerServiceImpl

为 ManagerService 添加 selectManager 方法并在 ManagerServiceImpl 中实现，具体实现代码如下。

ManagerService：

```
public List<Manager> selectManager();
```

ManagerServiceImpl：

```
public List<Manager> selectManager() {
    return managerDao.selectManager();
}
```

3. 修改 ManagerController

为 ManagerController 添加 showAllManagerList 方法，具体实现代码如下：

```
@RequestMapping("/showAllManagerList")
public ModelAndView showAllManagerList() {
    ModelAndView mav = new ModelAndView();
    List<Manager> managerList = managerService.selectManager();
    mav.addObject("managerList", managerList);
    mav.setViewName("manager/showManagersList");
    return mav;
}
```

10.4　管理员添加

10.4.1　功能说明

管理员可以为系统添加新的管理员用户，添加的管理员为普通管理员。添加管理员时需要注册"用户名""密码""真实姓名"等字段，添加管理员页面如图 10.5 所示。

添加成功后跳转至管理员查询页面，可以看到查询页面已经显示刚添加的管理员信息，如图 10.6 所示。

图 10.5　添加管理员页面

ID ⇕	账户名 ⇕	用户密码 ⇕	用户真实姓名 ⇕	操作 ⇕
16	manager	manager	manager	删除
22	sas	sas	sas	删除
24	123	123	123	删除
25	admin	admin	1	删除
26	sa	sa	123	删除

图 10.6　添加管理员成功页面

10.4.2　流程分析与设计

功能实现流程设计如下：

（1）在 ManagerIndex.jsp 页面中单击菜单中的"添加管理员"按钮。

（2）根据 JSP 中 action 的路径，在 ManagerController 中编写 Controller 层处理 JSP 请求。

（3）在 ManagerService 中编写 Service 层接口方法，并在 ManagerServiceImpl 中实现该方法。

（4）在 ManagerDao 中编写 Dao 层接口，并在 ManagerDaoImpl 中编写实现类，完成对数据库的查询。

（5）逐级返回查询结果并根据不同结果做出相应的处理。

10.4.3　编程详解

1. 修改 ManagerDao 和 ManagerDaoImpl

为 ManagerDao 增加方法 insertManager 和 checkManagerName，在 ManagerDaoImpl 中实现这两个方法。其中 checkManagerName 方法用于在注册时校验管理员名是否已存在，具体实现代码如下。

ManagerDao:

```
public int insertManager(Manager manager);

public int checkManagerName(String name);
```

ManagerDaoImpl:

```
    @Override
    public int insertManager(Manager manager) {
        sql = "insert into tb_manager(name,password,real_name) values
(?,?,?)";
        try {
            ps = conn.prepareStatement(sql);
            ps.setString(1, manager.getName());
            ps.setString(2, manager.getPassword());
            ps.setString(3, manager.getRealName());
            int i = ps.executeUpdate();
            return i;
```

```
        } catch (Exception e) {
            e.printStackTrace();
        }
        return 0;
    }

    @Override
    public int checkManagerName(String name) {
        sql = "select count(*) from tb_manager where name = ?";
        try {
            ps = conn.prepareStatement(sql);
            ps.setString(1, name);
            rs = ps.executeQuery();
            while (rs.next()) {
                return rs.getInt(1);
            }
        } catch (Exception e) {
            e.printStackTrace();
        }
        return 0;
    }
```

2. 修改 ManagerService 和 ManagerServiceImpl

为 ManagerService 添加 insertManager 和 checkManagerName 方法，并在 ManagerServiceImpl 中实现，具体实现代码如下。

ManagerService：

```
public int insertManager(Manager manager);

public int checkManagerName(String name);
```

ManagerServiceImpl：

```
public int insertManager(Manager manager) {
    return managerDao.insertManager(manager);
}
public int checkManagerName(String name) {
    return managerDao.checkManagerName(name);
}
```

3. 修改 ManagerController

为 ManagerController 添加 checkUserName 和 insertManager 方法，具体实现代码如下：

```
@RequestMapping("/insertManager")
public ModelAndView insertManager(Manager manager) {
    ModelAndView mav = new ModelAndView();
    managerService.insertManager(manager);
    mav.addObject("msg", "添加成功！");
    mav.setViewName("ManagerIndex");
    return mav;
}

@RequestMapping(value = "/checkManagerName", method = RequestMethod.POST)
public void checkUserName(HttpServletResponse response, String name) {
```

```
    int nember = managerService.checkManagerName(name);
    if (nember == 0) {
        try {
            response.getWriter().write("0");
        } catch (IOException e) {
            e.printStackTrace();
        }
    } else {
        try {
            response.getWriter().write("1");
        } catch (IOException e) {
            e.printStackTrace();
        }
    }
}
```

10.5 管理员删除

10.5.1 功能说明

在管理员信息的查询页面中可以通过单击"删除"按钮来完成删除某个管理员的操作，如图 10.7 所示。

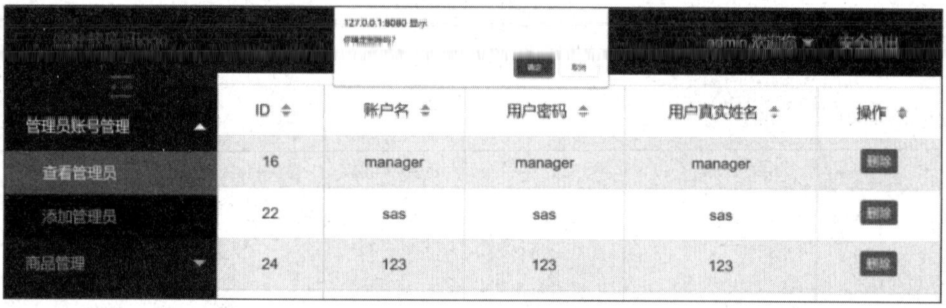

图 10.7 管理员删除页面

单击"确定"按钮即删除该管理员。在删除结果页面中提示删除成功信息，在新的管理员查询列表中已经将"admin"删除，如图 10.8 所示。

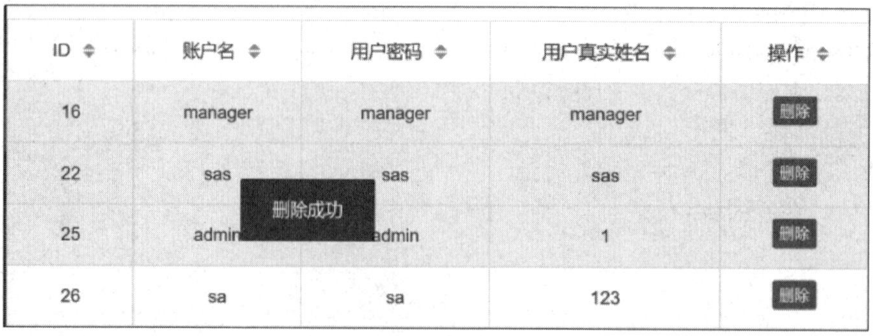

图 10.8 删除结果页面

10.5.2　流程分析与设计

功能实现流程设计如下：

在 showManagersList.jsp 页面中包含"删除"按钮，此按钮中添加了是否确认删除的函数，若确认删除，JSP 会发送请求"/manager/deleteManager.do"。

（1）在 showManagersList.jsp 页面中单击"删除"按钮。

（2）根据 JSP 中 action 的路径，在 ManagerController 中编写 Controller 层处理 JSP 请求。

（3）在 ManagerService 中编写 Service 层接口方法，并在 ManagerServiceImpl 中实现该方法。

（4）在 ManagerDao 中编写 Dao 层接口，并在 ManagerDaoImpl 中编写实现类，完成对数据库的查询。

（5）逐级返回查询结果，并根据不同结果做出相应的处理。

10.5.3　编程详解

1. 修改 ManagerDao 和 ManagerDaoImpl

为 ManagerDao 增加方法"deleteManager"，并在 ManagerDaoImpl 中实现，具体实现代码如下。

ManagerDao：

```
public int deleteManager(int id);
```

ManagerDaoImpl：

```
@Override
public int deleteManager(int id) {
    sql = "delete from tb_manager where id = ?";
    try {
        ps = conn.prepareStatement(sql);
        ps.setInt(1, id);
        int i = ps.executeUpdate();
        return i;
    } catch (Exception e) {
        e.printStackTrace();
    }
    return 0;
}
```

2. 修改 ManagerService 和 ManagerServiceImpl

为 ManagerService 添加 deleteManager 方法并在 ManagerServiceImpl 中实现，具体实现代码如下。

ManagerService：

```
public int deleteManager(int id);
```

ManagerServiceImpl：

```
public int deleteManager(int id) {
    return managerDao.deleteManager(id);
}
```

3. 修改 ManagerController

为 ManagerController 添加 checkUserName 和 insertManager 方法，具体实现代码如下：

```java
@RequestMapping("/deleteManager")
public ModelAndView deleteManager(int id) {
    ModelAndView mav = new ModelAndView();
    managerService.deleteManager(id);
    mav.addObject("msg", "删除成功！");
    List<Manager> managerList = managerService.selectManager();
    mav.addObject("managerList", managerList);
    mav.setViewName("manager/showManagersList");
    return mav;
}
```

10.6   管理员退出登录

10.6.1   功能说明

图 10.9   "安全退出"按钮

已登录管理员可以退出登录。"安全退出"按钮在管理员主面右上角，如图 10.9 所示安全退出后，返回到登录页面。

10.6.2   流程分析与设计

1. 功能实现流程设计

（1）在 ManagerIndex.jsp 页面可以看到"安全退出"按钮的 URL 指向"managerLogout.do"。

（2）为 ManagerController 增加方法"managerLogout"实现退出功能。

2. 修改 ManagerController

为 ManagerController 添加 managerLogout 方法，具体实现代码如下：

```java
@RequestMapping("/managerLogout")
public ModelAndView managerLogout(HttpSession session) {
    ModelAndView mav = new ModelAndView();
    session.invalidate();
    mav.setViewName("managerLogin");
    return mav;
}
```

第 11 章

后台商品管理模块

📖 **本章要点：**

◆ 商品查询功能模块设计与实现
◆ 商品添加功能模块设计与实现
◆ 商品删除功能模块设计与实现
◆ 类别查询功能模块设计与实现
◆ 类别添加功能模块设计与实现
◆ 类别删除功能模块设计与实现

E-STORE 前台可以展示各类商品，为了对所有的商品信息进行管理，后台需要开发商品信息管理模块，负责商品信息维护。商品信息管理模块包括商品基本信息管理和商品类别管理。其中商品信息管理包括商品查询、商品添加、商品修改和商品删除；商品类别管理包括大类别查询、商品小类别查询、两种类别的添加、修改和删除。

为了便于商品管理，将商品设置为属于某种大类别和小类别。大类别包括家用电器、衣帽服饰、计算机、交通工具、餐具和古玩等；小类别包括显示器、衣服、洗衣机、电视机、杯子和自行车等。

11.1　商品查询

11.1.1　功能说明

商品信息管理主要是实现商品信息的"增加、修改、删除、查看"。通常情况下，将查询结果页面设置为主页面。例如，在商品管理中，查询结果页面显示所有商品的概要信息，在页面中，针对每个商品可以查看该商品的详细信息、修改和删除该商品，可以另外增加新商品。商品查询结果页面如图 11.1 所示。

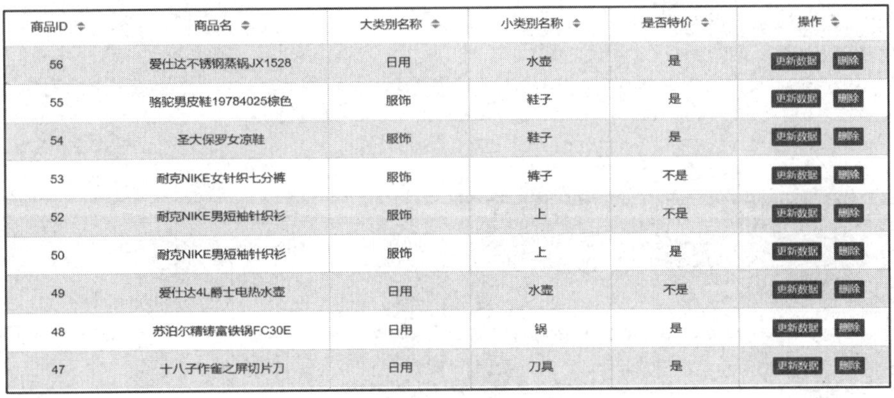

商品ID ⇅	商品名 ⇅	大类别名称 ⇅	小类别名称 ⇅	是否特价 ⇅	操作 ⇅
56	爱仕达不锈钢蒸锅JX1528	日用	水壶	是	更新数据　删除
55	骆驼男皮鞋19784025棕色	服饰	鞋子	是	更新数据　删除
54	圣大保罗女凉鞋	服饰	鞋子	是	更新数据　删除
53	耐克NIKE女针织七分裤	服饰	裤子	不是	更新数据　删除
52	耐克NIKE男短袖针织衫	服饰	上	不是	更新数据　删除
50	耐克NIKE男短袖针织衫	服饰	上	是	更新数据　删除
49	爱仕达4L爵士电热水壶	日用	水壶	不是	更新数据　删除
48	苏泊尔精铸富铁锅FC30E	日用	锅	是	更新数据　删除
47	十八子作雀之屏切片刀	日用	刀具	是	更新数据　删除

图 11.1　商品查询结果页面

商品查询结果页面中将分页展示商品信息，每个商品将显示"商品 ID""商品名""大类别名称""小类别名称""是否特价""操作"（包括"更新数据"和"删除"）等信息。

◆ 单击"更新数据"按钮可以实现对商品信息的更新操作。

◆ 单击"删除"按钮可以删除该商品。

另外，在左侧菜单中有"添加商品"菜单，提供添加商品的入口。

11.1.2 流程分析与设计

ManagerIndex.jsp 的"商品列表操作"菜单绑定了 showProductList 函数。单击该菜单将触发商品查询功能的调用，其 URL 指向为"product/selectAllProducts.do"。

商品查询功能的实现流程如下：

（1）用户单击"商品列表操作"菜单，访问"product/selectAllProducts.do"，对应的 JSP 部分代码如下：

```
function showProductList //显示商品
    $.ajax ( {
        url : "product/ selectAllProducts.do? ",
        type : 'get ',
        success : function (responseText){
            $('#contents ' ) .html (responseText);//嵌入结果
        }
    });
}
```

（2）根据 URL 路径，在 ProductController 中编写 Controller 层处理 JSP 请求。

（3）在 ProductService 中编写 Service 层接口方法，并在 ProductServiceImpl 中实现该方法。

（4）在 ProductDao 中编写 Dao 层接口，并在 ProductDaoImpl 中编写实现类，完成对数据库的查询。

（5）逐级返回查询结果，并根据不同结果做出相应的处理。

11.1.3 编程详解

1. Product 实体类

Product 实体类具体的实现代码如下（省略了 Getter 和 Setter 方法，请自行添加）：

```
public class Product {
    private int id;// 自动编号
    private int categoryMainId;// 大类别 id
    private String categoryMainName;// 大类别名称
    private int categoryBranchId;// 小类别 id
    private String categoryBranchName;// 小类别名称
    private String name;// 商品名称
    private String producingArea;// 商品产地
    private String description;// 商品描述
    private Date createTime;// 商品创建时间
    private float marketPrice;// 商品原价
    private float sellPrice;// 商品售价
    private int productAmount;// 商品总量
    private String picture;// 商品图片，存储的是文件名
```

```
    private int discount;// 1有折扣，0无折扣

    public Product() {
    }

    public Product(int id, int categoryMainId, String categoryMainName,
int categoryBranchId, String categoryBranchName,
            String name, String producingArea, String description, Date
createTime, float marketPrice, float sellPrice,
            int productAmount, String picture, int discount) {
        this.id = id;
        this.categoryMainId = categoryMainId;
        this.categoryMainName = categoryMainName;
        this.categoryBranchId = categoryBranchId;
        this.categoryBranchName = categoryBranchName;
        this.name = name;
        this.producingArea = producingArea;
        this.description = description;
        this.createTime = createTime;
        this.marketPrice = marketPrice;
        this.sellPrice = sellPrice;
        this.productAmount = productAmount;
        this.picture = picture;
        this.discount = discount;
    }
}
```

2．ProductDao 和 ProductDaoImpl

在展示商品列表的实现中，我们将所有的商品及其信息查询出来，实现代码如下。

ManagerDao：

```
public interface ProductDao {
  public List<Product> selectAllProducts();
}
```

ManagerDaoImpl：

```
@Repository
public class ProductDaoImpl implements ProductDao {
  private Connection conn = DBHelper.getConnection();
  private PreparedStatement ps = null;
  private ResultSet rs = null;
  private String sql = "";

  @Override
  public List<Product> selectAllProducts() {
      Product product = null;
      List<Product> list = new ArrayList<>();
      sql = "SELECT p.id,p.category_main_id,m.name AS category_main_n
ame,p.category_branch_id,b.name AS category_branch_name,p.name,"
              + "p.producing_area,p.description,p.create_time,p.mark
et_price,p.sell_price,p.product_amount AS sales_volume,p.picture,"
              + "p.discount FROM tb_product AS p,tb_category_main AS
m,tb_category_branch AS b WHERE p.category_main_id = m.id AND "
              + "p.category_branch_id = b.id order by id DESC";
      try {
          ps = conn.prepareStatement(sql);
          rs = ps.executeQuery();
          while (rs.next()) {
              product = new Product(rs.getInt(1), rs.getInt(2), rs.ge
tString(3), rs.getInt(4), rs.getString(5),
```

```
                             rs.getString(6), rs.getString(7), rs.getString
(8), rs.getDate(9), rs.getFloat(10),
                             rs.getFloat(11), rs.getInt(12), rs.getString(1
3), rs.getInt(14));
                 list.add(product);
             }
             return list;
         } catch (Exception e) {
             e.printStackTrace();
         }
         return null;
     }
 }
```

3．ProductService 和 ProductServiceImpl

ProductService 和 ProductServiceImpl 的实现代码如下。

ProductService：

```
public interface ProductService {
  public List<Product> selectAllProducts();
}
```

ProductServiceImpl：

```
@Service
public class ProductServiceImpl implements ProductService {
  private ProductDao productDao;

  @Autowired
  public void setProductDao(ProductDao productDao) {
      this.productDao = productDao;
  }

  public List<Product> selectAllProducts() {
      return productDao.selectAllProducts();
  }

}
```

4．ProductController

ProductController 的实现代码如下：

```
@Controller
@RequestMapping("/manager/product")
public class ProductController {

  private ProductService productService;

  @Autowired
  public void setProductService(ProductService productService) {
      this.productService = productService;
  }

  @RequestMapping("/selectAllProducts")
    public ModelAndView selectAllProducts() {
        ModelAndView mav = new ModelAndView();
        List<Product> produtList = productService.selectAllProducts();
        mav.addObject("productList", produtList);
        mav.setViewName("manager/showProductList");
```

```
        return mav;
    }

    }
```

启动服务器，登录系统。单击左侧菜单栏的"商品列表操作"菜单，显示商品列表，如图11.2 所示。

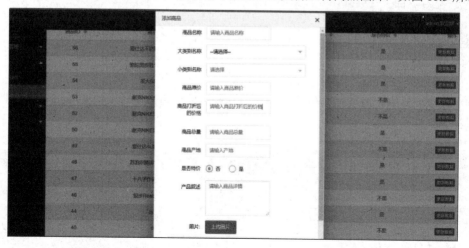

图 11.2　商品列表

11.2　商品添加

11.2.1　功能说明

在左侧菜单中有"添加商品"菜单，可以通过这个菜单进入商品添加页面，完成添加商品的功能。需要为添加的商品填写商品名称、大类别名称、小类别名称、商品原价、商品特价、商品总量、商品产地、是否特价、产品叙述等信息，还支持上传商品图片，如图11.3 所示。

图 11.3　商品添加页面

11.2.2 流程分析与设计

功能实现流程设计：ManagerIndex.jsp 的"添加商品"菜单绑定了 addProduct 函数。其 URL 指向为"/manager/ product/insertPeoductJsp.do"。

商品添加功能的实现流程如下：

（1）用户单击"添加商品"菜单，访问"/manager/product/insertPeoductJsp.do"。对应的 JSP 部分代码如下：

```
function addProduct(){//添加商品
    layer.open({
        type: 2,
        title: '添加商品',
        maxmin: false,
        shadeClose: true, //遮罩层
        area : ['500px' , '750px'],
        content: '${pageContext.request.contextPath}/manager/product/insertPeoductJsp.do',
        end: function () {

            showProductList();

            }
    });
}
```

（2）创建实体类 CategoryMain，用来封装大类别的属性，修改 Service 层，添加 selectAll MainCategory 方法并在 ServiceImpl 中实现，修改 Dao 层，添加 selectAllMainCategory 方法并在 DaoImpl 中实现。

（3）创建实体类 CategoryBranch，用来封装小类别的属性，修改 Controller 层，添加 getDiviszion2 方法用于在选择大类别后获得其所有小类别，完成 Service 层和 Dao 层的支持。

（4）根据 URL 路径，在 ProductController 中编写 Controller 层处理文件上传请求和 JSP 请求。

（5）在 ProductService 中编写 Service 层接口方法，并在 ProductServiceImpl 中实现该方法。

（6）在 ProductDao 中编写 Dao 层接口，并在 ProductDaoImpl 中编写实现类，完成对数据库的查询。

（7）逐级返回查询结果，并根据不同结果做出相应的处理。

11.2.3 编程详解

1. 实体类 CategoryMain 和 CategoryBranch

CategoryMain 和 CategoryBranch 实体类具体的实现代码如下（省略了 Getter 和 Setter 方法，请自行添加）。

CategoryMain：

```
public class CategoryMain {
    private int id;
    private String name;
    private String createTime;

    public CategoryMain() {
    }
```

```
    public CategoryMain(int id, String name, String createTime) {
        this.id = id;
        this.name = name;
        this.createTime = createTime;
    }

    @Override
    public String toString() {
        return "CategoryMain [id=" + id + ", name=" + name + ", createTi
me=" + createTime + "]";
    }
}
```

CategoryBranch：

```
public class CategoryBranch {
    private int id;// 类别 id
    private int categoryMainId;// 所属大类 id
    private String categoryMainName;// 所属大类别名
    private String name;// 类别名
    private String createTime;// 创建时间

    public CategoryBranch() {
    }

    public CategoryBranch(int id, int categoryMainId, String categoryMa
inName, String name, String createTime) {
        this.id = id;
        this.categoryMainId = categoryMainId;
        this.categoryMainName = categoryMainName;
        this.name = name;
        this.createTime = createTime;
    }
}
```

2. CategoryBranchDao、CategoryMainDao、CategoryBranchDaoImpl 和 CategoryMainDaoImpl

在 CategoryBranchDao 及其实现类中，我们要实现 selectBranchCategoryByMainId 方法，即按照大类别 id，查询所有小类别。

在 CategoryMainDao 及其实现类中，我们要实现 selectAllMainCategory 方法，即查看所有大类别功能，实现代码如下。

CategoryBranchDao：

```
public interface CategoryBranchDao {
    public List<CategoryBranch> selectBranchCategoryByMainId(int categ
oryMainId);
}
```

CategoryMainDao：

```
public interface CategoryMainDao {
    public List<CategoryMain> selectAllMainCategory();
}
```

CategoryBranchDaoImpl：

```java
@Repository
public class CategoryBranchDaoImpl implements CategoryBranchDao {
    private Connection conn = DBHelper.getConnection();
    private PreparedStatement ps = null;
    private ResultSet rs = null;
    private String sql = "";

    @Override
    public List<CategoryBranch> selectBranchCategoryByMainId(int categ
oryMainId) {
        List<CategoryBranch> list = new ArrayList<>();
        CategoryBranch categoryBranch = null;
        sql = "select * from tb_category_branch where category_main_id
= ?";
        try {
            ps = conn.prepareStatement(sql);
            ps.setInt(1, categoryMainId);
            rs = ps.executeQuery();
            while (rs.next()) {
                categoryBranch = new CategoryBranch();
                categoryBranch.setId(rs.getInt(1));
                categoryBranch.setCategoryMainId(rs.getInt(2));
                categoryBranch.setName(rs.getString(3));
                categoryBranch.setCreateTime(rs.getString(4));
                list.add(categoryBranch);
            }
            return list;
        } catch (Exception e) {
            e.printStackTrace();
        }
        return null;
    }
}
```

CategoryMainDaoImpl：

```java
@Repository
public class CategoryMainDaoImpl implements CategoryMainDao {
    private Connection conn = DBHelper.getConnection();
    private PreparedStatement ps = null;
    private ResultSet rs = null;
    private String sql = "";

    @Override
    public List<CategoryMain> selectAllMainCategory() {
        List<CategoryMain> list = new ArrayList<>();
        CategoryMain categoryMain = null;
        sql = "select * from tb_category_main";
        try {
            ps = conn.prepareStatement(sql);
            rs = ps.executeQuery();
            while (rs.next()) {
                categoryMain = new CategoryMain(rs.getInt(1), rs.getStr
ing(2), rs.getString(3));
                list.add(categoryMain);
            }
            return list;
        } catch (Exception e) {
```

```
            e.printStackTrace();
        }
        return null;
    }
}
```

3. 修改 ProductDao 和 ProductDaoImpl

在 ProductDao 及其实现类中，我们要添加 insertProduct 方法，用于向数据库中添加商品，其实现代码如下。

ProductDao：

```
public int insertProduct(Product product);
```

ProductDaoImpl：

```
    @Override
    public int insertProduct(Product product) {
        sql = "insert into tb_product(category_main_id, category_branch
_id, name, producing_area, description, create_time, "
                + "market_price, sell_price, product_amount, picture, d
iscount) values(?,?,?,?,?,?,?,?,?,?,?)";
        try {
            ps = conn.prepareStatement(sql);
            ps.setInt(1, product.getCategoryMainId());
            ps.setInt(2, product.getCategoryBranchId());
            ps.setString(3, product.getName());
            ps.setString(4, product.getProducingArea());
            ps.setString(5, product.getDescription());
            ps.setDate(6, (Date) product.getCreateTime());
            ps.setDouble(7, product.getMarketPrice());
            ps.setDouble(8, product.getSellPrice());
            ps.setInt(9, product.getProductAmount());
            ps.setString(10, product.getPicture());
            ps.setInt(11, product.getDiscount());
            int i = ps.executeUpdate();
            return i;
        } catch (Exception e) {
            e.printStackTrace();
        }
        return 0;
    }
```

4. CategoryBranchService、CategoryMainService、CategoryBranchServiceImpl 和 CategoryMainServiceImpl

在 CategoryBranchService 及其实现类中，我们要实现 selectBranchCategoryByMainId 方法，即按照大类别 id，查询所有小类别。

在 CategoryMainService 及其实现类中，我们要实现 selectAllMainCategory 方法，即查看所有大类别功能，实现代码如下。

CategoryBranchService：

```
public interface CategoryBranchService {
    public List<CategoryBranch> selectBranchCategoryByMainId(int mainC
ategoryID);
    }
```

CategoryMainService：

```
public interface CategoryMainService {
    public List<CategoryMain> selectAllMainCategory();
}
```

CategoryBranchServiceImpl：

```
@Service
public class CategoryBranchServiceImpl implements CategoryBranchServi
ce {
    private CategoryBranchDao categoryBranchDao;

    @Autowired
    public void setCategoryBranchDao(CategoryBranchDao categoryBranchD
ao) {
        this.categoryBranchDao = categoryBranchDao;
    }

    public List<CategoryBranch> selectAllBranchCategory() {
        return categoryBranchDao.selectAllBranchCategory();
    }
}
```

CategoryMainServiceImpl：

```
@Service
public class CategoryMainServiceImpl implements CategoryMainService {
    public CategoryMainDao categoryMainDao;

    @Autowired
    public void setCategoryMainDao(CategoryMainDao categoryMainDao) {
        this.categoryMainDao = categoryMainDao;
    }

    public List<CategoryBranch> selectBranchCategoryByMainId(int mainC
ategoryID) {
        return categoryBranchDao.selectBranchCategoryByMainId(mainCate
goryID);
    }
}
```

5. 修改 ProductService 和 ProductServiceImpl

在 ProductService 及其实现类中，我们要添加 insertProduct 方法，用于向数据库中添加商品，其实现代码如下。

ProductService：

```
public int insertProduct(Product product);
```

ProductServiceImpl：

```
public int insertProduct(Product product) {
    return productDao.insertProduct(product);
}
```

6. CategoryBranchController

在 CategoryBranchController 类中，我们要添加 getDivision2 方法，用于处理前端的"/getDivision2"

请求，其功能为按照大类别 id，查询所有小类别，其实现代码如下：

```java
@Controller
@RequestMapping("/manager/categoryBranch")
public class CategoryBranchController {

    private CategoryBranchService categoryBranchService;

    @Autowired
    public void setCategoryBranchService(CategoryBranchService categor
yBranchService) {
        this.categoryBranchService = categoryBranchService;
    }

    @RequestMapping(value = "/getDivision2", method = RequestMethod.POS
T)
    @ResponseBody
    public List<CategoryBranch> getDivision2(int mainCategoryId) {
        List<CategoryBranch> list = categoryBranchService.selectBranchC
ategoryByMainId(mainCategoryId);
        return list;
    }
}
```

7. 修改 ProductController

在 ProductController 类中，我们要添加 insertProductJsp、insertProduct 和 upload 方法，分别用于处理新增商品请求、新增商品操作和文件上传操作，其实现代码如下：

```java
    private CategoryMainService categoryMainService;

    @Autowired
    public void setCategoryMainService(CategoryMainService categoryMai
nService) {
        this.categoryMainService = categoryMainService;
    }

    @RequestMapping("/insertPeoductJsp")
    public ModelAndView insertProductJsp() {
        ModelAndView mav = new ModelAndView();
        List<CategoryMain> categoryMainList = categoryMainService.selec
tAllMainCategory();
        mav.addObject("categoryMainList", categoryMainList);
        mav.addObject("type", 1);
        mav.setViewName("manager/addProduct");
        return mav;
    }

    @RequestMapping("/insertProduct")
    public ModelAndView insertProduct(Product product) {
        ModelAndView mav = new ModelAndView();
        productService.insertProduct(product);
        mav.addObject("msg", "插入成功! ");
        mav.setViewName("manager/showProductList");
        return mav;
    }

    @ResponseBody
```

```
    @RequestMapping("upload")
    public Map<String, Object> upload(@RequestParam("file") MultipartFi
le file, HttpServletRequest request) {
        String prefix = "";
        String dateStr = "";
        OutputStream out = null;
        InputStream fileInput = null;
        try {
            if (file != null) {
                String originalName = file.getOriginalFilename();
                prefix = originalName.substring(originalName.lastIndexO
f(".") + 1);

                Date date = new Date();
                String uuid = UUID.randomUUID() + "";
                SimpleDateFormat simpleDateFormat = new SimpleDateForma
t("yyyy-MM-dd");
                dateStr = simpleDateFormat.format(date);
                String filepath = "E:\\Project\\JavaWeb 教材\\estore_bac
k\\WebContent\\resources\\images\\productImages " + "\\" + uuid
                        + "." + prefix; // 修改为本机项目地址
                File files = new File(filepath);
                if (!files.getParentFile().exists()) {
                    files.getParentFile().mkdirs();
                }
                file.transferTo(files);
                Map<String, Object> map2 = new HashMap<String, Object>
();

                Map<String, Object> map = new HashMap<String, Object>
();
                map.put("code", 0);
                map.put("msg", "");
                map.put("data", map2);
                map2.put("src", "/images/" + dateStr + "/" + uuid + "."
+ prefix);

                map2.put("picture", uuid + "." + prefix);
                return map;
            }
        } catch (Exception e) {
        } finally {
            try {
                if (out != null) {
                    out.close();
                }
                if (fileInput != null) {
                    fileInput.close();
                }
            } catch (IOException e) {
            }
        }
        Map<String, Object> map = new HashMap<String, Object>();
        map.put("code", 1);
        map.put("msg", "");
        return map;
    }
```

  启动服务器，登录系统。单击左侧菜单栏的"添加商品"菜单，选择大类别和小类别，填写其他字段，上传图片，单击"提交"按钮后商品添加成功，如图 11.4 所示。

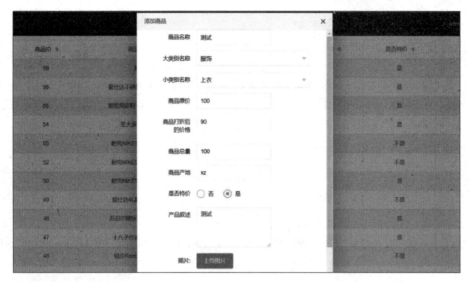

图 11.4　添加商品

11.3　商品修改操作

11.3.1　功能说明

我们可以通过商品列表最右侧的"更新数据"按钮来修改商品信息。在单击"更新数据"按钮后，将弹出更新商品页面，可以修改商品信息或重新上传图片，效果如图 11.5 所示。

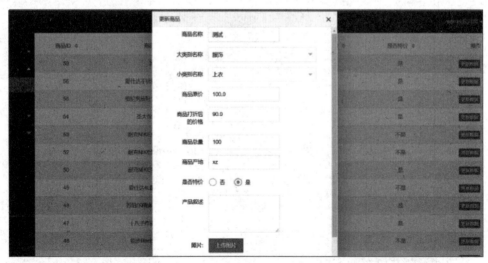

图 11.5　更新商品页面

11.3.2　流程分析与设计

（1）单击商品列表最右侧的"更新数据"按钮，会发送请求到"/manager/product/updatePeoductJsp.do"，ProductController 的 updatePeoductJsp 方法在向请求中存储商品信息、类

别信息完成后跳转到"addProduct.jsp"，在管理员完成修改后发送请求到"/manager/product/updateProduct.do"，后端完成对商品信息的修改。

（2）根据 URL 路径，在 ProductController 中编写 Controller 层处理 JSP 请求。

（3）在 ProductService 中编写 Service 层接口方法，并在 ProductServiceImpl 中实现该方法。

（4）在 ProductDao 中编写 Dao 层接口，并在 ProductDaoImpl 中编写实现类，完成对数据库的查询。

（5）逐级返回查询结果，并根据不同结果做出相应的处理。

11.3.3 编程详解

1. 修改 ProductDao 和 ProductDaoImpl

在 ProductDao 及其实现类中，我们要添加 updateProduct 和 selectAllProductById 方法，用于查询商品详情和修改商品属性，其实现代码如下。

ProductDao：

```
public int updateProduct(Product product);

public Product selectAllProductById(int id);
```

ProductDaoImpl：

```
    @Override
    public int updateProduct(Product product) {
        sql = "update tb_product set category_main_id = ?, category_bra
nch_id = ?, name = ?, producing_area = ?, description = ?,"
                + "create_time = ?, market_price = ?, sell_price = ?, pr
oduct_amount = ?, picture = ?, discount = ? where id = ?";
        try {
            ps = conn.prepareStatement(sql);
            ps.setInt(1, product.getCategoryMainId());
            ps.setInt(2, product.getCategoryBranchId());
            ps.setString(3, product.getName());
            ps.setString(4, product.getProducingArea());
            ps.setString(5, product.getDescription());
            ps.setDate(6, (Date) product.getCreateTime());
            ps.setDouble(7, product.getMarketPrice());
            ps.setDouble(8, product.getSellPrice());
            ps.setInt(9, product.getProductAmount());
            ps.setString(10, product.getPicture());
            ps.setInt(11, product.getDiscount());
            ps.setInt(12, product.getId());
            int i = ps.executeUpdate();
            return i;
        } catch (Exception e) {
            e.printStackTrace();
        }
        return 0;
    }

    @Override
    public Product selectAllProductById(int id) {
        Product product = null;
        sql = "SELECT p.id,p.category_main_id,m.name AS category_main_n
ame,p.category_branch_id,b.name AS category_branch_name,p.name,"
```

```
                + "p.producing_area,p.description,p.create_time,p.mark
et_price,p.sell_price,p.product_amount AS sales_volume,p.picture,"
                + "p.discount FROM tb_product AS p,tb_category_main AS
m,tb_category_branch AS b "
                + "WHERE p.id = ? AND p.category_main_id = m.id AND p.ca
tegory_branch_id = b.id";
        try {
            ps = conn.prepareStatement(sql);
            ps.setInt(1, id);
            rs = ps.executeQuery();
            while (rs.next()) {
                product = new Product(rs.getInt(1), rs.getInt(2), rs.ge
tString(3), rs.getInt(4), rs.getString(5),
                        rs.getString(6), rs.getString(7), rs.getString
(8), rs.getDate(9), rs.getFloat(10),
                        rs.getFloat(11), rs.getInt(12), rs.getString(1
3), rs.getInt(14));
            }
            return product;
        } catch (Exception e) {
            e.printStackTrace();
        }
        return null;
    }
```

2. 修改 ProductService 和 ProductServiceImpl

在 ProductService 及其实现类中，我们要添加 updateProduct 和 selectAllProductById 方法，其实现代码如下。

ProductService：

```
    public int updateProduct(Product product);

    public Product selectAllProductById(int id);
```

ProductServiceImpl：

```
    public int updateProduct(Product product) {
        return productDao.updateProduct(product);
    }

    public Product selectAllProductById(int id) {
        return productDao.selectAllProductById(id);
    }
```

3. 修改 ProductController

在 ProductController 类中，我们要添加 updatePeoductJsp 和 updateProduct 方法，用于处理前端的更新商品请求，其实现代码如下：

```
    private CategoryBranchService categoryBranchService;

    @Autowired
    public void setCategoryBranchService(CategoryBranchService categor
yBranchService) {
        this.categoryBranchService = categoryBranchService;
    }
```

```
@RequestMapping("/updatePeoductJsp")
public ModelAndView updatePeoductJsp(int id) {
    ModelAndView mav = new ModelAndView();
    List<CategoryMain> categoryMainList = categoryMainService.selec
tAllMainCategory();
    mav.addObject("categoryMainList", categoryMainList);
    Product product = productService.selectAllProductById(id);
    List<CategoryBranch> categoryBranchList = categoryBranchService
            .selectBranchCategoryByMainId(product.getCategoryMainId
());
    mav.addObject("categoryBranchList", categoryBranchList);
    mav.addObject("product", product);
    mav.addObject("type", 0);
    mav.setViewName("manager/addProduct");
    return mav;
}

@RequestMapping(value = "/updateProduct", method = RequestMethod.POST)
public ModelAndView updateProduct(Product product) {
    ModelAndView mav = new ModelAndView();
    productService.updateProduct(product);
    mav.addObject("msg", "更新成功！");
    mav.setViewName("manager/showProductList");
    return mav;
}
```

启动服务器，登录系统。单击商品列表最右侧的"更新数据"按钮，选择大类别和小类别，填写其他字段，上传图片，单击"提交"按钮后商品信息修改成功，如图 11.6 所示。

图 11.6　修改商品信息

11.4　删除商品

11.4.1　功能说明

管理员可以删除某个商品。单击商品列表最右侧的"删除"按钮并单击"确定"按钮就可以完成删除操作，如图 11.7 所示。

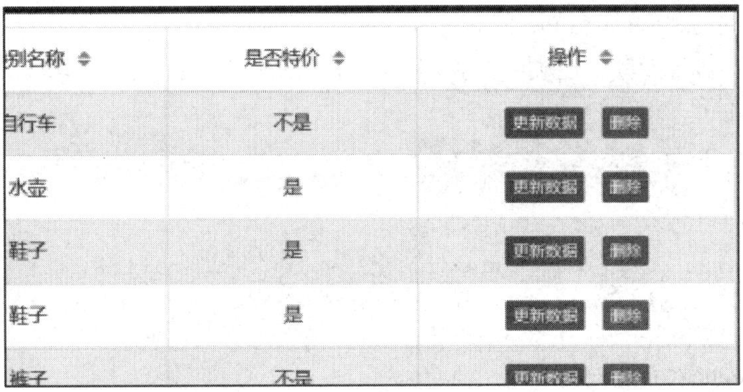

别名称 ⇕	是否特价 ⇕	操作 ⇕
自行车	不是	更新数据　删除
水壶	是	更新数据　删除
鞋子	是	更新数据　删除
鞋子	是	更新数据　删除
裤子	不是	更新数据　删除

图 11.7　商品"删除"按钮

删除成功后页面将转至商品展示页面。

11.4.2　流程分析与设计

（1）单击商品列表最右侧的"删除"按钮，会发送请求到"product/deleteProduct.do"。

（2）根据 URL 路径，在 ProductController 中编写 Controller 层处理 JSP 请求。

（3）在 ProductService 中编写 Service 层接口方法，并在 ProductServiceImpl 中实现该方法。

（4）在 ProductDao 中编写 Dao 层接口，并在 ProductDaoImpl 中编写实现类，完成对数据库的查询。

（5）逐级返回查询结果并根据不同结果做出相应的处理。

11.4.3　编程详解

1. 修改 ProductDao 和 ProductDaoImpl

在 ProductDao 及其实现类中，我们要添加 deleteProduct 方法，用于完成商品的删除操作，其实现代码如下。

ProductDao：

```
public int deleteProduct(int id);
```

ProductDaoImpl：

```
@Override
public int deleteProduct(int id) {
    sql = "delete from tb_product where id = ?";
    try {
        ps = conn.prepareStatement(sql);
        ps.setInt(1, id);
        int i = ps.executeUpdate();
        return i;
    } catch (Exception e) {
        e.printStackTrace();
    }
    return 0;
}
```

2. 修改 ProductService 和 ProductServiceImpl

在 ProductService 及其实现类中，我们要添加 deleteProduct 方法，其实现代码如下。

ProductService：

```
public int deleteProduct(int id);
```

ProductServiceImpl：

```
public int deleteProduct(int id) {
    return productDao.deleteProduct(id);
}
```

3. 修改 ProductController

在 ProductController 类中，我们要添加 deleteProduct 方法，用于处理前端的删除商品请求，其实现代码如下：

```
@RequestMapping("/deleteProduct")
public ModelAndView deleteProduct(int id) {
    ModelAndView mav = new ModelAndView();
    productService.deleteProduct(id);
    List<Product> produtList = productService.selectAllProducts();
    mav.addObject("productList", produtList);
    mav.setViewName("manager/showProductList");
    return mav;
}
```

启动服务器，登录系统。单击商品列表最右侧的"删除"按钮，单击"确定"按钮后商品删除成功，如图 11.8 所示。

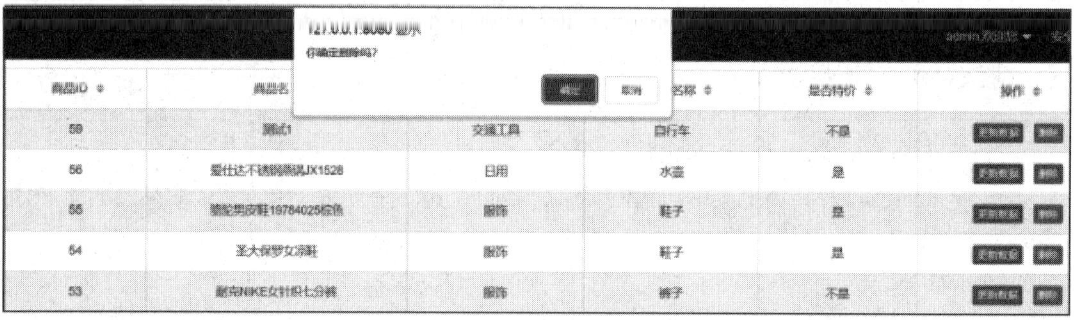

图 11.8　删除商品

11.5　类别查询

11.5.1　功能说明

为了便于商品管理，系统将商品分成若干个大类别和若干个小类别。例如，商品可以分为家用电器、古玩类、交通工具和计算机等。家用电器大类别又包含电视机、洗衣机等小类别。左侧菜单栏中包含了大小类别的展示和新增操作，在单击进入大小类别列表后，还可以进行类别的修改和删除操作。

单击"大类别列表"按钮，其显示页面如图 11.9 所示。

图 11.9　大类别列表

大类别列表页显示所有大类别信息，可以修改和删除大类别。单击"小类别"按钮，其页面如图 11.10 所示。小类别列表页显示所有小类别信息，可以修改和删除小类别。

图 11.10　小类别列表页

11.5.2　流程分析与设计

大类别与小类别的查询操作原理一致，因此我们以大类别为例，展示功能实现流程。

（1）单击左侧菜单栏的"大类别列表"按钮，会发送请求到"categoryMain/selectAllMainCategory.do"。

（2）根据 URL 路径，在 CategoryMainController 中编写 Controller 层处理 JSP 请求。

（3）在 CategoryMainService 中编写 Service 层接口方法，并在 CategoryMainServiceImpl 中实现该方法。

（4）在 CategoryMainDao 中编写 Dao 层接口，并在 CategoryMainDaoImpl 中编写实现类，完成对数据库的查询。

（5）逐级返回查询结果，并根据不同结果做出相应的处理。

11.5.3 编程详解

1. 修改 CategoryBranchDao 和 CategoryBranchDaoImpl

在 CategoryBranchDao 及其实现类中，我们要添加 selectAllBranchCategory 方法，用于实现所有小类别展示的功能，其实现代码如下。

CategoryBranchDao：

```
public List<CategoryBranch> selectAllBranchCategory();
```

CategoryBranchDaoImpl：

```
@Override
public List<CategoryBranch> selectAllBranchCategory() {
    CategoryBranch categoryBranch = null;
    List<CategoryBranch> list = new ArrayList<>();
    sql = "SELECT b.id,m.name AS categoryMainName ,b.category_main_
id ,b.name ,b.create_time "
            + "FROM tb_category_branch b,tb_category_main m WHERE b.
category_main_id=m.id";
    try {
        ps = conn.prepareStatement(sql);
        rs = ps.executeQuery();
        while (rs.next()) {
            categoryBranch = new CategoryBranch(rs.getInt(1), rs.ge
tInt(3), rs.getString(2), rs.getString(4),
                    rs.getString(5));
            list.add(categoryBranch);
        }
        return list;
    } catch (Exception e) {
        e.printStackTrace();
    }
    return null;
}
```

2. 修改 CategoryBranchService 和 CategoryBranchServiceImpl

在 CategoryBranchService 及其实现类中，我们要添加 selectAllBranchCategory 方法，其实现代码如下。

ProductService：

```
public List<CategoryBranch> selectAllBranchCategory();
```

ProductServiceImpl：

```
public List<CategoryBranch> selectAllBranchCategory() {
    return categoryBranchDao.selectAllBranchCategory();
}
```

3. 修改 CategoryBranchController

在 CategoryBranchController 类中，我们要添加 selectAllBranchCategory 方法，用于处理前

端的查看所有小类别请求，其实现代码如下：

```
@RequestMapping("/selectAllBranchCategory")
public ModelAndView selectAllBranchCategory() {
    ModelAndView mav = new ModelAndView();
    List<CategoryBranch> categoryBranchList = categoryBranchService.
selectAllBranchCategory();
    mav.addObject("categoryBranchList", categoryBranchList);
    mav.setViewName("manager/showCategoryBranchList");
    return mav;
}
```

4．CategoryMainController

在 CategoryMainController 类中，我们要编写 selectAllMainCategory 方法，用于处理前端的查看所有大类别请求，其实现代码如下：

```
@Controller
@RequestMapping("/manager/categoryMain")
public class CategoryMainController {
    private CategoryMainService categoryMainService;

    @Autowired
    public void setCategoryMainService(CategoryMainService category
MainService) {
        this.categoryMainService = categoryMainService;
    }

    @RequestMapping("/selectAllMainCategory")
    public ModelAndView selectAllMainCategory() {
        ModelAndView mav = new ModelAndView();
        List<CategoryMain> categoryMainList = categoryMainService.s
electAllMainCategory();
        mav.addObject("categoryMainList", categoryMainList);
        mav.setViewName("manager/showCategoryMainList");
        return mav;
    }
}
```

启动服务器，登录系统。单击左侧菜单栏的"大类别列表"菜单来展示大类别列表，如图 11.11 所示。

图 11.11　大类别列表

单击左侧菜单栏的"小类别"来展示小类别列表，如图 11.12 所示。

小类别ID ⇕	小类别名称 ⇕	所属父类名称 ⇕	创建时间 ⇕	操作 ⇕
55	上	计算机	2009-05-12 22:12:00	更新数据 删除
58	杯子	日用	2009-05-12 22:12:00	更新数据 删除
59	自行车	交通工具	2009-05-12 22:12:00	更新数据 删除
60	电动类	日用	2009-05-12 22:12:00	更新数据 删除
61	裤子	服饰	2009-05-12 22:12:00	更新数据 删除
62	鞋子	服饰	2009-05-13 12:24:00	更新数据 删除
63	锅	日用	2009-05-23 21:12:00	更新数据 删除

图 11.12　小类别列表

11.6　添加类别

11.6.1　功能说明

图 11.13　添加大类别页面

添加类别包括添加大类别和添加小类别，下面以添加大类别为例讲解开发过程。

单击左侧菜单栏的"添加大类别"按钮，弹出"添加大类别"页面，如图 11.13 所示，用户填写完成后添加成功。

11.6.2　流程分析与设计

功能实现流程设计

（1）单击左侧菜单栏的"添加大类别"按钮，会发送请求到"manager/categoryMain/selectMian.do"，通过 Controller 添加标识符并转发到"addCategoryMain.jsp"页面，在用户完成表单填写后，发送请求到"manager/categoryMain/insertMainCategory.do"。

（2）根据 URL 路径，在 CategoryMainController 中编写 Controller 层处理 JSP 请求。

（3）在 CategoryMainService 中编写 Service 层接口方法，并在 CategoryMainServiceImpl 中实现该方法。

（4）在 CategoryMainDao 中编写 Dao 层接口，并在 CategoryMainDaoImpl 中编写实现类，完成对数据库的查询。

（5）逐级返回查询结果并根据不同结果做出相应的处理。

11.6.3 编程详解

1. 修改 CategoryBranchDao、CategoryMainDao、CategoryBranchDaoImpl 和 CategoryMainDaoImpl

在 CategoryMainDao 及其实现类中，我们要添加 checkCategoryMainName 和 insertMain Category 方法，分别实现检测大类别名称是否已经存在和新增大类别的功能。

在 CategoryBranchDao 及其实现类中，我们要添加 checkCategoryMainName 和 insert CategoryBranch 方法，分别实现检测小类别名称是否已经存在和新增小类别的功能，其实现代码如下。

CategoryMainDao：

```
public int checkCategoryMainName(String name);

public int insertMainCategory(CategoryMain categoryMain);
```

CategoryMainDaoImpl：

```
@Override
public int checkCategoryMainName(String name) {
    sql = "select count(*) from tb_category_main where name = ?";
    try {
        ps = conn.prepareStatement(sql);
        ps.setString(1, name);
        rs = ps.executeQuery();
        while (rs.next()) {
            return rs.getInt(1);
        }
    } catch (Exception e) {
        e.printStackTrace();
    }
    return 0;
}

@Override
public int insertMainCategory(CategoryMain categoryMain) {
    sql = "insert into tb_category_main(name,create_time) values
(?,?)";
    try {
        ps = conn.prepareStatement(sql);
        ps.setString(1, categoryMain.getName());
        ps.setString(2, categoryMain.getCreateTime());
        int i = ps.executeUpdate();
        return i;
    } catch (Exception e) {
        e.printStackTrace();
    }
    return 0;
}
```

CategoryBranchDao：

```
public int checkCategoryMainName(String name);

public int insertCategoryBranch(CategoryBranch categoryBranch);
```

CategoryBranchDaoImpl：

```java
    @Override
    public int insertCategoryBranch(CategoryBranch categoryBranch) {
        sql = "insert into tb_category_branch( name, category_main_id,
create_time) values (?,?,?)";
        try {
            ps = conn.prepareStatement(sql);
            ps.setString(1, categoryBranch.getName());
            ps.setInt(2, categoryBranch.getCategoryMainId());
            ps.setString(3, categoryBranch.getCreateTime());
            int i = ps.executeUpdate();
            return i;
        } catch (Exception e) {
            e.printStackTrace();
        }
        return 0;
    }

    @Override
    public int checkCategoryMainName(String name) {
        sql = "select count(*) from tb_category_branch where name = ?";
        try {
            ps = conn.prepareStatement(sql);
            ps.setString(1, name);
            rs = ps.executeQuery();
            while (rs.next()) {
                return rs.getInt(1);
            }
        } catch (Exception e) {
            e.printStackTrace();
        }
        return 0;
    }
```

2. 修改 CategoryBranchService、CategoryMainService、CategoryBranchServiceImpl 和 Category
MainServiceImpl

在 CategoryMainService 及其实现类中，我们要添加 checkCategoryMainName 和 insertMain
Category 方法。

在 CategoryBranchService 及其实现类中，我们要添加 checkCategoryMainName 和 insert
CategoryBranch 方法，其实现代码如下。

CategoryMainService：

```java
    public int checkCategoryMainName(String name);

    public int insertMainCategory(CategoryMain mainCategory);
```

CategoryMainServiceImpl：

```java
    public int checkCategoryMainName(String name) {
        return categoryMainDao.checkCategoryMainName(name);
    }

    public int insertMainCategory(CategoryMain mainCategory) {
        return categoryMainDao.insertMainCategory(mainCategory);
    }
```

CategoryBranchService：

```
public int checkCategoryMainName(String name);

public int insertCategoryBranch(CategoryBranch categoryBranch);
```

CategoryBranchServiceImpl：

```
public int checkCategoryMainName(String name) {
    return categoryBranchDao.checkCategoryMainName(name);
}

public int insertCategoryBranch(CategoryBranch categoryBranch) {
    return categoryBranchDao.insertCategoryBranch(categoryBranch);
}
```

3. 修改 CategoryBranchController 和 CategoryMainController

在 CategoryMainController 类中，我们要添加 checkCategoryMainName 和 insertMainCategory 方法，分别用于处理大类别名查重和插入大类别，小类别操作同理，其实现代码如下。

CategoryMainServiceController：

```
@RequestMapping("/selectMian")
public ModelAndView selectMian() {
    ModelAndView mav = new ModelAndView();
    mav.addObject("type", 1);
    mav.setViewName("manager/addCategoryMain");
    return mav;
}

@RequestMapping(value = "/checkCategoryMainName", method = RequestM
ethod.POST)
public void checkCategoryMainName(String name, HttpServletResponse
respone) {
    int nember = categoryMainService.checkCategoryMainName(name);
    if (nember == 0) {
        try {
            respone.getWriter().write("0");
        } catch (IOException e) {
            e.printStackTrace();
        }

    } else {
        try {
            respone.getWriter().write("1");
        } catch (IOException e) {
            e.printStackTrace();
        }
    }
}

@RequestMapping("/insertMainCategory")
public ModelAndView insertMainCategory(CategoryMain categoryMain) {
    ModelAndView mav = new ModelAndView();

    Date nowtiem = new Date();
    SimpleDateFormat dateFormat = new SimpleDateFormat("yyyy-MM-dd :
hh:mm:ss");
```

```
            String now = dateFormat.format(nowtiem);
            categoryMain.setCreateTime(now);

            categoryMainService.insertMainCategory(categoryMain);
            mav.addObject("msg", "插入成功! ");
            mav.setViewName("manager/addCategoryMain");
            return mav;

    }
```

CategoryBranchController:

```
    .private CategoryMainService categoryMainService;

    @Autowired
    public void setCategoryMainService(CategoryMainService categoryMai
nService) {
        this.categoryMainService = categoryMainService;
    }

    @RequestMapping("/selectCategoryMain")
    public ModelAndView selectCategoryMain() {
        ModelAndView mav = new ModelAndView();
        List<CategoryMain> categoryMainList = categoryMainService.selec
tAllMainCategory();
        mav.addObject("categoryMainList", categoryMainList);
        mav.addObject("type", 1);
        mav.setViewName("manager/addCategoryBranch");
        return mav;
    }

    @RequestMapping(value = "/checkCategoryBranchName", method = Reques
tMethod.POST)
    public void checkCategoryMainName(String name, HttpServletResponse
respone) {
        int nember = categoryBranchService.checkCategoryMainName(name);
        if (nember == 0) {
            try {
                respone.getWriter().write("0");
            } catch (IOException e) {
                e.printStackTrace();
            }

        } else {
            try {
                respone.getWriter().write("1");
            } catch (IOException e) {
                e.printStackTrace();
            }
        }
    }

    @RequestMapping("/insertCategoryBranch")
    public ModelAndView insertCategoryBranch(CategoryBranch categoryBr
anch) {
        ModelAndView mav = new ModelAndView();

        Date nowtiem = new Date();
```

```
        SimpleDateFormat dateFormat = new SimpleDateFormat("yyyy-MM-dd :
hh:mm:ss");
        String now = dateFormat.format(nowtiem);
        categoryBranch.setCreateTime(now);

        categoryBranchService.insertCategoryBranch(categoryBranch);
        mav.setViewName("manager/addCategoryBranch");
        return mav;
    }
```

启动服务器,登录系统。单击左侧菜单栏的"添加大类别"菜单,填写完成后单击"提交"按钮即可完成添加,如图 11.14 所示。

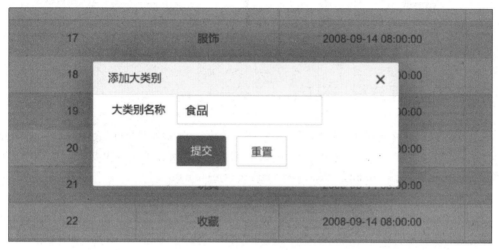

图 11.14　添加大类别

单击左侧菜单栏的"添加小类别"菜单,填写完成后单击"提交"按钮即可完成添加,如图 11.15 所示。

图 11.15　添加小类别

11.7 类别修改

11.7.1 功能说明

图 11.16 "更新大类别"页面

类别修改包括大类别修改和小类别修改，下面以大类别修改为例讲解开发过程。

在大类别列表中单击右侧的"更新数据"按钮，弹出"更新大类别"页面，如图 11.16 所示，用户填写完成并单击"提交"按钮后更新成功。

11.7.2 流程分析与设计

（1）在大类别列表中单击右侧的"更新数据"按钮，会发送请求到"/manager/categoryMain/selectMainCategoryById.do"，通过 Controller 添加大类别信息后返回 JSP 页面，在用户完成表单填写后，发送请求到"/manager/categoryMain/updateMain.do"。

（2）根据 URL 路径，在 CategoryMainController 中编写 Controller 层处理 JSP 请求。

（3）在 CategoryMainService 中编写 Service 层接口方法，并在 CategoryMainServiceImpl 中实现该方法。

（4）在 CategoryMainDao 中编写 Dao 层接口，并在 CategoryMainDaoImpl 中编写实现类，完成对数据库的查询。

（5）逐级返回查询结果并根据不同结果做出相应的处理。

11.7.3 编程详解

1. 修改 CategoryBranchDao、CategoryMainDao、CategoryBranchDaoImpl 和 CategoryMainDaoImpl

在 CategoryMainDao 及其实现类中，我们要添加 selectMainCategoryById 和 updateMainCategory 方法，分别实现通过 ID 查询大类别信息和更新大类别的功能。

在 CategoryBranchDao 及其实现类中，我们要添加 selectBranchCategoryById 和 updatecategoryBranch 方法，分别实现通过 ID 查询小类别信息和更新小类别的功能，其实现代码如下。

CategoryMainDao：

```
public CategoryMain selectMainCategoryById(int id);

public int updateMainCategory(CategoryMain categoryMain);
```

CategoryMainDaoImpl：

```
@Override
```

```java
    public CategoryMain selectMainCategoryById(int id) {
        CategoryMain categoryMain = null;
        sql = "select * from tb_category_main where id = ?";
        try {
            ps = conn.prepareStatement(sql);
            ps.setInt(1, id);
            rs = ps.executeQuery();
            while (rs.next()) {
                categoryMain = new CategoryMain(rs.getInt(1), rs.getStr
ing(2), rs.getString(3));
            }
            return categoryMain;
        } catch (Exception e) {
            e.printStackTrace();
        }
        return null;
    }

    @Override
    public int updateMainCategory(CategoryMain categoryMain) {
        sql = "update tb_category_main set name = ? where id = ?";
        try {
            ps = conn.prepareStatement(sql);
            ps.setString(1, categoryMain.getName());
            ps.setInt(2, categoryMain.getId());
            int i = ps.executeUpdate();
            return i;
        } catch (Exception e) {
            e.printStackTrace();
        }
        return 0;
    }
```

CategoryBranchDao:

```java
    public CategoryBranch selectBranchCategoryById(int id);

    public int updatecategoryBranch(CategoryBranch categoryBranch);
```

CategoryBranchDaoImpl:

```java
    @Override
    public CategoryBranch selectBranchCategoryById(int id) {
        CategoryBranch categoryBranch = null;
        sql = "select * from tb_category_branch where id = ?";
        try {
            ps = conn.prepareStatement(sql);
            ps.setInt(1, id);
            rs = ps.executeQuery();
            while (rs.next()) {
                categoryBranch = new CategoryBranch();
                categoryBranch.setId(rs.getInt(1));
                categoryBranch.setCategoryMainId(rs.getInt(2));
                categoryBranch.setName(rs.getString(3));
                categoryBranch.setCreateTime(rs.getString(4));
            }
            return categoryBranch;
        } catch (Exception e) {
            e.printStackTrace();
        }
        return null;
```

```
        }

        @Override
        public int updatecategoryBranch(CategoryBranch categoryBranch) {
            sql = "update tb_category_branch set name = ?, category_main_id
= ? where id = ?";
            try {
                ps = conn.prepareStatement(sql);
                ps.setString(1, categoryBranch.getName());
                ps.setInt(2, categoryBranch.getCategoryMainId());
                ps.setInt(3, categoryBranch.getId());
                int i = ps.executeUpdate();
                return i;
            } catch (Exception e) {
                e.printStackTrace();
            }
            return 0;
        }
```

2. 修改 CategoryBranchService、CategoryMainService、CategoryBranchServiceImpl 和 Category
MainServiceImpl

在 CategoryMainService 及其实现类中，我们要添加 selectMainCategoryNameById 和 update
MainCategory 方法。

在 CategoryBranchService 及其实现类中，我们要添加 selectBranchCategoryById 和
updatecategoryBranch 方法，其实现代码如下。

CategoryMainService：

```
public CategoryMain selectMainCategoryById(int id);

public int updateMainCategory(CategoryMain categoryMain);
```

CategoryMainServiceImpl：

```
public CategoryMain selectMainCategoryById(int id) {
    return categoryMainDao.selectMainCategoryById(id);
}

public int updateMainCategory(CategoryMain categoryMain) {
    return categoryMainDao.updateMainCategory(categoryMain);
}
```

CategoryBranchService：

```
public CategoryBranch selectBranchCategoryById(int id);

public int updatecategoryBranch(CategoryBranch categoryBranch);
```

CategoryBranchServiceImpl：

```
public int updatecategoryBranch(CategoryBranch categoryBranch) {
    return categoryBranchDao.updatecategoryBranch(categoryBranch);
}

public CategoryBranch selectBranchCategoryById(int id) {
    return categoryBranchDao.selectBranchCategoryById(id);
}
```

3. 修改 CategoryBranchController 和 CategoryMainController

在 CategoryMainController 类中，我们要添加 selectMainCategoryById 、selectMainCategory NameById 和 updateMain 方法，分别用于处理通过 ID 查询大类别详细信息和修改大类别，小类别操作同理，其实现代码如下。

CategoryMainServiceController：

```
@RequestMapping("/selectMainCategoryById")
public ModelAndView selectMainCategoryById(int id) {
    ModelAndView mav = new ModelAndView();
    CategoryMain categoryMain = categoryMainService.selectMainCateg
oryById(id);
    mav.addObject("categoryMain", categoryMain);
    mav.addObject("type", 0);
    mav.setViewName("manager/addCategoryMain");
    return mav;
}

@RequestMapping("/selectMainCategoryNameById")
public String selectMainCategoryNameById(int id) {
    String categoryMain = categoryMainService.selectMainCategoryById
d(id).getName();
    return categoryMain;
}
@RequestMapping("/updateMain")
public ModelAndView updateMain(CategoryMain categoryMain) {
    ModelAndView mav = new ModelAndView();
    categoryMainService.updateMainCategory(categoryMain);
    mav.setViewName("manager/addCategoryMain");
    return mav;
}
```

CategoryBranchController：

```
@RequestMapping("/selectCategoryBranch")
public ModelAndView selectCategoryBranch(int id) {
    ModelAndView mav = new ModelAndView();
    CategoryBranch categoryBranch = categoryBranchService.selectBra
nchCategoryById(id);
    mav.addObject("categoryBranch", categoryBranch);
    List<CategoryMain> categoryMainList = categoryMainService.selec
tAllMainCategory();
    mav.addObject("categoryMainList", categoryMainList);
    mav.addObject("type", 0);
    mav.setViewName("manager/addCategoryBranch");
    return mav;
}

@RequestMapping("/updatecategoryBranch")
public ModelAndView updatecategoryBranch(CategoryBranch categoryBr
anch) {
    ModelAndView mav = new ModelAndView();
    categoryBranchService.updatecategoryBranch(categoryBranch);
    List<CategoryBranch> categoryBranchList = categoryBranchService.
selectAllBranchCategory();
    mav.addObject("categoryBranchList", categoryBranchList);
    mav.setViewName("manager/addCategoryBranch");
    return mav;
}
```

　　启动服务器，登录系统。在大类别列表中单击右侧的"更新数据"按钮，填写完成后单击"提交"按钮即可完成修改，如图 11.17 所示。

图 **11.17**　修改大类别

　　在小类别列表中单击右侧的"更新数据"按钮，填写完成后单击"提交"按钮即可完成修改，如图 11.18 所示。

图 **11.18**　修改小类别

11.8　类别删除

图 **11.19**　"删除"按钮

11.8.1　功能说明

　　类别删除包括大类别删除和小类别删除，下面以大类别删除为例讲解开发过程。

　　在大类别列表中单击右侧的"删除"按钮，如图 11.19 所示，单击"确定"按钮后删除大类别。

11.8.2 流程分析与设计

（1）在大类别列表中单击右侧的"删除"按钮，单击"确定"按钮后会发送请求到"categoryMain/deleteMainCategory.do"。

（2）根据 URL 路径，在 CategoryMainController 中编写 Controller 层处理 JSP 请求。

（3）在 CategoryMainService 中编写 Service 层接口方法，并在 CategoryMainServiceImpl 中实现该方法。

（4）在 CategoryMainDao 中编写 Dao 层接口，并在 CategoryMainDaoImpl 中编写实现类，完成对数据库的查询。

（5）逐级返回查询结果并根据不同结果做出相应的处理。

11.8.3 编程详解

1. 修改 CategoryBranchDao、CategoryMainDao、CategoryBranchDaoImpl 和 CategoryMainDaoImpl

在 CategoryMainDao 及其实现类中，我们要添加 deleteMainCategory 方法来实现删除大类别功能。

在 CategoryBranchDao 及其实现类中，我们要添加 deleteBranchCategory 方法，来实现删除小类别功能，其实现代码如下。

CategoryMainDao：

```
public int deleteMainCategory(int id);
```

CategoryMainDaoImpl：

```
@Override
public int deleteMainCategory(int id) {
    sql = "delete from tb_category_main where id = ?";
    try {
        ps = conn.prepareStatement(sql);
        ps.setInt(1, id);
        int i = ps.executeUpdate();
        return i;
    } catch (Exception e) {
        e.printStackTrace();
    }
    return 0;
}
```

CategoryBranchDao：

```
public int deleteBranchCategory (int id);
```

CategoryBranchDaoImpl：

```
@Override
public int deleteBranchCategory (int id) {
    sql = "delete from tb_category_branch where id = ?";
    try {
        ps = conn.prepareStatement(sql);
```

```
            ps.setInt(1, id);
            int i = ps.executeUpdate();
            return i;
        } catch (Exception e) {
            e.printStackTrace();
        }
        return 0;
    }
```

2. 修改 CategoryBranchService、CategoryMainService、CategoryBranchServiceImpl 和 Cate goryMainServiceImpl

在 CategoryMainService 及其实现类中，我们要添加 deleteMainCategory 方法。

在 CategoryBranchService 及其实现类中，我们要添加 deleteBranchCategory 方法，其实现代码如下。

CategoryMainService:

```
    public int deleteMainCategory(int id);
```

CategoryMainServiceImpl：

```
    public int deleteMainCategory(int id) {
        return categoryMainDao.deleteMainCategory(id);
    }
```

CategoryBranchService:

```
    public int deleteBranchCategory (int id);
```

CategoryBranchServiceImpl：

```
    public int deleteBranchCategory (int id) {
        return categoryBranchDao.deleteBranchCategory(id);
    }
```

3. 修改 CategoryBranchController 和 CategoryMainController

在 CategoryMainController 类中，我们要添加 deleteMainCategory 方法用于处理通过 ID 删除大类别，小类别操作同理，其实现代码如下。

CategoryMainServiceController：

```
    @RequestMapping("/deleteMainCategory")
    public ModelAndView deleteMainCategory(int id) {
        ModelAndView mav = new ModelAndView();
        categoryMainService.deleteMainCategory(id);
        List<CategoryMain> categoryMainList = categoryMainService.selec
tAllMainCategory();
        mav.addObject("categoryMainList", categoryMainList);
        mav.setViewName("manager/showCategoryMainList");
        return mav;
    }
```

CategoryBranchController：

```
    @RequestMapping("/deleteBranchCategory")
    public ModelAndView deleteBranchCategory(int id) {
        ModelAndView mav = new ModelAndView();
        categoryBranchService.deleteBranchCategory (id);
```

```
        List<CategoryBranch> categoryBranchList = categoryBranchService.
selectAllBranchCategory();
        mav.addObject("categoryBranchList", categoryBranchList);
        mav.setViewName("manager/showCategoryBranchList");
        return mav;
    }
```

启动服务器，登录系统。在大类别列表中单击右侧的"删除"按钮，单击"确定"按钮后即可完成删除，如图 11.20 所示。

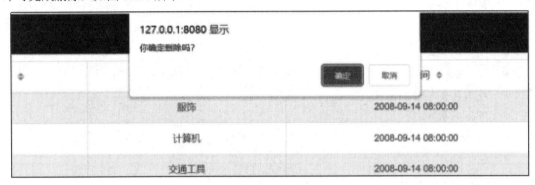

图 11.20 删除大类别

在小类别列表中单击右侧的"删除"按钮，单击"确定"按钮后即可完成删除，如图 11.21 所示。

图 11.21 删除小类别

第 12 章

JSP 技术

📖 **本章要点：**

- JSP 简介
- JSP 基本语法
- 静态包含与动态包含
- 隐藏对象
- Cookie 对象
- Session 对象
- JDBC 的实现

Servlet 是功能非常强大的 Web 组件，用它可以实现复杂的 Web 应用逻辑。虽然可以使用 Servlet 生成用户页面，但是 Servlet 将 Java 代码和 HTML 语句混杂在一起导致程序代码的结构比较复杂，开发的难度比较大。由于 Servlet 模糊了内容的提供（Java 代码）与内容的表现（HTML 语句）的区别，在 Servlet 类中出现大量的 HTML 文本增加了维护 Servlet 的难度。也就是说，Servlet 的长处在于处理"逻辑"，而不是处理"表现"。为了方便地处理"表现"，可使用 Java Server Page（Java 服务器页面）。

12.1 JSP 简介

JSP 的全称是 Java Server Page（Java 服务器页面）。JSP 是由 Sun 公司倡导、许多其他公司参与建立的一种动态网页技术标准。JSP 页面从形式上来看是在传统的网页 HTML 文件中加入 Java 程序片段和 JSP 标签。Servlet/JSP 容器收到客户端发出的请求时，会执行其中的程序片段，然后将执行结果以 HTML 格式响应给客户端。

12.1.1 JSP 与 HTML、Servlet 的不同

静态 HTML 文件、Servlet 和 JSP 文件都能够向客户端返回 HTML 页面。Web 服务器针对这三者的工作有所区别。

静态 HTML 页面的请求过程如图 12.1 所示。当用户请求访问"http://.../hello.htm"，Web 服务器会读取本地文件系统中的 hello.htm 文件中的数据，把它作为响应的正文发送给用户的浏览器。htm（或 html 文件）文件事先已经存储于 Web 服务器端的文件系统中，无论用户请求多少次这个文件，都会得到相同的内容，也正是因此称之为"静态"。

图 12.1 静态 HTML 页面请求过程

Servlet 通过 Java 程序代码来读取客户端的请求参数，通过 PrintWriter 对象向客户端发送动态生成的 HTML 标签和数据。随着客户端不同的请求，Servlet 类产生的 HTML 代码不同，发送给客户端的响应页面内容也就不同。Servlet 请求过程如图 12.2 所示。

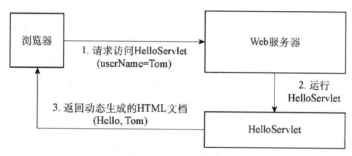

图 12.2 Servlet 请求过程

在传统的 HTML 文件中加入 Java 程序片段和 JSP 标记，就构成了 JSP 文件。从形式上看，JSP 更接近 HTML 页面，它能够和 HTML 文件一样，直接表达网页的外观。但 JSP 页面和 HTML 页面有本质的区别，HTML 文档是静态文档（内容是不会变化的），而 JSP 和 Servlet 一样，都能动态生成 HTML 文档。

```
<%@  page  language="java"  contentType="text/html;  charset=utf-8"
pageEncoding="utf-8"%>
<html>
<head>
<title>request 对象</title>
</head>
<body >
    <%request.setCharacterEncoding("utf-8");%>
    <b>欢迎您!<%=request.getParameter("userName") %></b>
</body>
</html>
```

12.1.2 JSP 的请求和执行过程

当 Web 服务器收到客户端对于 JSP 文件的请求时，Web 服务器按照下面的流程来处理请求：如果与 JSP 文件对应的 Servlet 文件不存在，就解析该 JSP 文件，将其翻译成 Servlet 源文件(.java 文件)，接着把 Servlet 源文件编译成 class 文件。然后初始化并运行 Servlet，调用其相应的方法（Service）。如果该 JSP 文件对应的 Servlet 类文件已经存在，直接调用其相应的方法。该 JSP 文件所对应的 Servlet 如下所示：

```
    response.setContentType("text/html; charset=utf-8");
        pageContext   =   _jspxFactory.getPageContext(this,   request,
response,
                null, true, 8192, true);
        _jspx_page_context = pageContext;
        application = pageContext.getServletContext();
        config = pageContext.getServletConfig();
        session = pageContext.getSession();
        out = pageContext.getOut();
        _jspx_out = out;
        out.write("\r\n");
        out.write("<!DOCTYPE   html   PUBLIC   \"-//W3C//DTD   HTML   4.01
Transitional//EN\" \"http://www.w3.org/TR/html4/loose.dtd\">\r\n");
        out.write("<html>\r\n");
        out.write("<head>\r\n");
        out.write("<meta http-equiv=\"Content-Type\" content=\"text/html;
charset=utf-8\">\r\n");
        out.write("<title>Insert title here</title>\r\n");
        out.write("</head>\r\n");
        out.write("<body>\r\n");
        out.write("    ");
    request.setCharacterEncoding("utf-8");
        out.write("\r\n");
        out.write("    <b>欢迎您!");
        out.print(request.getParameter("userName") );
        out.write("</b> \r\n");
        out.write("</body>\r\n");
        out.write("</html>");
```

JSP 的执行过程如图 12.3 所示。当客户第一次请求 JSP 页面时，JSP 引擎会通过预处理把 JSP 文件中的静态数据（HTML 文本）和动态数据（Java 脚本）全部转换为 Java 代码（一个 Servlet 源文件）。这个转换工作实际上是非常直观的，对于 HTML 文本只是简单地用 out.println()方法包裹起来，对于 Java 脚本只是保留或做简单的处理。随即，JSP 引擎把生成的.java 文件编译成 Servlet 类文件（.class）。对于 Tomcat 服务器而言，生成的 class 文件在默认的情况下存放在 Tomcat 根目录"\work"目录下。编译后的 class 对象被加载到容器中，调用其 Service 方法，并根据用户的请求生成 HTML 格式的响应页面（通过 out.print()发给客户端），HTML 格式的响应页面返回到客户端。

在 Web 应用处于运行的情况下，如果 JSP 文件被修改，多数 Servlet 容器可以检测到变化，继而自动生成新的 Servlet 源文件，并重新进行编译。Tomcat 中，由 JSP 文件翻译生成的 Servlet 文件，及 Servlet 文件编译后的 class 文件存放于 Tomcat 根目录"\work\Catalina\localhost"。

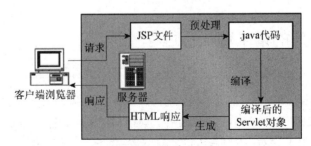

图 12.3　JSP 执行过程

12.1.3 实验 1 创建第一个 JSP 页面

1. 实验目标

（1）学会在 Web 工程中创建 JSP 文件。

（2）理解 JSP 的执行过程。

（3）知道 JSP 文件部署在 Tomcat 中的位置，知道 JSP 翻译后的 Servlet 文件和其编译后的 class 文件在 Tomcat 中的位置。

2. 实验步骤

（1）创建 Web 工程。

打开"Eclipse"，选择"file"—"new"—"dynamic web project"选项，设置工程名为 "JSPProject"。

（2）在 WebContent 下创建"hello.jsp"。

在 WebContent 文件夹上单击鼠标右键，选择"new"—"JSP"选项，输入文件名"hello.jsp"，其余选项默认，如图 12.4 所示。

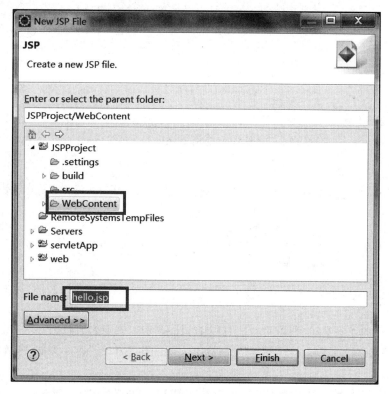

图 12.4 在 webContent 下创建"hello.jsp"

（3）补充代码

在自动生成的 hello.jsp 框架中补充下面代码，注意第一行的编码方式，"charset"表示将相应的编码设置成"utf-8"，"pageEncoding"是这个页面的编码方式为"utf-8"（以后创建 JSP 文件后做的第一件事情就是添加这两处编码，切记）。

body 中的代码，首先设置请求的编码方式，然后取得请求中的 userName 参数值，将其加粗显示在页面上。

```
<%@  page  language="java"  contentType="text/html;  charset=utf-8"
pageEncoding="utf-8"%>
<html>
<head>
<title>request 对象</title>
</head>
<body >
    <%request.setCharacterEncoding("utf-8");%>
    <b>欢迎您!<%=request.getParameter("userName") %></b>
</body>
</html>
```

（4）部署 Web 应用 JSPProject 到 Tomcat。

切换到 Server 选项卡，右键单击"Tomcat8"按钮，选择"Add and Remove"选项。选择想要部署的工程。启动 Tomcat 服务器。根据部署项目的多少，Tomcat 启动所用的时间不同，看到下面的显示内容就算启动完成，如图 12.5 所示。

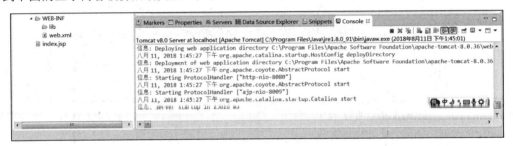

图 12.5　部署 Web 应用 JSPProject 到 Tomcat

（5）访问 JSP 页面。

①启动 Tomcat，打开浏览器，输入地址访问页面，可以看到如图 12.6 所示效果。

图 12.6　访问 JSP 页面

②JSP 页面的访问 URL 和访问静态 HTML 页面类似，规则如下：

Web 服务器路径/+ Web 应用的名称 + /JSP 页面的路径和文件名+?参数 1=值&参数 2=值&参数 3=值

（6）把页面文件放入文件夹中。

右键单击"WebContent"，新建一个文件夹"pages"，将 hello.jsp 文件拖进 pages 文件夹中。

那么该如何通过浏览器访问"hello.jsp"？

（7）观察 JSP 文件在 Tomcat 中的部署位置。

打开 Tomcat 根目录"\webapps"文件夹，可见 JSPProject 文件夹。hello.jsp 放在 JSPProject 文件夹下的 pages 文件夹中。

（8）Web 应用部署结构总结（见图 12.7）。

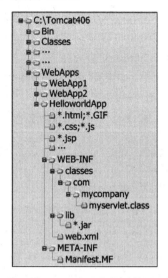

图 12.7　Web 应用部署结构总结

（9）查看 JSP 文件翻译和编译后的 Servlet 文件。

打开 Tomcat 根目录"\work\Catalina\localhost"文件夹。该文件夹下每一个 Web 应用对应一个文件夹。找到 JSPProject 文件夹，进入 pages 文件夹，可以看到 hello_jsp.java 和 hello_jsp.class 文件。这两个文件就是"hello.jsp"翻译而成的 Servlet 文件及这个 Servlet 文件编译后的 class 文件。

如果发现 JSP 页面不更新，可以实时查看这两个文件的修改时间，看看是不是最新翻译的，如果不是，可以删除这里的 Servlet 文件和 class 文件，强制 Web 服务器重新翻译和编译。

12.2　JSP 基本语法

12.2.1　JSP 指令

JSP 指令语法形式为：<%@ 指令名　属性 1="属性值"属性 2 = "属性值"…%>，常用的指令有三种：page、include、taglib。

page 指令用于指定编程语言、编码方式和导入的软件包等，语法形式为：

<%@ page 属性 1="属性值"属性 2 = "属性值"…%>，如图 12.8 所示。

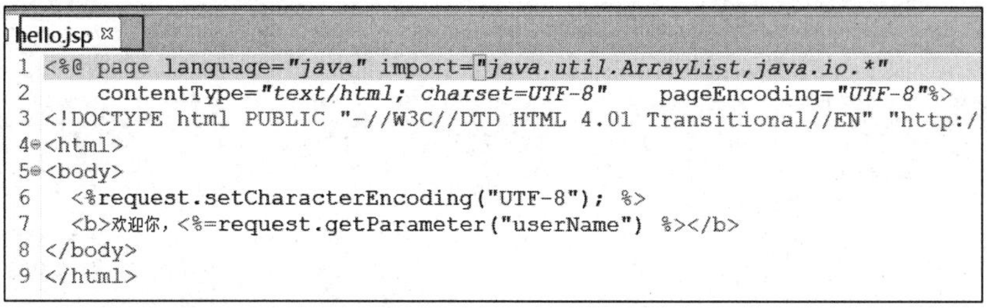

```
hello.jsp ⊠
1 <%@ page language="java" import="java.util.ArrayList,java.io.*"
2    contentType="text/html; charset=UTF-8"    pageEncoding="UTF-8"%>
3 <!DOCTYPE html PUBLIC "-//W3C//DTD HTML 4.01 Transitional//EN" "http:/
4⊕<html>
5⊕<body>
6    <%request.setCharacterEncoding("UTF-8"); %>
7    <b>欢迎你,<%=request.getParameter("userName") %></b>
8 </body>
9 </html>
```

图 12.8　page 指令示例

注意点：

（1）import 属性值如果有多个包/类，则用逗号分隔（半角）。

（2）建议按照上面的形式写"contentType"，指定 charset 为 UTF-8，此属性设置相当于"response.setContentType("text/html; charset=UTF-8")"。

（3）pageEncoding 属性可以不写，如果要写，则统一为"UTF-8"。

page 指令的属性如表 12.1 所示。

表 12.1　Page 指令的属性

属　　性	定　　义
language = "语言"	指定程序代码的编程语言，目前只可以使用 Java 语言，不过未来不排除增加其他语言，如 C、C++、Perl 等。默认值为 Java 语言
extends = "基类名"	主要定义此 JSP 网页产生的 Servlet 是继承哪个父类的
import= "importList"	指定需要导入的 Java 包名和类名，类似于 Java 类中的 import 语句
session="true | false"	决定此 JSP 网页是否可以使用 Session 对象，默认值为"true"
buffer="none|size in kb"	决定输出流（Output Stream）是否有缓冲区，默认值为 8KB 的缓冲区
autoFlush="true | false"	决定输出流的缓冲区是否要自动清除，缓冲区满了会产生异常（Exception），默认值为"true"
isThreadSafe="true | false"	告诉 JSP 容器，此 JSP 网页是否能同时处理多个请求，默认值为"true"，如果此值设为"false"，转义生成的 Servlet 会实现 SingleThreadModel 接口
info ="text"	表示此 JSP 网页的相关信息
errorPage="error_url"	表示如果发生异常错误，网页会被重新指向指定的 URL
isErrorPage="true | false"	表示此 JSP Page 是否为专门处理错误和异常的网页
contentType = "ctinfo"	指定响应结果的 MIME 类型，默认的 MIME 类型为"text/html"，默认字符编码为"ISO-8859-1"
pageEncoding = "编码方式"	指定 JSP 页面的字符编码方式,如果不存在就由 contentType 属性中的 charset 决定,如果 charset 也不存在，JSP 页面的字符编码方式就采用默认的 ISO-8859-1

12.2.2　JSP 声明

JSP 在"<%!　%>"内声明与 JSP 对应的 Servlet 类的成员变量和方法。声明语法块会被翻译到 Servlet 的类体中，即 service()方法外面。所以声明块中不能直接编写 Java 语句，除非是变量的声明；JSP 声明语法块中的代码会按照先后顺序被翻译到 Servlet 类体中。

```
<body>
  <%! int v1=0; %>
  <%! String s1="hello"; %>
  <%! static int v2; %>
  <%!
    public int max(int a,int b){
      if(a>b)
        return a;
      else{
        return b;
      }
    }
  %>
</body>
```

JSP 声明对应的 Servlet 文件如下：

```
import javax.servlet.*;
import javax.servlet.http.*;
import javax.servlet.jsp.*;

public          final          class          declareJsp_jsp          extends
org.apache.jasper.runtime.HttpJspBase
      implements org.apache.jasper.runtime.JspSourceDependent,
                 org.apache.jasper.runtime.JspSourceImports {

  int v1=0;
  String s1="hello";
  static int v2;

      public int max(int a,int b){
        if(a>b)
           return a;
        else{
           return b;
        }
      }
}
```

12.2.3　Java 程序片段

在 JSP 文件中可以在 "<% %>" 之间嵌入任何有效的 Java 程序代码。默认情况下，这种嵌入的程序段将转换成 Servlet 类的 Service 方法中的代码。注意：所有 Java 代码都必须放在 "<% %>"中，哪怕只是一个 "}"，所有 Java 代码都不得放在 "<% %>" 中。

```
<body>
 <%
   int num=(int)(Math.random()*10)+1;
   if(num>5){
 %>
 <b>生成了一个大于 5 的随机数</b>
 <%
 }
 else{
 %>
         <b> 生成了一个小于等于 5 的随机数</b>

 <%} %>
</body>
```

JSP 文件中的 HTML 标签和没有放在 "<% %>" 之间的文本，都称为 "模板文本"，它会根据程序流程原封不动地发送给客户端，如：out.print（"<body>"）;out.print（"生成了一个大于 5 的随机数"）。

其对应的 Servlet 代码如下所示：

```
    if(num>5){
    out.write("\r\n");
    out.write("   <b>生成了一个大于 5 的随机数</b>    \t \r\n");
    out.write("     ");
    }
    else{
```

```
    out.write("\r\n");
    out.write("   \t \t<b> 生成了一个小于等于 5 的随机数</b>\r\n");
    out.write("   \t \r\n");
    out.write("   ");
}
    out.write("\t \r\n");
    out.write("  ");
```

运行此 JSP 文件后，其运行结果如图 12.9 所示。

```
← → ■ ✍ | http://localhost:8080/bookProject/randomNumber.jsp
生成了一个大于5的随机数
```

图 12.9　生成随机数结果

12.2.4　Java 表达式

Java 表达式的语法为"<%=　%>"，使用它可以将表达式的值输出到网页上，即可以将 Java 变量/表达式的值嵌入到网页文本中。

语法：

<%= 变量或表达式　%>

例如：

<%= new Date()%>

JSP 引擎在翻译脚本表达式时，会将程序数据转成字符串，然后在相应的位置用"out.print()"将数据输出给客户端，上面的例子会翻译成"out.print(new Date());"。

JSP 脚本表达式中的变量或者表达式后面不能有分号。

12.2.5　JSP 中的注释

JSP 中可以使用三种注释：Java 注释、HTML 注释、JSP 注释。

1. Java 注释

在"<% %>"中可以使用 Java 注释（单行注释"//"或者多行注释"/* */"），注释掉的语句不会被执行，例如："//int i=0"。

2. HTML 注释

如果注释中存在 Java 代码，依然会执行，语法为"<!--　-->"，但 HTML 注释语句不会被执行。

```
<!--
 <%
   int num=(int)(Math.random()*10)+1;
   if(num>5){
 %>
 <b>生成了一个大于 5 的随机数</b>
  <%
   }
   else{
 %>
       <b> 生成了一个小于等于 5 的随机数</b>

  <%} %>
 -->
```

3. JSP 注释

注释中所有的 Java 和 HTML 代码均不执行，语法为 "<%-- 注释　--%>"。JSP 引擎在将 JSP 页面翻译成 Servlet 时，会忽略 JSP 页面中被注释的内容。

```
<%--
  <%
    int num=(int)(Math.random()*10)+1;
    if(num>5){
  %>
  <b>生成了一个大于 5 的随机数</b>
    <%
    }
    else{
  %>
        <b> 生成了一个小于等于 5 的随机数</b>

  <%} %>
--%>
```

总之，如果仅仅注释几行 Java 代码，则使用 Java 注释；如果仅仅注释几行 HTML 代码，则使用 HTML 注释；如果注释的部分既有 Java 代码也有 HTML 代码，则使用 JSP 注释。

12.3　静态包含与动态包含

12.3.1　静态包含

在 JSP 文件中可以使用 include 指令来包含其他文件的内容，被包含的文件可以是 HTML 也可以是 JSP，语法形式为：

　　<%@include file = "目标页面的 URL"%>

静态包含发生在解析 JSP 源文件的阶段，被包含的目标文件内容会被原封不动地添加到 JSP 源文件中，然后再对融合过的 JSP 源文件进行翻译和编译。当客户端访问 "a.jsp" 的时候，服务器一定会检查 "a.jsp" 是否是发生了修改，是否需要重新进行翻译和编译。但是不一定会检测被包含的 "b.jsp" 是否发生了变化，因此如果 "b.jsp" 发生了变化，最好要经过重新翻译和编译过程，才能保证结果是最新的。因此，静态包含主要用于包含不常发生变动的页面。

12.3.2　动态包含

使用 include 操作可以包含静态或者动态文件，如果包含进来的是动态文件，这个被包含的动态文件也会被 JSP 容器执行，语法形式为：

　　<jsp:include page = "目标页面 URL">

<jsp:include>属性及其用法：

（1）"page="{relativeURL|<%=expression%>}""参数为指向被包含文件的相对路径，或者是等同于相对路径的表达式。relativeURL 可以是指向当前 JSP 文件的绝对地址或相对地址，如果是绝对地址（以/开头的地址），其路径名由 Web 服务器或应用服务器决定。

（2）flush="true"。该属性是可选的。如果设置为"true"，当页面输出使用了缓冲区，那么在进行包含工作之前，先要刷新缓冲区。如果设置为"false"，则不会刷新缓冲区。该属性的默认值是"false"。一般情况下，需要将 flush 设置为"true"。

（3）<jsp:param>也是 JSP 的动作元素之一，用于传递参数。可以使用<jsp:param>将当前 JSP 页面的一个或多个参数传递给所包含的或是即将跳转的 JSP 页面。该动作元素必须和<jsp:include>、<jsp:plugin>、<jsp:forward>动作一起使用，其语法结构如下：

```
<jsp:include page="相对的 URL 值"|"<% =表达式%> " flush="true">
    <jsp:param name="参数名 1" value="{参数值|<%=表达式 %>}"/>
    <jsp:param name="参数名 2" value="{参数值|<%=表达式 %>}"/>
    …
</jsp:include>
```

<jsp:param>中，"name"指定参数名，"value"指定参数值。参数被发送到一个动态文件，如果要传递多个参数，可以在一个.jsp 文件中使用多个<jsp:param>发送参数。如果用户选择使用<jsp:param>标签的功能，那么被请求包含的目标文件就必须是一个动态文件。例如：

```
<jsp:include page="login.jsp">
    <jsp:param name="username" value="admin" />
    <jsp:param name="password" value="123456"/>
</jsp:include>
```

动态包含发生在运行 JSP 对应的 Servlet 类的阶段，被包含的 JSP 目标文件的响应结果被包含到 JSP 源文件的响应结果中。在 Servlet 中，其相当于此句"request.getRequestDispatcher("目标 url").include(request, response);"。

无论是静态还是动态 include，源组件和被包含组件，均使用同一个 Request 对象和 Response 对象。源组件请求中存储的参数和属性，目标组件中均能得到。

在静态包含中，被包含组件的代码都被融合在源组件代码中，最终产生一个 Servlet 源文件，两者的代码均在 Servlet 的 Sevice 方法中，自然是共用方法的参数 Request 和 Response。

而动态包含，在调用被包含组件的 Service 方法时，把源组件的 Request 和 Response 对象也传递给了 Service（类似 forward），因此两者也共用 Request 和 Response。

在静态包含中，源组件和被包含组件不能有同名变量（块级变量除外），因为它们最终都在同一个 Service 方法里，方法里的局部变量不能重名。

12.3.3 实验 2 include 指令和 include 操作

1. 实验目标

（1）知道"@include"和"jsp:include"的差异。

（2）知道何时使用"@include"和"jsp:include"。

（3）知道如何 include 中的绝对路径。

（4）了解 include 中的 Request 和 Response 对象。

2. 测试静态 include（@include）

（1）创建两个页面。

在 JSPProject 工程的 WebContent 下创建 b.jsp 页面，如下：

```
<%@ page language="java" contentType="text/html; charset=utf-8"
    pageEncoding="utf-8"%>
<!DOCTYPE  html  PUBLIC  "-//W3C//DTD  HTML  4.01  Transitional//EN"
"http://www.w3.org/TR/html4/loose.dtd">
<html>
<body>
    <font color="red">这是 b.jsp 文件中的内容</font>
</body>
</html>
```

在 JSPProject 工程的 WebContent 下创建 a.jsp 页面，如下：

```
<%@ page language="java" contentType="text/html; charset=utf-8"
    pageEncoding="utf-8"%>
<html>
<body>
    这是 a.jsp 文件中的内容
    <%@include file="b.jsp" %>
</body>
</html>
```

（2）部署并访问"a.jsp"（见图 12.10）。结果可见，b.jsp 中的内容被嵌入了 a.jsp 页面中。

图 12.10　部署并访问"a.jsp"

（3）观察生成的 Servlet 文件（见图 12.11）。打开 Tomcat 根目录"/work/。。。。/JSPProject"，观察生成的 Servlet 类，并打开文件。只有"a.jsp"被转译成了 Servlet 类文件。

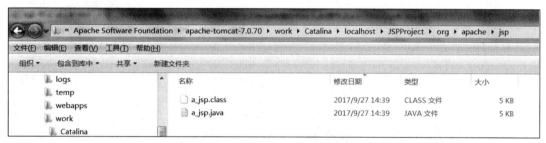

图 12.11　观察生成的 Servlet 文件

```
    out.write("\r\n");
        out.write("<!DOCTYPE  html  PUBLIC  \"-//W3C//DTD  HTML  4.01
Transitional//EN\" \"http://www.w3.org/TR/html4/loose.dtd\">\r\n");
        out.write("<html>\r\n");
        out.write("<body>\r\n");
        out.write("        这是 a.jsp 文件中的内容<br>\r\n");
        out.write("    ");
        out.write("\r\n");
        out.write("<!DOCTYPE  html  PUBLIC  \"-//W3C//DTD  HTML  4.01
Transitional//EN\" \"http://www.w3.org/TR/html4/loose.dtd\">\r\n");
        out.write("<html>\r\n");
        out.write("<head>\r\n");
        out.write("<meta http-equiv=\"Content-Type\" content=\"text/html;
charset=utf-8\">\r\n");
        out.write("<title>Insert title here</title>\r\n");
```

```
out.write("</head>\r\n");
out.write("<body>\r\n");
out.write("    <font color=\"red\">这是 b.jsp 文件中的内容</font>\r\n");
out.write("</body>\r\n");
out.write("</html>");
out.write("\r\n");
out.write("</body>\r\n");
out.write("</html>");
```

以上是"b.jsp"的 Servlet 代码。

静态 include，即"@include"发生在转译阶段，当用户首次请求"a.jsp"时，发现其中的 @include 语句，即把"b.jsp"的内容插入"@include"的位置，将融合后的 JSP 文件，翻译成 Servlet 源文件，编译源文件成 class 文件，最后执行 class 文件。

当客户端访问 a.jsp 的时候，服务器一定会检查"a.jsp"是否是发生了修改，是否需要重新进行翻译和编译。但是不一定会检测被包含的"b.jsp"是否发生了变化，因此如果"b.jsp"发生了变化，最好要经过重新翻译和编译过程，才能保证结果是最新的。

因此静态包含主要用于包含不常发生变动的页面。

3. 测试 include 操作

（1）创建两个页面（见图 12.12）。

WebContent 下创建页面"b2.jsp"，如下：

```
<%@ page language="java" contentType="text/html; charset=utf-8"
    pageEncoding="utf-8"%>
<!DOCTYPE html PUBLIC "-//W3C//DTD HTML 4.01 Transitional//EN"
"http://www.w3.org/TR/html4/loose.dtd">
<html>
<body>
    <font color="red">这是 b2.jsp 文件中的内容</font>
</body>
</html>
```

```
<%@ page language="java" import="java.util.*" contentType="text/html;charset=UTF-8"  pageEncoding="utf-8"%>
<!DOCTYPE HTML PUBLIC "-//W3C//DTD HTML 4.01 Transitional//EN">
<hr/>
<font color = "red">这是b2.jsp中的内容</font>
<hr/>
```

图 12.12　创建 b2.jsp 页面

WebContent 下创建页面"a2.jsp"，如下：

```
<%@ page language="java" contentType="text/html; charset=utf-8"
    pageEncoding="utf-8"%>
<!DOCTYPE html PUBLIC "-//W3C//DTD HTML 4.01 Transitional//EN"
"http://www.w3.org/TR/html4/loose.dtd">
<html>
<body>
    这是 a2.jsp 文件中的内容
    <jsp:include page="b2.jsp" />
</body>
</html>
```

（2）部署并访问"a2.jsp"（见图 12.13）。

图 12.13　部署并访问 a2.jsp 页面

（3）观察生成的 Servlet 文件（见图 12.14）。

a2.jsp 和 b2.jsp 都被转译成了 Servlet 类文件。

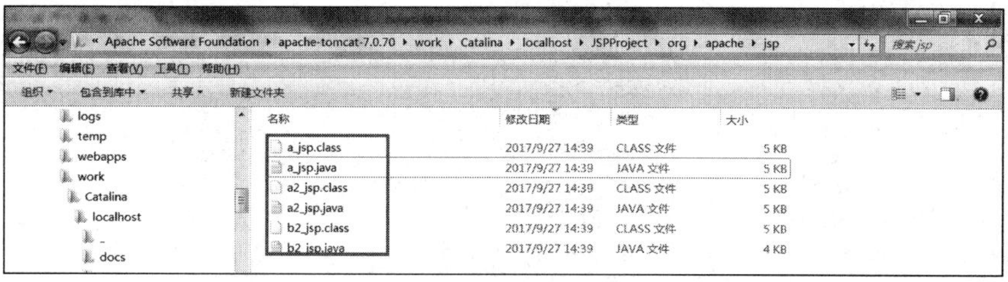

图 12.14

a2.jsp 转译后的 Servlet 类文件如下：

```
        out.write("\r\n");
      out.write("<!DOCTYPE  html  PUBLIC  \"-//W3C//DTD  HTML  4.01
Transitional//EN\" \"http://www.w3.org/TR/html4/loose.dtd\">\r\n");
      out.write("<html>\r\n");
      out.write("<body>\r\n");
      out.write("          这是 a2.jsp 文件中的内容<br>\r\n");
      out.write("    ");
      org.apache.jasper.runtime.JspRuntimeLibrary.include(request,
response, "b2.jsp", out, false);
      out.write("\r\n");
      out.write("</body>\r\n");
      out.write("</html>");
```

"org.apache.jasper.runtime.JspRuntimeLibrary.include(request, response, "b2.jsp", out, false);" 这句话就是 "jsp:include" 翻译后的代码，它将调用 "b2 servlet" 里的 Service 方法，从而跳转到 b2.jsp 的 Servlet 中，输出 b2.jsp 页面的内容。

b2.jsp 转译后的 Servlet 类文件如下：

```
      out.write("<body>\r\n");
      out.write("    <font color=\"red\">这是 b2.jsp 文件中的内容</font>\r\n");
      out.write("</body>\r\n");
```

动态包含（jsp:include）发生在运行 Servlet 的阶段，当执行到 a2 中的 include 方法时才会去加载 b2.jsp，并对 b2 进行翻译和编译，而后执行 b2 的 Service 方法。加载 b2 的过程中发现 b2 有变化，会对其重新进行翻译和编译。因此动态 include 无论源 JSP 还是被包含的 JSP 发生了变化，都会重新进行翻译和编译。

4. 包含中的绝对路径

将 "@include" 的路径改成下面的样子：

```
<%@ page language="java" contentType="text/html; charset=utf-8"
    pageEncoding="utf-8"%>
<!DOCTYPE  html  PUBLIC  "-//W3C//DTD  HTML  4.01  Transitional//EN"
"http://www.w3.org/TR/html4/loose.dtd">
<html>
<body>
    这是 a.jsp 文件中的内容
    <%@include file="/b.jsp" %>
</body>
</html>
```

将"jsp:include"的路径改成下面的样子。

```
<%@ page language="java" contentType="text/html; charset=utf-8"
    pageEncoding="utf-8"%>
<!DOCTYPE html PUBLIC "-//W3C//DTD HTML 4.01 Transitional//EN"
"http://www.w3.org/TR/html4/loose.dtd">
<html>
<body>
    这是a2.jsp文件中的内容
    <%@include file="/b2.jsp" %>
</body>
</html>
```

再次部署和访问"a.jsp"与"a2.jsp"，均可以正常访问。

结论：include 中的路径和 forward 一样，如果以"/"开头的是绝对路径，"/"代表当前 Web 应用，就本例而言，代表"/JSPProject（127.0.0.1:8080/JSPProject）"。其原因是 include 是服务端操作，不是客户端发起的，其绝对路径的"/"代表当前 Web 应用。

超链接和表单是由客户端发起的请求，如果以"/"开头的也是绝对路径，但它的绝对路径和"include/forward"有区别：如果 href= "/.../.../..."，或者 action= "/.../.../..."，此绝对路径的第一个"/"代表 Web 服务器路径，例如，"127.0.0.1:8080"。

5. include 中的请求和响应对象

无论是静态还是动态 include，源组件和被包含组件，均使用同一个 Request 对象和 Response 对象。源组件请求中存储的参数和属性，目标组件中均能得到。

（1）在"a.jsp"中向 Request 中存储属性。

```
<body>
    这是a.jsp文件中的内容<br>
    <%request.setAttribute("a", "hello"); %>
    <%@include file="b.jsp" %>
</body>
```

（2）在"b.jsp"中取出存在 Request 中的属性。

```
<body>
    <font color="red">这是b.jsp文件中的内容</font>
    <%=request.getAttribute("a") %>
</body>
```

（3）访问"a.jsp"测试结果（见图 12.15）。

图 12.15 "a.jsp"测试结果

a2.jsp 和 b2.jsp 做同样的测试，结果是相同的，请自行完成。

6. 静态包含时源组件和被包含组件不能有同名变量

在静态包含中，源组件和被包含组件不能有同名变量（块级变量除外），因为它们最终都在同一个 Service 方法里，方法里的局部变量不能重名。为"a.jsp"和"b.jsp"定义同名变量"a"，访问"a.jsp"时会报错。

```
<body>
    这是 a.jsp 文件中的内容<br>
    <%request.setAttribute("a", "hello"); %>
    <%int a=1; %>
    <%@include file="b.jsp" %>
</body>

<body>
    <font color="red">这是 b.jsp 文件中的内容</font>
     <%int a=1; %>
    <%=request.getAttribute("a") %>
</body>y
```

对"a2.jsp"和"b2.jsp"做同样的测试，不会出错，因为动态包含中每个组件的代码在各自的 Service 方法中，不同的方法可以有同名的变量。

12.4　隐含对象简介

简单地说，JSP 中的隐含对象，就是无须定义就可以在 JSP 文件中直接使用的那些对象，例如 Request。

下面是一个普通的 JSP 页面文件，该文件被第一次访问时，Web 服务器将对其进行转译，将它翻译成一个 Servlet 类。

```
<%@ page …%>
<html>
   <body>
       <%="Hello World, JSP!"%>
   </body>
</html>

public void _jspService(HttpServletRequest request,
                    HttpServletResponse response,…) {
   final javax.servlet.jsp.PageContext pageContext;
   javax.servlet.http.HttpSession session = null;
   final javax.servlet.ServletContext application;
   final javax.servlet.ServletConfig config;
   javax.servlet.jsp.JspWriter out = null;
   final java.lang.Object page = this;
   javax.servlet.jsp.JspWriter _jspx_out = null;
   javax.servlet.jsp.PageContext _jspx_page_context = null;
   …
```

查看 JSP 页面转译后的_jspService 方法时发现，在该方法内生成了一些局部变量，并对它们进行了初始化。 这就意味着，在 JSP 的脚本元素中，我们可以直接使用这些局部变量（还有 Request、Response 两个参数对象）而不必声明它们。JSP 的隐含对象如表 12.12 所示。

表 12.2 JSP 的隐含对象

隐含对象	类　型	说　明
pageContext	javax.servlet.jsp.PageContext	本 JSP 页面的上下文对象
request	javax.servlet.http.HttpServletRequest	隐含请求信息
session	javax.servlet.HttpSession	表示会话对象
application	javax.servlet.ServletContext	JSP 页面所在 Web 应用的上下文对象
page	java.lang.Object	对当前 JSP 页面的引用，即 Java 中的 this
config	javax.servlet.ServletConfig	JSP 页面的 ServletConfig 对象
response	javax.servlet.HttpServletResponse	响应信息
out	javax.servlet.JspWriter	JSP 的数据输出流对象
exception	java.lang.Throwable	异常处理

12.5　Cookie 对象

12.5.1　HTTP 的无状态性

　　HTTP 是一个无状态协议。HTTP 每一次新请求都使用新连接，如图 12.16 所示。一个请求响应周期结束后，连接就被关闭了。这种无状态性带来一个严重的问题：服务器不知道哪些请求来自同一个客户端。

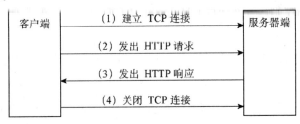

图 12.16　客户端使用 HTTP 协议访问服务器端

　　A 用户登录的请求响应过程：与服务器端建立连接，请求发给服务器端的某个组件（Servlet 或者 JSP 页面），携带有用户名和密码，验证成功，发回"登录成功"的响应。

　　当该请求断开连接时，A 用户继续浏览这个网站的其他页面，但是它之后使用的连接都是新连接，服务器怎么知道这些请求是 A 用户发来的呢？

　　网站时时刻刻被 n 个用户访问，很多请求，不同的用户可能请求不同组件，也有可能请求同一个组件，服务器需要知道哪些请求出自同一用户。维护同一个用户发出的不同请求之间的关联，这件事称为"维护会话"。

　　会话维护的就是同一用户的一组请求序列之间的关联性。因此，请求对象和会话对象之间必然存在一定的关系。服务器处理不同用户发来的不同请求时，应该有能力判断该请求所属的会话。如图 12.17 所示，客户端 1 所发送的 Servlet1、Servlet2、Servlet3、Servlet4 请求应该属于同一个会话，因为它们是同一个用户发往同一个 Web 应用程序的，即使它们是发往不同的页面。当用户在这个 Web 应用下不同的页面间浏览时，服务器可以用会话对象跟踪与用户有关的状态。客户端 2 所发送的 Servlet2、Servlet3、Servlet1、Servlet4 请求也应该属于同一个会话，代表不同的用户。这些请求可以与上面的请求同时发生而不会被服务器混淆。

图 12.17　客户端访问 Web 应用

维护会话的工作过程：当用户首次访问网站时，服务器为这个用户生成一个唯一的 ID 号，同时生成用于存放该用户会话信息的对象，具体存储的信息各网站不同，如表 12.3 所示。

服务器同时维护一张保存所有客户会话信息的大表，将每个用户的会话对象存放在里面，并以客户 ID 号作为查找的索引，如表 12.4 所示。

表 12.3　服务器记录用户登录信息

id:13f4a4b4c21	IP	172.18.39.100
	登录时间	2016-08-09
	浏览器	chrome

表 12.4　服务器记录总表

id	会话信息	
13f4a4b4c21b	IP	172.18.39.100
	登录时间	2016-08-09
	浏览器	chrome
6543213f4453	IP	114.12.45.8
	登录时间	2016-07-06
	浏览器	IE

因此我们需要思考，如何在用户首次访问网站的任一组件时，给用户一个唯一的 ID？当用户后续访问此网站下的其他组件时，如何保证浏览器把这个 ID 号提交给服务器？

为了维护用户和用户行为之间的关联性，主要有下面几种方法：URL 重写技术、隐藏表单技术、Cookie 技术。

12.5.2 URL 重写技术

URL 重写技术指将会话信息以请求参数的形式嵌入服务器发出的每个超链接中。这样每次用户单击超链接的时候，都会把这个参数发给服务器，服务器就能区分用户了。

为了保持 URL 的简洁，通常这个嵌在 URL 中的会话信息是一个由服务器生成的代表客户唯一性的 ID 号，在 URL 的表现形式上，它通常是作为 URL 请求参数的形式出现的，如"http://.../servlet/Rewritten?sessionid=67888"。

举例说明：创建一个页面"index.jsp"。在"index.jsp"中首先检查 sessionID 参数的值，如果没有，表示用户第一次访问，为其生成一个唯一的 ID 号，并在页面中输出"这是你的第一次访问，给你一个 ID 号：*********"。在超链接中把用户唯一的 ID 写进 URL 的参数，带给另一个页面。

```
<body>
   <%
   String id=request.getParameter("sessionID");
   if(id==null){
     Random r=new Random();
     id=r.nextLong()+"";
     out.print("这是你的第一次访问，给你一个 ID 号： "+id);
   }
   else{
     out.print("你好"+id);
     }
   %>
   <br>
   <a href="a.jsp?sessionID=<%=id%>">跳转到 a 页面</a><br>
   <a href="b.jsp?sessionID=<%=id%>">跳转到 b 页面</a><br>

</body>
```

当单击"跳转到 a 页面"按钮时，跳转到 a.jsp 页面。在此页面中能获取 sessionID 的值。因此 ID 将不为空值，页面将输出"你好：*********"。

```
<body>
   欢迎来到 a 页面！<br>
   <%
   String id=request.getParameter("sessionID");
   if(id==null){
     Random r=new Random();
     id=r.nextLong()+"";
     out.print("这是你的第一次登录，你的 ID 为： "+id);
   }
   else{
     out.print("你好"+id);
     }
   %>
   <br>
    <a href="c.jsp?sessionID=<%=id%>">跳转到 c 页面</a><br>
</body>
```

URL 重写技术的优点：用户是匿名的；在 Web 服务器实现上得到普遍的支持。

URL 重写技术的缺点：由于会话信息作为查询参数在 URL 上是可见的，因此会话存在一定的安全隐患；需要对所有动态生成的 URL 进行重写，代码比较烦琐；只能用于动态产生的文档如 Servlet 和 JSP 页面，而不能用于 HTML 文档。

12.5.3 隐藏表单技术

HTML 表单允许把一些字段信息隐藏起来，而在浏览器上不被显示出来，但是当表单提交时，这种隐藏表单元素的信息可以被作为参数提交。

`<input type="hidden" name="***" value="…">`

将用户的会话信息（例如唯一的 ID 号）写在隐藏表单里，用户看不见，但是当表单提交时，信息会作为参数提交给服务器。服务器可以利用 Request 对象的 getParameter()方法读取出来。

修改上面的 index.jsp 页面，将超链接改为表单。把 ID 写进隐藏表单里，用户看不见，但是只要表单一提交，这个参数值就可以提交给 a.jsp。

```
<body>
  <%
    String id=request.getParameter("sessionID");
    if(id==null){
      Random r=new Random();
      id=r.nextLong()+"";
      out.print("这是你的第一次登录，你的 ID 为： "+id);
    }
    else{
      out.print("你好"+id);
    }
  %>
  <form action="a.jsp" method="post">
    <input type="hidden" name="sessionID" value="<%=id%>">
    <input type="submit" value="跳转到 A 页面">
  </form>
</body>
```

同重写 URL 技术相比，隐藏表单技术利用表单来传递会话信息，而 URL 重写技术则使用 Get 请求参数来传递会话信息（例如超链接）。除了这点，二者并无根本区别。它们都属于非持久化会话方案，都使用页面动态修改技术，因此不支持静态 HTML，代码编写方式很相似。

12.5.4 Cookie 技术

一些网站会在您的计算机上以小文本文件存储信息。这种文件称为 Cookie。Cookie 可以随着请求和响应在浏览器和服务器之间传递，如图 12.18 所示。在首次访问 Web 服务器资源时，服务器将 Cookie 连同响应发送到客户端保存起来。客户端再次访问同一个 Web 服务器时，主动查找与服务器匹配的 Cookie 并随请求发往服务器。服务器根据 Cookie 决定响应。

服务器端使用下面语句创建 Cookie，并把 Cookie 添加到响应中，发往客户端浏览器。

```
Cookie cookie = new Cookie("cookie名","cookie值");
response.addCookie(cookie);
```

当浏览器再次访问该网站时，浏览器会将此网站的 Cookie 随着请求发送给网站服务器（访问百度的时候把百度的 Cookie 发给白度服务器，访问搜狐的时候，把搜狐的 Cookie 发给搜狐服务器），浏览器会找到对应的 Cookie 进行发送。

保存在客户端的 Cookie 的属性，如表 12.5 所示，它们可以决定该 Cookie 在会话中的作用和行为。

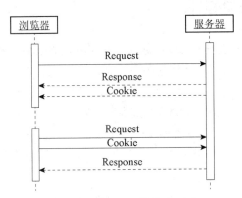

图 12.18　Cookie 的传递形式

表 12.5　Cookie 属性

参　　数	说　　明
Name	Cookie 的名字
Value	Cookie 的值
Comment	注释，表明设置 Cookie 的目的
Max-Age	Cookie 的生存期，过期后客户不再把该 Cookie 发送给服务器，以秒为单位
Domain	Cookie 发送的域
Path	Cookie 发送的路径
Secure	是否可以通过 HTTPS 发送
Version	Cookie 的版本

使用 Cookie 维护会话的工作过程如下：

（1）用户第一次访问某网站时，服务器生成一个 Cookie，格式为："Cookie 的名字:客户的 ID 号"，并把这个 Cookie 随着响应发送给客户端。例如，baidu : 13f4a4b4c21b。

（2）客户端浏览器存储该 Cookie，当用户再次访问同一个 Web 服务器时，浏览器会检查本地的 Cookie，并将其原样发送给 Web 服务器。

（3)服务器从客户发回的 Cookie 中取出用户 ID 号，并以此为索引获得该用户的会话信息，并进行维护处理。

利用 Cookie 维护会话的优点有：

①目前大多数浏览器都可以识别和处理来自 Web 服务器的 Cookie，因此兼容性较好。

②因为 Cookie 可以保存在客户端的小文件中，因此 Cookie 支持持久性的维持会话信息，哪怕浏览器关闭也可以维护。

利用 Cookie 维护会话的缺点有：

①Cookie 的名声不太好，个别网站可能在用户不知情的情况下采集用户个人信息。

②用户可以禁用 Cookie。

12.5.5　Cookie 对象的使用

Cookie 是由服务器生成的，再发送给客户端保存，相当于本地缓存的作用。Cookie 提高了访问服务器端的效率，但是安全性较差。

Cookie 对象也是在 Web 开发中常用的一个对象，它是储存在客户端的一个文本文件，用于记录一些服务器和客户端交互的信息，比如浏览记录，设置一个期限自动保存用户名及密码等功能都是通过该对象来处理的，其实现原理是一个 map 的键值对。常用方法如表 12.6 所示。

表 12.6　Cookie 对象常用方法

方法名	作用
Cookie new Cookie(String key, String value)	创建一个新的 Cookie 对象
void response.addCookie(cooke)	写入 Cookie 对象
Cookie[] request.getCookies()	读取 Cookie 对象，这里得到的是一个 Cookie 数组
void setValue(String value)	Cookie 创建后，对 Cookie 进行赋值
String getName()	获取 Cookie 名称
void setMaxAge(int expiry)	设置 Cookie 有效期，以秒为单位
String getValue()	获取 Cookie 的值
int getMaxAge()	获取 Cookie 的有效时间，以秒为单位，删除一个 Cookie 的方法也是将有效时间设为 0 再用上面的 Response 的 addCookie 方法

下面举例说明一下。创建一个 addCookie.jsp 文件，内容如下：

```
<body>
    <%
    Cookie cookie1 = new Cookie("name", "Tom");
    Cookie cookie2 = new Cookie("pwd", "123");
    response.addCookie(cookie1);
    response.addCookie(cookie2);
    //将 Cookie 信息发送到客户端 request.jsp 页面获取
    response.sendRedirect("cookie2.jsp");
    %>
</body>
```

再创建一个 cookie2.jsp 文件，内容如下：

```
<body>
    <%
    //因为那边重定向过来的是 2 个 Cookie，因此使用数组来接收
    Cookie cookies[] = request.getCookies();
    for (Cookie cookie : cookies) {
        out.print(cookie.getName() + "---" + cookie.getValue() +
"<br/>");
    }
    %>
</body>
```

从实例中可以看出，在 addCookie.jsp 文件中创建了两个新的 Cookie，并向 Response 对象中写入 Cookie 对象，重新定向到 cookie2.jsp 文件，从 cookie2.jsp 文件中取出 Cookie 对象的值，并将值存入 Cookie 数组中，通过循环取出 Cookie 的名字及对应的值。其运行结果如图 12.19 所示。

```
http://localhost:8080/bookProject/cookie2.jsp
JSESSIONID---0F036DB268FD2B0A542470FF0A9B216A
name---Tom
pwd---123
```

图 12.19 运行结果

12.5.6 实验 3 创建 Cookie

1. 实验目标

（1）理解 Cookie 的工作机制，了解 Web 服务器如何通过 Cookie 维护会话。

（2）了解 Cookie 是何时从 Web 服务器发送给浏览器的，Cookie 又是何时从浏览器发送给服务器的。

（3）会创建 Cookie 对象，会设置 Cookie 的有效期和发送路径。

2. 实验步骤

（1）创建 cookie.jsp。

在 JSPProject 工程的 Webroot 下创建 Cookies 文件夹，其下创建 cookie.jsp 文件，代码如下：

```jsp
<body>
<%
    Cookie[] cookies=request.getCookies();//取得请求中的 Cookies，可能有多个
    String id=null;
    if(cookies==null){//如果收不到任何 Cookie，表示是首次访问
        Random r=new Random();//生成一个 long 型的随机数，作为 id
        id=r.nextLong()+"";//帕成字简中
        //创建名字是 myCookie，但是随机 long 数的 Cookie 的 Cookie 对象，随着响应发
给浏览器
        Cookie cookie=new Cookie("myCookie",id);
        cookie.setMaxAge(60*60);
        cookie.setPath("/JSPProject/");
        response.addCookie(cookie);
        out.print("这是你第一次访问本网站，为您生成唯一的 id 号"+id+'\n'
        +"它会随着名为"myCookie"的 cookie 发送给您的浏览器");
    }
    else{//不是第一次访问，取出名为"myCookie 的 Cookie，取出其值"
        for(int i=0;i<cookies.length;i++){
            if(cookies[i].getName().equals("myCookie")){
                id=cookies[i].getValue();//取出 myCookie 的值,也就是用户唯一的
id 号
                break;
            }
        }
        out.print("感谢你再次访问我们的网站，这是您的 id 号"+id+",您的浏览器把它
又发送给了我们。");
    }
%>
</body>
```

（2）测试 Cookie 的收发。

①部署应用，启动 Tomcat。

②打开浏览器，清除所有的 Cookie。

③按 F12 键，打开开发者工具，进入"network/"网络。

④在地址栏中输入"http://127.0.0.1:8080/JSPProject/Cookies/cookie.jsp"，可以看到首次访问页面时，请求消息是没有 Cookie 的，响应消息携带有 Cookie 发往浏览器，如图 12.20 所示（如果想再次测试首次访问的效果，请先清除该 Cookie）。

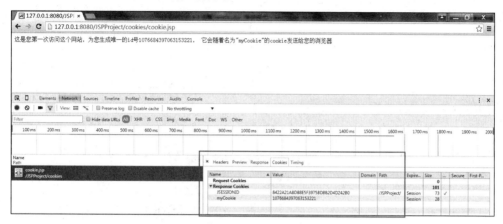

图 12.20　首次访问页面

⑤查看一下 Cookie，可以看到本地已经出现了"127.0.0.1"发来的 Cookie，如图 12.21 所示。

图 12.21　查看 Cookie

⑥刷新网页，查看请求和响应，如图 12.22 所示。这一次，请求中携带了 Cookie 发给服务器。

⑦从浏览器中删除 Cookie，启动两个浏览器，分别访问"http://127.0.0.1:8080/JSPProject/Cookies/cookie.jsp"，看看两个浏览器是共用同一个 Cookie，还是有各自不同的。

图 12.22　查看请求和响应

结论（基于前面的程序）：

①当客户端（某计算机里的某个浏览器）第一次访问 cookie.jsp 页面时，通过下面的语句将 Cookie 通过响应发送给客户端浏览器。

```
Cookie cookie = new Cookie("myCookie",id);
response.addCookie(cookie);
```

②当同一客户端再次访问该页面时，浏览器会将这个 Cookie 随着请求再次发送给网站服务器。

③不同的浏览器被认为是不同的客户端，同台机器的两个浏览器访问同一个网页，它们会各自收发自己的 Cookie，相互不会影响。

（3）测试 Cookie 的生命周期。

关掉浏览器，再打开浏览器，直接查看 myCookie 还在不在，会发现它已经不在了。如果访问 "http://127.0.0.1:8080/JSPProject/Cookies/cookie.jsp"，那么会发现又变成第一次访问了。

原因：Cookie 有个重要的属性 "Max-Age"，代表其寿命。其值的单位是秒，默认是 "−1"，表示它存在于浏览器的进程中，浏览器关掉就失效。

（4）修改 Cookie 的生命周期。

修改创建和发送 Cookie 的语句，设置 myCookie 的有效期为 60 分钟，改完后再测试（重新部署下再访问），关闭了浏览器之后，再打开 Cookie 依然有效。

```
Cookie cookie=new Cookie("myCookie",id);
cookie.setMaxAge(60*60);
cookie.setPath("/JSPProject/");
```

结论：Cookie 不会自动地长久保存在客户端，除非服务端写了相应的语句，设置了较长的生命周期，否则默认情况下，关了浏览器，该浏览器端的 Cookie 就失效了。

（5）访问 JSPProject 应用的其他页面。

在访问过 "http://127.0.0.1:8080/JSPProject/Cookies/cookie.jsp" 之后，保证浏览器已经有 myCookie 的情况下，测试一下访问 JSPProject 应用的其他页面，例如，"http://127.0.0.1:8080/JSPProject/index.jsp"（随便哪个页面，只要是同一工程下的），看看会不会向服务器发送 myCookie。其结果是并没有，但是另一个 Cookie 发出去了，如图 12.23 所示。

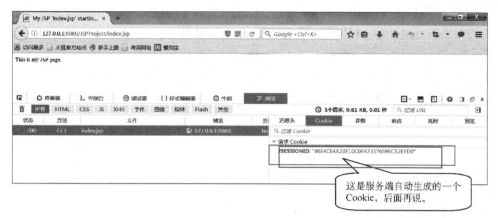

图 12.23　访问 **JSPProject** 应用的其他页面

Cookie 的另一个属性"path"，可以设置向哪些范围内的页面发送 Cookie。目前 myCookie 的范围是 JSPProject/cookies 下的页面，而我们访问的页面不在此范围内，所以 Cookie 没有发出去。

修改 cookie.jsp 代码，补充一句话"cookie.setMaxAge(60*60);"。

```
Cookie cookie=new Cookie("myCookie",id);
    cookie.setMaxAge(60*60);
    cookie.setPath("/JSPProject/");
```

删除浏览器里的 127.0.0.1 下的 Cookie，再测试一次。

先访问"http://127.0.0.1:8080/JSPProject/Cookies/cookie.jsp"，保证 Cookie 被发给浏览器，然后再访问任意"http://127.0.0.1:8080/JSPProject/"下的页面，发现浏览器都会发送 myCookie。

结论：

①在不做任何设置的情况下，只有再次访问"http://127.0.0.1:8080/JSPProject/cookies"下的页面时，浏览器才会把 myCookie 发送给服务器端。

②在设置了 Cookie 的 path 属性为 Web 应用根目录后，当用户访问此应用的任意页面，浏览器都会将 myCookie 发给服务器。

12.6　Session 对象

URL 重写技术、隐藏表单技术、Cookie 技术，都需要程序员进行大量的程序编写，比较烦琐。Servlet　API 规范定义了一个 HttpSession 接口，允许 Servlet 容器针对每一个会话建立一个 HTTP 会话对象（即 HttpSession 对象），该会话对象将会自动被赋予一个唯一的"会话编号"（sessionID），而无须程序员编程实现。同时，HttpSession 对象提供了一组存取会话属性的方法，这样就可以很容易地在服务器端存放用户会话状态，如图 12.24 所示。

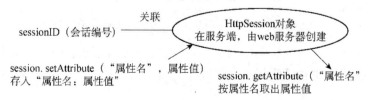

图 12.24　**HttpSession** 对象

12.6.1 Session 对象与 Cookie 的联系

内置对象 Session 和 Cookie 的联系为：Session 对象由 Servlet 容器自动创建，并赋予一个唯一的编号。这个编号随着一个名为"JSESSIONID"的 Cookie 发送给客户端，如图 12.25 所示。Session 对象的生命周期和作用范围和名为"JSESSIONID"的 Cookie 紧密联系在一起。

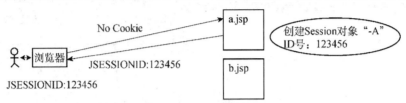

图 12.25　Session 对象的首次创建

服务器根据 Cookie 查找 Session 对象，如图 12.26 所示。通过 ID 号 123456 找到 Session 对象"-A"，通过 ID 号 654321 找到 Session 对象"-B"。

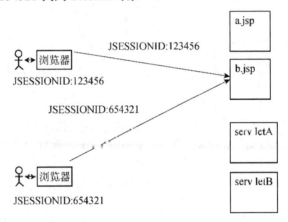

图 12.26　服务器查找 Session 对象

Session 机制采用的是在服务器端保持状态的方案，而 Cookie 机制则是在客户端保持状态的方案，Cookie 又叫会话跟踪机制。打开一次浏览器到关闭浏览器算是一次会话。

12.6.2 Session 对象的生存期

Session 对象默认的过期时间是 1800 秒，也就是 30 分钟。过期指的是连续 n 分钟没有访问过应用内的任意组件。超过这个时间后，服务器端的 Session 对象会被销毁。

可以为 Session 对象设置过期的时间，下面代码设置为 30 秒，只要客户端有 30 秒钟未访问该应用的任何组件，Session 过期，服务器会销毁该 Session 对象。

```
session.setMaxInactiveInternal(30);
```

与 Session 对象关联的 JSSESSIONID Cookie 是存于浏览器进程中的（maxAge=-1），浏览器关闭就会失效。如果浏览器重启后，再访问同一服务器，将不会发送此 Cookie。

12.6.3　Session 对象的重建

Session 对象重建的场景有浏览器关闭导致 Session 对象重建和 Session 过期重建。

如图 12.27 所示，当浏览器首次访问服务器时，未携带任何 Cookie，服务器为其生成一个 JSESSIONID 为 123456 的 Cookie，并通过 Response 对象返回给浏览器。当重启浏览器，浏览器端保存的 JSESSIONID 没有了，123456 Session 对象还在服务器，但是由于客户端丢失了 ID，已经无法找到匹配的 Cookie，造成 Session 需要重建。服务器发现请求里没有 JSESSIONID Cookie，认为这是首次访问的新会话，又创建了一个新 Session 对象，并赋予一个新 ID "654321"。

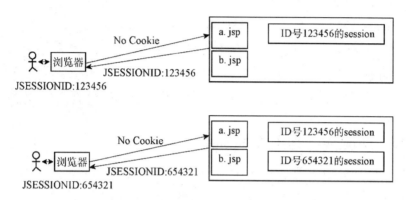

图 12.27　浏览器关闭导致 Session 对象重建

当用户 n 分钟没有访问过应用的任何页面，Session 会过期重建，如图 12.28 所示。当浏览器首次访问服务器时，未携带任何 Cookie，服务器为其生成一个 JSESSIONID 为 123456 的 Cookie，并通过 Response 对象返回给浏览器。当用户 n 分钟没有访问过应用的任何页面后，服务器发现请求里的 ID 号 123456，但是这个 ID 号对应的 Session 对象已经不存在了，又创建了一个新 Session 对象。

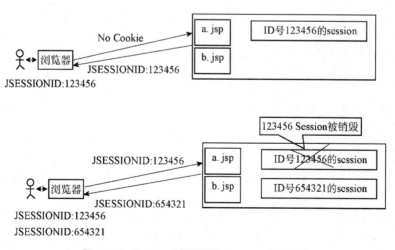

图 12.28　Session 过期导致 Session 对象重建

12.6.4 向 HttpSession 对象中存取属性

在 Servlet 中，可以使用 HttpServletRequest 对象获得 HttpSession 对象。

```
    public void doPost(HttpServletRequest request, HttpServletResponse
response){
        HttpSession session =  request.getSession();
    }
```

在 JSP 页面中可以直接使用 Session 对象，该 Session 对象就是 HttpSession 的一个实例。

可以用 setAttribute 方法和 getAttribute 方法在 Session 对象中存取属性，存入 Session 对象中的属性，可以在会话范围内被共享。

使用 setAttribute 向 Session 中存储属性 "attribute"。

```
    session.setAttribute("c",new Circle(5));
```

使用 getAttribute 从 Session 中按属性名取得属性值：

```
    Circle  circle = (Circle) session.getAttribute("c");
```

12.6.5 实验 4 理解 Session

1. 实验目标

（1）理解 Session 的工作原理和生命周期，理解什么是一个会话。

（2）理解 Session 和 Cookie 的关系。

（3）会用 Session 存取属性。

2. 实验步骤

（1）创建 sessionPage.jsp。

在 JSPProject 工程的 Webroot 下创建 Session 文件夹，其下创建 "sessionPage.jsp"，补充代码如下：

```
    <body>
      <%
        out.println(session.isNew()?"新的 Session":"旧的 Session");
        out.print("您的 sessionid 为: "+session.getId());
      %>
      <br>
    </body>
```

（2）打开浏览器，删除所有 Cookie，按 F12 键。

（3）第一轮测试。

第一次在地址栏中输入，"http://127.0.0.1:8080/JSPProject/session/sessionPage.jsp"，查看页面显示、请求和响应的 Cookie。

从结果可以看出：

①第一次请求网页的时候，请求消息里没有携带任何 Cookie。

②服务器第一次接收到请求的时候，发现没有名为 "JSESSIONID" 的 Cookie，服务器知道这是一个首次访问的用户，于是会为这个用户创建一个 HttpSession 类型的对象，名为 Session（后面就直接简称 Session 对象），标识着当前用户和服务器的一次会话，并为它生成一个唯一的

ID 号，这个 Session 对象被保存在服务器的内存中，如图 12.29 所示（上述过程由 Servlet 容器完成，不需要程序员去编写代码创建，程序员可以直接使用这个 Session 对象）。

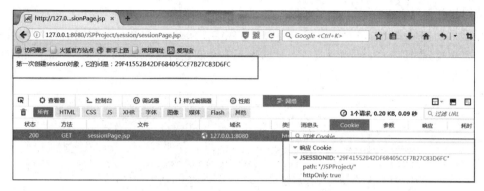

图 12.29　第一次创建 Session 对象

③服务器把这个 ID 值作为一个名为"JSESSIONID"的 Cookie 的值，以 Cookie 的方式随着响应发送给浏览器（图 12.29 右下的框）。

④下次我们再访问"/JSPProject/"范围内的页面的时候，浏览器会默默地把这个 Cookie 发送给服务器。

现在刷新页面，查看页面，显示请求和响应的 Cookie，如图 12.30 所示。

图 12.30　请求和响应的 Cookie

从结果可以看出：

①再次访问页面的时候，这个唯一的 Session ID，随着名为 JSESSIONID 的 Cookie 发给了服务器端。

②服务器端收到这个"JSESSIONID"Cookie，就知道这一定不是用户的第一次访问。于是，服务器按照 Cookie 里的 ID 号把对应的 Session 对象从内存中找出来用，页面再次输出了这个 Session 的 ID 号，和前一次是相同的（如何判断 Session 对象已经存在，如何根据 ID 号把 Session 对象从内存中找出来，由 Web 服务器完成，也不需要程序员写代码）。

（4）进阶测试。

访问"/JSPProject/"下的任意其他页面，看看有没有发出去同样的 Cookie。

打开 3 个不同的浏览器（Chrome、Firefox、IE 或者其他），访问同样的页面"http://127.0.0.1:8080/ JSPProject/session/sessionPage.jsp"，观察服务器端创建了几个 Session 对象。

3 个来自不同浏览器的请求共用一个 Session 对象吗？服务器会为每个请求创建新的 Session 对象吗？每个请求都被当成了一个新会话吗？3 个请求被认为是同一个会话吗？

（5）修改代码（测试 Session 过期）。

为 Session 对象设置过期的间隔时间，下面代码设置为 30 秒，只要客户端有 30 秒钟未访问该应用的任何网页，Session 过期，服务器就会销毁存储的 Session 对象。

销毁后，如果用户再访问某页面（即使客户端的 Cookie 还存在，一起发给服务器），服务器也没办法找到对应的 Session 对象了。此时服务器会创建新的 Session 对象，给它新的 ID，并再把这个作为 Cookie 发送给客户端。

```
<body>
    <%
    out.println(session.isNew()?"新的 Session":"旧的 Session");
    session.setMaxInactiveInterval(30);
    out.println(session.getMaxInactiveInterval());
    out.print("您的 sessionid 为: "+session.getId());
    %>
    <br>
</body>
```

先删除浏览器的 Cookie，按 F12 键，访问这个页面，第一次访问的效果，如图 12.31 所示，首次访问，请求中没有 Cookie，响应中有一个 Cookie。

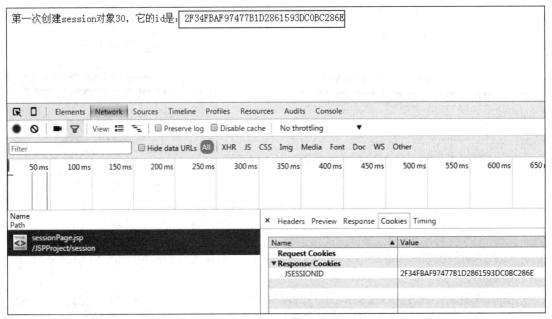

图 12.31　第一次访问的效果

等 30 秒（或者更长时间）后，再刷新页面，这时其实浏览器的 Cookie 没有过期，依然发给了服务器端，但是服务器端和"2F34…"相对应的 Session 对象已经被销毁了，按照这个旧 ID 根本找不到对象。所以服务端又创建了新的 Session 和它的 ID 值，重新以 Cookies 形式发给浏览器。发出去的是旧 Cookie，收到了一个新 Cookie，如图 12.32 所示。

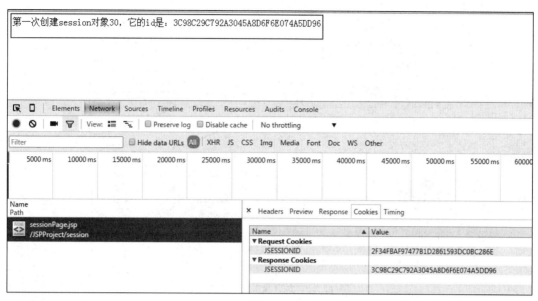

图 12.32

（6）关闭浏览器。

关掉浏览器，再重新打开后，按 F12 键，再次输入：http://127.0.0.1:8080/JSPProject/ session/sessionPage.jsp，可以发现这是首次访问，而且浏览器没有向服务器发出任何 Cookie。

结论：浏览器进程终止，Session 对应的 Cookie 失效。再次启动时，浏览器不会向服务器发出对应的 Cookie。服务器收不到信息，就认为这是第一次访问，创建新的 Session 对象，给一个新的 ID，再以 Cookie 的形式发送给客户端。

事实上，此时原来（浏览器关闭前建立）的 Session 对象还在服务器内存中，因为服务器没办法侦查到客户端的浏览器了，所以原来的 Session 对象会保存到失效为止。

（7）对比一下两种重建 Session 的情况（会话失效）。

Session 过期时的情况如图 12.33 所示。

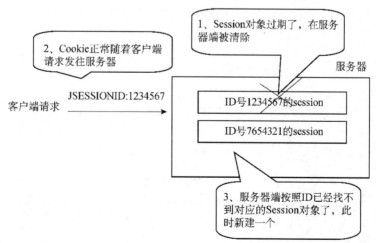

图 12.33　Session 过期时的情况

浏览器关闭时的情况如图 12.34 所示。

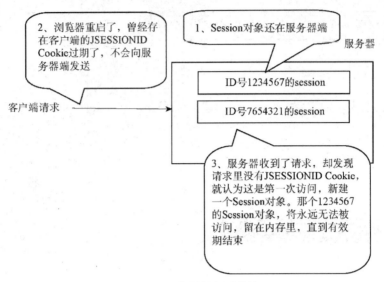

图 12.34　浏览器关闭时的情况

（8）会话对象 HttpSession(Session)总结。

Session 对象会在客户端第一次访问应用时（应用内任意网页）被创建，一直保持在服务器端，直到下面三种情况发生，生命周期结束：

①浏览器进程终止。

②会话过期（例如 n 秒没有访问过，n 可以设置）。

③服务器调用了 Session 对象的 invalidate() 方法，强制终止会话。

不同浏览器发出的请求被认为是不同的会话，不同的会话对应不同的 Session 对象。

Session 对象里存储的任意属性和属性值都能在会话范围内被共享（被访问）。所谓会话范围，指的是：

①Session 对象还活着，而且没重建过（没过期，没重启浏览器）。

②当前应用内部的任意页面被共享（除非特殊手段）。看下面的框，可以访问一下 E-STORE，看看会不会把 JSPProject 里的 ID 发给 E-STORE 的页面，如图 12.35 所示。

图 12.35　Cookie 和网站数据

注意：如果浏览器被禁用了 Cookie，Session 将使用 URL 重写方式来实现会话！

（9）Session 对象怎么用

①为 Session 设置任意的属性名和属性值，名字自定，值是任意对象。

```
session.setAttribute("属性名", 任意对象);
```

②在 Session 的作用范围内（同一个会话，不过期、不重启浏览器，同一应用）的任意页面，可以通过属性名取得 Session 中已有的属性值，如果找不到同名的属性，返回"null"。

```
(强制类型转换成属性值实际的类型)session.getAttribute("属性名");
```

③删除 Session 对象的某一属性。

```
session.remove("属性名")
```

12.6.6　实验5　使用 Session 存取属性

1. 实验目标

会使用 Session 存取属性。

2. 实验步骤：模拟登录

模拟登录，将用户信息存储在 Session 对象中，在网站所有组件中均可以将存储在 Session 中的用户信息取出。由于不同浏览器发出的请求属于不同会话，使用多个浏览器测试多用户的登录，用户之间相互不影响。4 个页面如图 12.36 所示。

图 12.36　4 个页面

（1）登录页面。

登录页面"login.jsp"，包含一个表单，提交到 checkLogin.jsp 页面，关键代码如下：

```
<body>
    <form action="checkLogin.jsp" method="post">
        <input name="userName">
        <input type="submit">
    </form>
</body>
```

（2）登录验证页面。

登录验证页面"checkLogin.jsp"，将表单提交的用户名存储在 Session 中，提供超链接让用户跳转到查看用户信息页面，关键代码如下：

```
<body>
    <%
        request.setCharacterEncoding("utf-8");
        String userName=request.getParameter("userName");
        session.setAttribute("userName", userName);
    %>
    <%=userName%>登录成功<br>
    <a href="info.jsp">查看用户信息</a>
</body>
```

（3）查看用户信息页面。

查看用户信息页面"info.jsp"，将 Session 中的用户名取出，展示在页面上，提供超链接让用户跳转到购物页面，关键代码如下：

```
<body>
  <%
  String userName=(String)session.getAttribute("userName");
  out.print("欢迎你"+userName);

  %>
  <br/>
  <a href="buy.jsp">去购物</a>
</body>
```

（4）购物页面。

购物页面"buy.jsp"，将 Session 中的用户名取出，展示在页面上：

```
<body>
  <%
  String userName=(String)session.getAttribute("userName");
  out.print("购物愉快"+userName);%>
</body>
```

（5）测试。

使用两个浏览器测试，用户登录后，单击超链接跳转到 info.jsp、buy.jsp 页面，均可以在页面上看到登录时的用户名。不同浏览器的用户没有冲突。

两个浏览器进行测试时，虽然执行的是同一套代码，但代码里涉及的 Session 对象不是同一个。两个浏览器是两个会话，各自在服务器端对应一个属于自己的 Session 对象。a 浏览器访问时，向 a 的 Session 对象中存储用户名，b 浏览器访问时，向 b 的 Session 对象中存储用户名。取出属性的时候，也是各自从自己的 Session 对象中取出用户名，不会冲突。

3. 使用 Session 对象存取属性总结

（1）向 Session 中存储属性，属性名为字符串，属性值是任意对象。

```
session.setAttribute("属性名", 任意对象);
```

（2）从 Session 中，按照属性名取得属性值。取得的属性值要强制将类型转换成属性值的实际类型。

```
session.getAttribute("属性名");
```

（3）删除 Session 对象中存储的某一属性。

```
session.removeAttribute("属性名")
```

Session 对象里存储的属性能在会话范围内被共享（被访问）。所谓会话范围，指的是：
①同一个会话，同一个客户端发出的请求属于同一个会话。
②Session 对象还活着，而且没重建过（没过期，没重启浏览器）。
③当前应用内部的任意组件被访问。

12.7　其他隐含对象

12.7.1　Request 对象

Request 对象的生存期就是一次用户请求的生存期，即从用户的一次请求到达服务器，直到服务器向用户返回响应之间的服务器处理期间。

具体地说，服务器收到一个请求（访问 JSP、Servlet），就会创建一个 Request 对象和 Response 对象，当这个请求被处理完毕，响应发出，Request 对象和 Response 对象的生命就结束了。存储在 Request 对象里的属性在 Request 的生存期中有效。

使用 setAttribute 向 Request 中存储属性 "attribute"：

```
request.setAttribute("c",new Circle(5));
```

使用 getAttribute 从 Request 中按属性名取得属性值：

```
Circle  circle = (Circle) request.getAttribute("c");
```

注意：当使用 getAttribute 取属性值的时候，它返回一个 java.lang.Object 类型的对象，因此，还必须根据属性值的类型进行类型转换。例如，如果存入的属性值是 Circle 对象，取出时要转换成 Circle 类型。

如果两个组件共用同一个 Request 对象，在第一个组件中向 Request 中存入属性，第二个组件中可以将属性取出来。

Request 对象的方法如表 12.7 所示。

表 12.7　Request 对象的方法

方　　法	方法作用
Object getAttribute(String name)	返回指定属性的属性值
Enumeration getAttributeNames()	返回所有可用属性名的枚举
String getCharacterEncoding()	返回字符编码方式
int getContentLength()	返回请求体的长度（以字节数）
String getContentType()	得到请求体的 MIME 类型
ServletInputStream getInputStream()	得到请求体中一行的二进制流
String getParameter(String name)	返回 name 指定参数的参数值
Enumeration getParameterNames()	返回可用参数名的枚举
String[] getParameterValues(String name)	返回包含参数 name 的所有值的数组
String getProtocol()	返回请求用的协议类型及版本号
String getScheme()	返回请求用的计划名，如：HTTP、HTTPS 及 FTP 等
String getServerName()	返回接收请求的服务器主机名
int getServerPort()	返回服务器接收此请求所用的端口号
BufferedReader getReader()	返回解码过了的请求体
String getRemoteAddr()	返回发送此请求的客户端 IP 地址
String getRemoteHost()	返回发送此请求的客户端主机名
void setAttribute(String key,Object obj)	设置属性的属性值
String getRealPath(String path)	返回一虚拟路径的真实路径

下面通过一个表单进行提交用户名，当输入"hello"后，提交表单，请求方式变为Post，表单提交来的值变为"hello"，并获取 Request 的一些请求方式、采用协议等信息，显示效果如图 12.37 所示。

```
<body bgcolor="#FFFFF0">
    <%request.setCharacterEncoding("utf-8");%>
    <b>欢迎您!<%=request.getParameter("userName") %></b>
<form action="" method="post">
    <input type="text" name="userName"> <input type="submit"
        value="提交">
</form>
    请求方式：<%=request.getMethod()%><br> 请求的资源：<%=request.
getRequestURI()%><br>
    请求用的协议：<%=request.getProtocol()%><br> 请求的文件名：<%=request.
getServletPath()%><br>
    请求的服务器的 IP：<%=request.getServerName()%><br> 请求服务器的端口：
<%=request.  z getServerPort()%><br>
    客户端IP地址:<%=request.getRemoteAddr()%><br> 客户端主机名:<%=request.
getRemoteHost()%><br>
    表单提交来的值: <%=request.getParameter("userName")%><br>
</body>
```

图 12.37 Request 示例的显示效果

12.7.2 Response 对象

服务器接收到请求需要进行处理，将处理以后的结果显示回浏览器端，将这个过程称为响应 Response。

Web 服务器收到客户端的 HTTP 请求，会针对每一次请求，分别创建一个用于代表请求的 Request 对象和代表响应的 Response 对象。

Request 和 Response 对象既然代表请求和响应，需要获取客户端提交过来的数据，只需要找 Request 对象就行了。要向客户端输出数据，只需要找 Response 对象就行了。

JSP 页面中使用的 Response 对象对应的是 Servlet 里的 HttpServletResponse 对象，可以用其设置一些响应的属性，可以从中获得输出流，如表 12.8 所示。

表 12.8 Request 对象还有的方法

方法名	方法作用
String getCharacterEncoding()	返回响应用的字符编码
void setCharacterEncoding(String encoding)	设置字符编码类型为 encoding
ServletOutputStream getOutputStream()	返回响应的一个二进制输出流
PrintWriter getWriter()	返回可以向客户端输出字符的一个对象
void setContentLength(int len)	设置响应头长度

续表

方法名	方法作用
void setContentType(String type)	设置响应的 MIME 类型
sendRedirect(java.lang.String location)	重新定向客户端的请求
void addCookie(Cookie cookie）	给客户端添加一个 Cookie 对象，以保存客户端的信息
void addDateHeader(String name,long value)	添加一个日期类型的 HTTP 首部信息，覆盖同名的 HTTP 首部
void setDateHeader(String s1,long l)	设置日期类型的 HTTP 首部信息
void addIntHeader(String name,int value)	添加一个整型的 HTTP 首部，并覆盖旧的 HTTP 首部
String encodeRedirectURL(String url)	对使用的 URL 进行编译
String encodeURL(String url)	封装 URL 并返回到客户端，实现 URL 重写
void flushBuffer()	清空缓冲区
String getContentType()	取得 MIME 类型
void setContentType(String type)	设置 MIME 类型
Locale getLocale()	取得本地化信息
ServletOutputStream getOutputStream()	返回一个二进制输出字节流
PrintWriter getWriter()	返回一个输出字符流
void reset()	重设 Response 对象
void resetBuffer()	重设缓冲区
void sendError(int sc)	向客户端发送 HTTP 状态码的出错信息
void setBufferSize(int size)	设置缓冲区的大小为 Size
void setContentLength(int length)	设置响应数据的大小为 Size
void setStatus(int status)	设置状态码为 Status

setstatus 方法用来设置 JSP 向客户端返回的状态码，它用来设置没有出错的状态。如果 JSP 运行出错，可以使用 Response 对象的 sendError 方法设置状态码，如 sendError(int sc)方法设置错误状态代码。sendError(int sc,String msg)方法除了设置状态码，还向用户发出一条错误信息。具体的 HTTP 响应状态码及其含义如表 12.9 所示。

表 12.9　HTTP 响应状态码及其含义

状态码	状态摘要信息	含义
100	Continue	初始的请求已经接受，用户应当继续发送请求的其余部分（HTTP 1.1 新）
200	OK	请求成功
302	Found	请求的资源暂时转移，给出一个转移后的 URL
400	Bad Request	请求出现语法错误
401	Unauthorized	请求未授权，服务器需要通过身份验证和/或授权
403	Forbidden	资源不可用。服务器理解用户的请求，但拒绝处理它。通常由于服务器上文件或目录的权限设置导致
404	Not Found	无法找到指定位置的资源
500	Internal Server Error	服务器遇到了意料不到的情况，不能完成用户的请求

"request.getRequestDispatcher("new.jsp").forward(request, response);//"转发到"new.jsp"。

"response.sendRedirect("new.jsp");//"重定向到"new.jsp"。

计算机中的数据都是以二进制进行存储的，因此传输文本时，就会发生字节和字符之间的转换。字符与字节之间的转换需要查码表完成，将字符转换为字节的过程叫作编码，将字节转换为字符的过程叫作解码。如果编码和解码使用的码表不一致，就会发生乱码。这就是乱码发生的根本原因。

Response 缓冲区的默认编码是"ISO8859-1"，此码表中没有中文，所以需要更改 Response 的编码方式为"UTF-8"；

"response.setCharacterEncoding("UTF-8");//"设置响应的字符编码为"UTF-8"。

通过更改 Response 的编码方式为"UTF-8"，仍然无法解决乱码问题，因为发送端，即服务器端虽然改变了编码方式为"UTF-8"，但是接收端浏览器仍然使用 GB2312 编码方式解码，还是无法还原正常的中文，因此还需要告知浏览器使用"UTF-8"编码去解码。

"response.setHeader("Content-Type","text/html;charset=UTF-8");//"通知浏览器使用 UTF-8 编码。

上面两条语句通过改变服务器端对于 Response 的编码方式及浏览器的解码方式来解决乱码问题。

可以使用一条语句完成上述功能"response.setContentType("text/html;charset=UTF-8");"，这个方法包含了上面的两个方法的调用，因此在实际的开发中，只需要调用一个"response.setContentType("text/html;charset=UTF-8")"方法即可。

下面以中文名文件下载为例，说明 Response 对象中的方法的使用。在做此示例前，先准备好一张"小狗.jpg"，并放在 WebContent 目录下的 downloads 文件夹下。输入如下 Servlet 代码，将会出现下载的页面，如图 12.38 所示。

```java
package bookProject;

import java.io.FileInputStream;
import java.io.IOException;
import java.io.InputStream;
import java.io.OutputStream;
import java.net.URLEncoder;
import javax.servlet.ServletException;
import javax.servlet.annotation.WebServlet;
import javax.servlet.http.HttpServlet;
import javax.servlet.http.HttpServletRequest;
import javax.servlet.http.HttpServletResponse;

@WebServlet("/response")
public class ResponseDemo extends HttpServlet {
 private static final long serialVersionUID = 1L;

    public ResponseDemo() {
        super();
    }

    protected void doGet(HttpServletRequest request, HttpServletResponse response)
            throws ServletException, IOException {
        // 获取要下载文件的绝对路径
        String                    realPath                    =
this.getServletContext().getRealPath("/downloads/小狗.jpg");
        // 获取要下载的文件名
        String fileName = realPath.substring(realPath.lastIndexOf("\\")
+ 1);
```

```
        // 设置 content-disposition 响应头控制浏览器以下载的形式打开文件，
        // 中文文件名要使用 URLEncoder.encode 方法进行编码，否则会出现文件名乱码
        response.setHeader("Content-disposition",
"attachment;filename=" + URLEncoder.encode(fileName, "UTF-8"));
        InputStream in = new FileInputStream(realPath);
        int len = 0;
        byte[] buffer = new byte[1024];
        OutputStream out = response.getOutputStream();
        while ((len = in.read(buffer)) > 0) {
            out.write(buffer, 0, len);
        }
        in.close();
    }

    protected          void          doPost(HttpServletRequest          request,
HttpServletResponse response)
            throws ServletException, IOException {
        doGet(request, response);
    }
}
```

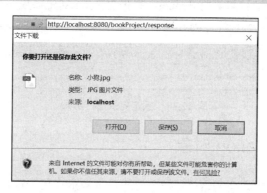

图 12.38　下载图片的过程

　　也可以通过 Response 实现请求重定向。请求重定向是指一个 Web 资源收到客户端请求后，通知客户端去访问另外一个 Web 资源，这称为请求重定向。实现方式为"response.sendRedirect(String location);//"调用 Response 对象的 sendRedirect 方法实现请求重定向。

　　重定向的运作流程如下：

　　（1）用户在浏览器中输入地址，请求访问服务的组件 1。

　　（2）组件 1 返回一个状态码为 302 的响应，响应中提供了组件 2 的 URL，该组件可能跟组件 1 在同一个服务器上，也有可能不在同一个服务器上。302 响应的含义为让浏览器请求访问组件 2。

　　（3）当浏览器收到这种响应结果时，自动请求组件 2。

　　（4）浏览器收到组件 2 的响应结果。

　　下面以一个例子说明重定向的使用。首先创建一个"from.jsp"文件，输入如下代码：

```
<body>
<%
    String name=request.getParameter("name");
    System.out.println("sendRedict 之前");
%>
我收到了<%=name%>的请求
<br>
```

```
<% response.sendRedirect("to.jsp");%>
请求转发了！
<%
    System.out.println("sendRedict 之后");
  %>
</body>
```

再创建一个"to.jsp"文件，输入如下代码：

```
<body>
<%
    String name=request.getParameter("name");
  %>
你好，<%=name%>
<br>
</body>
```

在浏览器地址栏中输入"http://localhost:8080/JSPProject/sendRedirect/from.jsp?name=ww"，发现直接跳转到"to.jsp"页面，并发现"from.jsp"中所携带的参数 name 在"to.jsp"中并没有取出值。这是由于重定向发起了新的 Request，原来的 Request 生命周期结束，因此在重定向后，并没有 name="ww"的参数传递，因此输出结果为"null"，如图 12.39 所示。

| ← → ■ ■ | http://localhost:8080/JSPProject/sendRedirect/to.jsp |

你好，null

图 12.39　重定向的运行结果

12.7.3　Application 对象

当 Servlet 容器启动时，会初始化每一个部署好的 Web 应用，这时容器会为每个 Web 应用创建一个 ServletContext 对象（每个应用都有各自唯一的一个 ServletContext 对象）。

Application 对象实现了用户间数据的共享，可存放全局变量。它开始于服务器的启动，直到服务器的关闭，在此期间，此对象将一直存在；这样在用户的前后连接或不同用户之间的连接中，可以对此对象的同一属性进行操作；在任何地方对此对象属性的操作，都将影响到其他用户的访问。服务器的启动和关闭决定了 Application 对象的生命周期，如表 12.10 所示。

表 12.10　Application 对象的生命周期

方法名	方法作用
Object getAttribute(String name)	返回给定名的属性值
Enumeration getAttributeNames()	返回所有可用属性名的枚举
void setAttribute(String name,Object obj)	设定属性的属性值
void removeAttribute(String name)	删除一属性及其属性值
String getServerInfo()	返回 JSP(SERVLET)引擎名及版本号
String getRealPath(String path)	返回一虚拟路径的真实路径
ServletContext getContext(String uripath)	返回指定 WebApplication 的 Application 对象
int getMajorVersion()	返回服务器支持的 Servlet API 的最大版本号
int getMinorVersion()	返回服务器支持的 Servlet API 的最小版本号
String getMimeType(String file)	返回指定文件的 MIME 类型

续表

方法名	方法作用
URL getResource(String path)	返回指定资源(文件及目录)的 URL 路径
InputStream getResourceAsStream(String path)	返回指定资源的输入流
RequestDispatcher getRequestDispatcher(String uripath)	返回指定资源的 RequestDispatcher 对象
Servlet getServlet(String name)	返回指定名的 Servlet
Enumeration getServlets()	返回所有 Servlet 的枚举
Enumeration getServletNames()	返回所有 Servlet 名的枚举
void log(String msg)	把指定消息写入 Servlet 的日志文件
void log(Exception exception,String msg)	把指定异常的栈轨迹及错误消息写入 Servlet 的日志文件
void log(String msg,Throwable throwable)	把栈轨迹及给出的 Throwable 异常的说明信息写入 Servlet 的日志文件

本例要求获取 Application 的服务器引擎名、版本号信息及文件所在路径等信息，并为 Application 设置属性，设置 name 属性值为"张明"。我们可以获得该属性的值，但当 name 属性被移除后，就获取不到对应的值了，输出"null"，如图 12.40 所示。

```
<%@ page contentType="text/html;charset=utf-8"%>
<html>
<head><title>APPLICATION 对象</title><head>
<body><br>
JSP(SERVLET)引擎名及版本号:<%=application.getServerInfo()%><br><br>
返回/application.jsp 虚拟路径的真实路径:<%=application.getRealPath
("/application.jsp")%><br><br>
服务器支持的 Servlet API 的大版本号:<%=application.getMajorVersion
()%><br><br>
服务器支持的 Servlet API 的小版本号:<%=application.getMinorVersion
()%><br><br>
指定资源(文件及目录)的 URL 路径:<%=application.getResource("/application.
jsp")%><br><br>
<%
    application.setAttribute("name","张明");
    out.println(application.getAttribute("name"));
    application.removeAttribute("name");
    out.println(application.getAttribute("name"));
%>
</body>
```

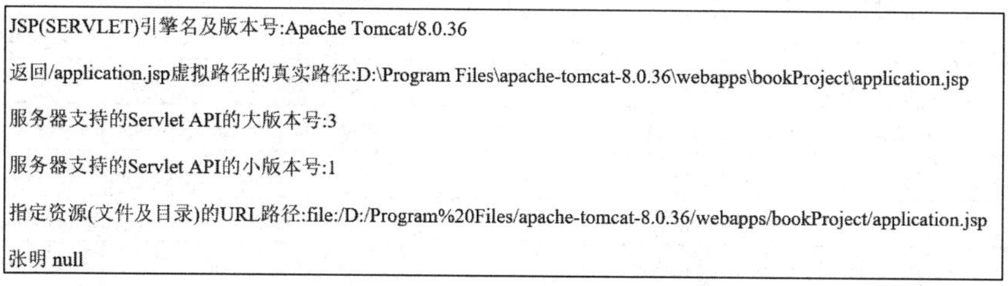

JSP(SERVLET)引擎名及版本号:Apache Tomcat/8.0.36

返回/application.jsp虚拟路径的真实路径:D:\Program Files\apache-tomcat-8.0.36\webapps\bookProject\application.jsp

服务器支持的Servlet API的大版本号:3

服务器支持的Servlet API的小版本号:1

指定资源(文件及目录)的URL路径:file:/D:/Program%20Files/apache-tomcat-8.0.36/webapps/bookProject/application.jsp

张明 null

图 12.40　Application 示例显示结果

由于 Application 一直存在于服务器端，可以利用此特性对网页进行记数，例如，统计访问者数量。当用户刷新页面，计数会增长，如图 12.41 所示。

```
<%@ page contentType="text/html;charset=utf-8"%>
<html>
<head>
<title>APPLICATION 对象</title>
<head>
<body>
 <br>
 <!--由于 application 一直存在于服务器端，可以利用此特性对网页记数，如记录访问
者个数-->
 <%
     if (application.getAttribute("count") == null)
         application.setAttribute("count", "1");
     else
         application.setAttribute("count",
               Integer.toString(Integer.
valueOf(application.getAttribute("count").toString()).intValue() + 1));
     %>
     您是第<%=application.getAttribute("count")%>位访问者
</body>
```

图 12.41　Application 对象示例 2 结果

12.7.4　pageContext 对象

隐藏对象 pageContext 的生存期就是当前页面，存储在其中的属性，仅在当前页面中可访问。

利用 pageContext 对象可以取得其他隐藏对象。但这种用法很少会在 JSP 中使用，因为 JSP 页面中可以直接取得各个隐藏对象。如表 12.11 所示为 pageContent 对象的方法及说明。

表 12.11　pageContent 对象的方法及说明

方　法	说　明
JspWriter getOut()	返回当前客户端响应被使用的 JspWriter 流(out)
HttpSession getSession()	返回当前页中的 HttpSession 对象(Session)
Object getPage()	返回当前页的 Object 对象(page)
ServletRequest getRequest()	返回当前页的 ServletRequest 对象(request)
ServletResponse getResponse()	返回当前页的 ServletResponse 对象(response)
Exception getException()	返回当前页的 Exception 对象(exception)
ServletConfig getServletConfig()	返回当前页的 ServletConfig 对象(config)
ServletContext getServletContext()	返回当前页的 ServletContext 对象(application)
void setAttribute(String name,Object attribute)	设置属性及属性值
void setAttribute(String name,Object obj,int scope)	在指定范围内设置属性及属性值
public Object getAttribute(String name)	获取属性的值
Object getAttribute(String name,int scope)	在指定范围内取属性的值

续表

方　法	说　明
public Object findAttribute(String name)	寻找一属性,返回起属性值或 null
void removeAttribute(String name)	删除某属性
void removeAttribute(String name,int scope)	在指定范围删除某属性
int getAttributeScope(String name)	返回某属性的作用范围
Enumeration getAttributeNamesInScope(int scope)	返回指定范围内可用的属性名枚举
void release()	释放 pageContext 所占用的资源
void forward(String relativeUrlPath)	使当前页面重导到另一页面
void include(String relativeUrlPath)	在当前位置包含另一文件

下面建立一个 pageContent.jsp 文件，来测试 pageContent 对象的应用。

```jsp
<%@page contentType="text/html;charset=utf-8"%>
<html>
<head>
<title>pageContext 对象_例1</title>
</head>
<body>
 <br>
 <%
    request.setAttribute("name", "Tom");
    session.setAttribute("name", "is");
    application.setAttribute("name", "a student");
 %>

 request 设定的值:<%=pageContext.getRequest().getAttribute("name")%><br>
 session 设定的值:<%=pageContext.getSession().getAttribute("name")%><br>
 application 设定的值:<%=pageContext.getServletContext().getAttribute
("name")%><br>
 <!--从最小的范围 page 开始，然后是 request、session 以及 application-->
 范围 1(page) 内的值:<%=pageContext.getAttribute("name", 1)%><br>
 范围 2(request) 内的值:<%=pageContext.getAttribute("name", 2)%><br>
 范围 3(session) 内的值:<%=pageContext.getAttribute("name", 3)%><br>
 范围 4(application) 内的值:<%=pageContext.getAttribute("name",
4)%><br>

 <%
    pageContext.removeAttribute("name", 3);//移除 session 中的属性值
 %>
 pageContext 修改后的 session 设定的值:<%=session.getValue("name")%><br>
 <%
    pageContext.setAttribute("name", "Hello!", 4);
 %>
 pageContext 修改后的 application 设定的值:<%=pageContext.getServletContext().
getAttribute("name")%><br>
 值的查找: <%=pageContext.findAttribute("name")%><br>
 属性 name 的范围:<%=pageContext.getAttributesScope("name")%><br>
</body>
</html>
```

pageContent 对象的使用及运行结果 1 如图 12.42 所示。

```
request设定的值：Tom
session设定的值：is
application设定的值：a student
范围1(page)内的值：null
范围2(request)内的值：Tom
范围3(session)内的值：is
范围4(application)内的值：a student
pageContext修改后的session设定的值：null
pageContext修改后的application设定的值：Hello!
值的查找：Tom
属性name的范围：2
```

图 12.42　pageContent 对象的使用及运行结果 1

从本例中可以看出，可以通过 pageContent 获得各个范围内所设置的属性值。

通过 pageContext 在 4 个范围内查找属性。通过语句"pageContext.findAttribute ("属性名");"，从 page、request、session 和 application 范围内依次查找指定的属性，返回属性值。

注意事项：查找时按照范围从小到大的顺序为：page、request、session、application。一旦查找到指名的属性，立刻返回其属性值，不会继续查找。找不到就继续在下一个范围内查找。

如果查完 4 个范围都找不到指定属性，返回"null"。

```
<%@ page language="java" contentType="text/html; charset=utf-8" pageEncoding
="utf-8"%>
<html>
<head>
<title>pageContent 例2</title>
</head>
<body>
    <%
      request.setAttribute("name", "Tom");
    %>
    取得的值是谁的值呢？<%= pageContext.findAttribute("name") %>
</body>
</html>
```

pageContent 对象的使用及运行结果 2 如图 12.43 所示。

```
取得的值是谁的值呢？Tom
```

图 12.43　pageContent 对象的使用及运行结果 2

从本例中可以看出，Request 对象设置了属性，pageContent 对象未设置属性，但通过"pageContent.findAttribute("属性名")"可以在 page、request、session 和 application 范围内依次查找"name"属性的值，查找到 Request 范围时，找到该属性的值，进行返回，将不继续向下一个范围查找。因此返回的时 request 范围内的属性值"Tom"。

12.7.5　实验 6　理解 Application 对象的作用范围

1. 实验目标

（1）理解 Application 对象的作用范围。

（2）了解 Application 对象和 Session 对象的区别。

2. 实验步骤: 创建 sessionApp.jsp

在 scope 文件夹下创建 sessionApp.jsp 页面, 代码如下:

```
<body>
    <%
    Integer sCount=(Integer)session.getAttribute("sCount");
    Integer aCount=(Integer)application.getAttribute("aCount");
    if(sCount==null){
        sCount=0;
    }
    if(aCount==null){
        aCount=0;
    }
    sCount++;
    aCount++;
    session.setAttribute("sCount", sCount);
    application.setAttribute("aCount", aCount);
    %>
    <%=session.getId() %>用户访问了<%=sCount %>次网页, 所有用户访问了
<%=aCount %>次页面

    <br>
</body>
```

3. 测试

启动 3 个浏览器, 全部清除 Cookie。

3 个浏览器的地址栏中均输入以下地址, 反复刷新: "http://127.0.0.1:8080/JSPProject/scope/session App.jsp", 如图 12.44 所示。

```
9A5E63A1B06384B0EE052AD0B2E725BD用户访问了6次页面
所有用户访问了16次页面
```

```
72CC508349678E2F39B3E41BD8E8F107用户访问了6次页面
所有用户访问了15次页面
```

```
829AD3486FAC42CD6D29B0C8314B7CC6用户访问了5次页面
所有用户访问了17次页面
```

图 12.44　测试结果

从结果可以看出, 每个浏览器对应一个用户, 也就是一个独立的会话, 服务器为它们建了 3 个不同的 Session 对象。每个 Session 存储了一个 sCount 属性, 次数的累加分别在这 3 个 sCount 属性上发生, 也就是统计每个用户各自访问了多少次。

而 Application 对象, 整个应用只有一个, 不论是哪个用户访问, 取得的都是同一个 Application 对象。Application 对象上累加的才是所有用户的总访问次数。

因此 Sessioin 和 Application 的差别是: Application 在整个应用的页面中都能访问。而 Session 对象存在于一个会话中, 同样的页面, 在不同的会话中得到的 Session 对象是不同的, 服务器端存了很多 Session 对象, 每个用户对应一个。而 Application 对象在一个应用的服务器端永远只有唯一的一个。

12.7.6 Out 对象

JSP 页面中使用的 Out 对象，代表输出流，调用这个对象的 Print 系列方法可以将数据输出到响应中。在 JSP 页面中可以写 HTML 代码和普通文本，所以不一定要使用 Out 对象。对象常用方法如表 12.12 所示。

表 12.12 对象常用方法

方法	说明
void clear()	清除缓冲区的内容
void clearBuffer()	清除缓冲区的当前内容
void flush()	清空流
int getBufferSize()	返回缓冲区以字节数的大小，如不设缓冲区则为 0
int getRemaining()	返回缓冲区还剩余多少可用
boolean isAutoFlush()	返回缓冲区满时，是自动清空还是抛出异常
void close()	关闭输出流

创建的 out.jsp 文件中，编写 Java 代码：

```
<body>
<%
    Date date = new Date();
    out.println(date);
%>

<br>
<%=date%>

</body>
```

out.println(date)和<%=date%>的输出效果一致，运行后结果如图 12.45 所示。

```
Mon Jan 18 14:46:40 CST 2021
Mon Jan 18 14:46:40 CST 2021
```

图 12.45 Out 对象的使用

12.8 JDBC

12.8.1 什么是 JDBC

JDBC，全称为 Java DataBase Connectivity，它是一个面向对象的应用程序接口（API），由 Java 编程语言编写的类及接口组成，同时它为程序开发人员提供了一组用于实现对数据库访问的 JDBC API，并支持 SQL 语言。利用 JDBC 可以将 Java 代码连接到 Oracle、DB2、SQLServer、MySQL 等数据库，从而实现对数据库的操作。JDBC 驱动程序实现数据库连接如图 12.46 所示。

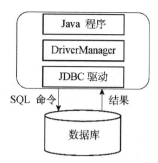

图 12.46　JDBC 驱动程序实现数据库连接

通过 JDBC 可访问各类关系数据库。JDBC 也是 Java 核心类库的一部分。 JDBC 主要完成三项功能：和数据库建立连接、向数据库发送 SQL 语句、处理数据库的返回结果。

12.8.2　JDBC API

JDBC 中常用类和接口有连接到数据库（Connection）、建立操作指令（Statement）、获得查询结果（ResultSet）等。

驱动程序管理类（DriverManager）：DriverManager 类是 JDBC 的管理类，作用于用户和驱动程序之间。它跟踪可用的驱动程序，并在数据库和相应驱动程序之间建立连接。负责加载各种不同驱动程序（Driver），并根据不同的请求，向调用者返回相应的数据库连接（Connection）。不同的数据库（SQL Server2000，SQL Server2005，Oracle，MySQL，Sybase 等）驱动不同，由数据库厂商提供，DriverManager 加载驱动的代码也有所区别。

```
Connection con = DriverManager.getConnection(url,"sa", "123");
```

常见的驱动程序字符串如表 12.13 所示。

表 12.13　常见数据库驱动字符串

数据库	驱动字符串
DBMS	Driver Class
Access	Sun.jdbc.odbc.JdbcOdbcDriver
MySQL	com.mysql.cj.jdbc.Driver
Oracle	oracle.jdbc.driver.OracleDriver
SQL Server 2000	com.microsoft.jdbc.sqlserver.SQLServerDriver
SQL Server 2005	com.microsoft.sqlserver.jdbc.SQLServerDriver

数据库连接类 （Connection）：Connection 对象代表与数据库的连接。连接过程包括所执行的 SQL 语句和在该连接上返回的结果。一个应用程序可与单个数据库有一个或多个连接，或者可与很多数据库有连接。与数据库建立连接的标准方法是调用 DriverManager.getConnection()方法。

```
String url="jdbc:mysql://127.0.0.1:3306/E-Store";
String user="root";
String password="root";
DriverManager.getConnection(url,user,password);
```

Connection 的常用方法如表 12.14 所示。

表 12.14　Connection 类常用方法

方 法 名	功 能 说 明
void close()	断开连接，释放 Connection 对象的数据库和 JDBC 数据源
Statement createStatement()	创建一个 Statement 对象，将 SQL 语句发送到数据库
void commit()	用于提交 SQL 语句，确认从上一次提交/回滚以来进行的所有更改
Boolean isClosed()	用于判断 Connection 对象是否已经被关闭
CallableStatement prepareCall(String sql)	创建一个 CallableStatement 对象，调用数据库存储过程
PreparedStatement prepareStatement(String sql)	创建一个 PreparedStatement 对象，将带参数的 SQL 语句发送到数据库
Void rollback()	用于取消 SQL 语句，取消在当前事务中进行的所有更改

Driver：驱动程序，会将自身加载到 DriverManager 中去，并处理相应的请求并返回相应的数据库连接（Connection）。

常见的连接字符串如表 12.15 所示。"user" 是数据库用户名，"password" 为用户的密码。

表 12.15　常见数据库连接字符串

数 据 库	连接字符串
Access	jdbc:odbc:ODBC 数据源名称
MySQL	jdbc:mysql://主机域名或 ip:3306/数据库名
Oracle	jdbc:oracle:thin:@主机域名或 ip:1521:数据库名
SQL Server 2000	jdbc:microsoft:sqlserver://主机域名或 ip:1433;databaseName=数据库名
SQL Server 2005	jdbc:sqlserver://主机域名或 ip:1434;databaseName=数据库名

声明类（Statement）：Statement 对象用于将 SQL 语句发送到数据库中。实际上有 3 种 Statement 对象，它们都作为在给定链接上执行 SQL 语句的包容器：Statement、PreparedStatement（它从 Statement 继承而来）和 CallableStatement（它从 PreparedStatement 继承而来）。它们都专用于发送特定类型的 SQL 语句。

（1）Statement 对象用于执行不带参数的简单的 SQL 语句；Statement 接口提供了执行语句和获取结果的基本方法。

（2）PerparedStatement 对象用于执行带或不带 IN 参数的预编译 SQL 语句；PeraredStatement 接口添加处理 IN 参数的方法。

（3）CallableStatement 对象用于执行对数据库已存储过程的调用，CallableStatement 添加处理 Out 参数的方法。

Statement 提供了许多方法，最常用的方法如下。

（1）execute()方法：运行语句，返回是否有结果集。

（2）executeQuery()方法：运行查询语句，返回 ReaultSet 对象。

（3）executeUpdata()方法：运行更新操作，返回更新的行数。

（4）addBatch()方法：增加批处理语句。

（5）executeBatch()方法：执行批处理语句。

（6）clearBatch()方法：清除批处理语句。

（7）Statement：用以执行 SQL 查询和更新（针对静态 SQL 语句和单次执行）。

```
Statement  stmt = con.createStatement();
ResultSet rs = stmt.executeQuery("select 语句");
int result = stmt.executeUpdate("增、删、改等 sql 语句");
```

PreparedStatement：用以执行包含动态参数的 SQL 查询和更新（在服务器端编译，允许重复执行以提高效率）。

PreparedStatement：预编译的 Statement。

```
PreparedStatement pStmt =conn.prepareStatement(sql);
ResultSet rs = pStmt .executeQuery();
int result = pStmt.executeUpdate();
```

CallableStatement：用以调用数据库中的存储过程。

SQLException：代表在数据库连接、关闭和 SQL 语句的执行过程中发生了例外情况。

结果集合类（ResultSet）：ResultSet 包含符合 SQL 语句中条件的所有行记录，并且它通过一套 Get 方法（这些 Get 方法可以访问当前行中的不同列）提供了对这些行中数据的访问。ResultSet.next() 方法用于移动到 ResultSet 中的下一行，使下一行成为当前行。

12.8.3　连接数据库

连接数据库需要经过如下几个步骤：

①加载驱动程序。

```
Class.forName("com.mysql.jdbc.Driver");
```

②创建连接。指定数据库的 URL，包含 IP 地址、端口号和数据库名称。

```
String url= "jdbc:mysql://localhost:3306/estoredb";
```

③建立连接。

"Connection con = DriverManager.getConnection(url,"用户名", "密码");//" 后两个参数是数据库的用户名和密码。

注意：如果安装 MySQL 时编码没有指定，或者因其他数据库端的编码设置问题，导致中文乱码，连接字符串要加上编码方式，完整连接字符串如下 "jdbc:mysql://localhost:3306/estoredb?useUnicode=true&characterEncoding=utf-8"。

若使用 MySQLl8 作为后台数据库，其驱动程序字符串写法为

```
String dbDriver ="com.mysql.cj.jdbc.Driver";
```

其数据库连接字符串写法为

```
String url = "jdbc:mysql://localhost:3306/estoredb?characterEncoding=
utf8&useSSL=false&server Timezone=UTC";
```

因此连接数据的完整 Java 代码如下：

```
package connTest;
    import java.sql.*;
    public class ConnTest {
      public static void main(String[] args){
```

```
            String dbDriver="com.mysql.cj.jdbc.Driver";
            String url="jdbc:mysql://localhost:3306/estoredb"
                +
"?characterEncoding=utf8&useSSL=false&serverTimezone=UTC";
            try {
            Class.forName(dbDriver);
            Connection    conn=DriverManager.getConnection(url,    "root",
"root");
            System.out.println("success");
            } catch (Exception e) {
            e.printStackTrace();
        }
        }
    }
```

在调试之前，应将数据库连接的 jar 包添加到工程中。如能正常连接，则在控制台显示 "success"，如不能正常连接，则出现异常提醒，如图 12.47 所示。

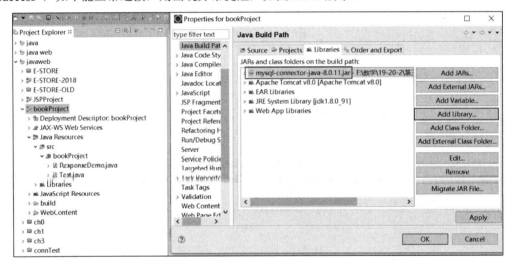

图 12.47　添加数据库连接 jar 包

12.8.4　JDBC 操作数据库

数据库具体操作流程为：连接数据库，创建数据库对象，执行 SQL 语句，将查询得到的结果集输出。下面以查询 tb_product 表中的商品名称、市场价格、库存量为例，说明如何从数据库中取出数据。

```
//连接数据库代码省略，此处已经获得 connection 对象
Statement stmt = con.createStatement();//创建语句对象
String   sql   =   "SELECT    name,market_price,product_amount   FROM
tb_product";//sql 语句
 ResultSet rs = stmt.executeQuery(sql);//执行 sql 语句，将结果存于结果集中
System.out.println("商品名\t 市场价\t 库存");
 //rs.next()游标下移一行，如果有下一行返回 true，没有下一行返回 false
while (rs.next()) {//取出结果集中数据
  System.out.print(rs.getString(1) + "\t");// 输出当前行，第 1 列的值
  System.out.print(rs.getDouble(2) + "\t");//输出当前行，第 2 列的值
```

```
      System.out.println(rs.getInt("product_amount"));// product_amount 列
  }
```

其完整代码如下：

```
package connTest;
import java.sql.*;
public class ConnTest {
   public static void main(String[] args){
     String dbDriver="com.mysql.cj.jdbc.Driver";
     String url="jdbc:mysql://localhost:3306/estoredb"
          + "?characterEncoding=utf8&useSSL=false&serverTimezone=UTC";
       try {
       Class.forName(dbDriver);
       Connection conn=DriverManager.getConnection(url, "root", "root");
       System.out.println("success");
       Statement stmt = conn.createStatement();
       String sql = "SELECT name,market_price,product_amount FROM tb_product";
       ResultSet rs = stmt.executeQuery(sql);
       System.out.println("商品名\t 市场价\t 库存");
       //rs.next()游标下移一行，如果有下一行返回 true，没有下一行返回 false
       while (rs.next()) {
       System.out.print(rs.getString(1) + "\t");// 输出当前行，第 1 列的值
       System.out.print(rs.getDouble(2) + "\t");//输出当前行，第 2 列的值
       System.out.println(rs.getInt("product_amount"));// product_amount 列
       }
       rs.close();
       conn.close();

       } catch (Exception e) {

       e.printStackTrace();
   }
     }
}
```

其运行后的部分结果如图 12.48 所示。

```
success
商品名    市场价    库存
洗衣机   1000.0    4
大自行车 500.0     0
液晶显示器          1200.0   1
液晶显示器          1500.0   1
休闲     100.0     2
运动鞋   300.0     4
```

图 12.48　查询数据表的部分结果

数据库更新操作包括数据表创建和删除；数据表记录的增加、删除和修改等操作。例如，向 tb_customer 表中插入一条记录并赋值。

```
String sql = "INSERT INTO tb_customer(user_name,password,real_name)
                    VALUES('my','123','明月')";
Statement stmt = conn.createStatement();
int result = stmt.executeUpdate(sql);//返回受影响的记录的条数
```

其完整代码如下：

```
package bookProject;

import java.sql.*;

public class InsertIntoTables {
public static void main(String[] args) {
 String dbDriver = "com.mysql.cj.jdbc.Driver"; // 驱动类名
 String url = "jdbc:mysql://localhost:3306/estoredb?"
  + "characterEncoding=utf8&useSSL=false&serverTimezone=UTC";// 连接数据
库的字符串
 try {
     Class.forName(dbDriver);
     Connection conn = DriverManager.getConnection(url, "root", "root");
     String sql = "INSERT INTO tb_customer(user_name,password,real_name)
                    VALUES('my','123','明月')";
   Statement stmt = conn.createStatement();
   int result = stmt.executeUpdate(sql);//返回受影响的记录的条数

   System.out.println("已向数据库中插入"+result+"条记录");
} catch (Exception e) {
   e.printStackTrace();
}
 }
 }
```

运行该程序后，其运行结果如图 12.49 所示。查看数据表，发现数据已插入。

id	user_name	password	real_name
68	sa	sa	sa
69	han	han	han
70	wangjs	wangjs	wangjs
71	1	1	1
72	my	123	明月

图 12.49　插入数据运行结果

若所插入的值不是直接值，可以使用 PreparedStament 中的 setString 进行设置，如要设置数值型数据，可以使用 Set。

```
String sql = "INSERT INTO
      tb_customer(user_name,password,real_name)  VALUES(?,?,?)";
PreparedStatement pStmt = conn.prepareStatement(sql);
pStmt.setString(1, "zs");//设置第 1 个问号的值为"zs"
pStmt.setString(2, "123456"); //设置第 2 个问号的值为"123456"
pStmt.setString(3, "张三"); //设置第 3 个问号的值为"张三"
int result = pStmt.executeUpdate();
System.out.println(result);
```

其完整代码如下：

```
package bookProject;

import java.sql.*;
```

```java
public class InsertIntoTables {
public static void main(String[] args) {
  String dbDriver = "com.mysql.cj.jdbc.Driver"; // 驱动类名
  String url = "jdbc:mysql://localhost:3306/estoredb?"
  + "characterEncoding=utf8&useSSL=false&serverTimezone=UTC";// 连接数据
库的字符串
  try {
     Class.forName(dbDriver);
     Connection conn = DriverManager.getConnection(url, "root", "root");
     String sql = "INSERT INTO  tb_customer(user_name,password,real_name)
VALUES(?,?,?)";
     PreparedStatement pStmt = conn.prepareStatement(sql);
     pStmt.setString(1, "zs");//设置第 1 个问号的值为"zs"
     pStmt.setString(2, "123456"); //设置第 2 个问号的值为"123456"
     pStmt.setString(3, "张三"); //设置第 3 个问号的值为"张三"
     int result = pStmt.executeUpdate();
     System.out.println("已向数据库中插入"+result+"条记录");
  } catch (Exception e) {
     e.printStackTrace();
  }
 }
}
```

若要进行更新操作，则采用如下形式：

```java
String sql = "UPDATE tb_customer SET password=? ,real_name=?
                  WHERE   user_name=?";
PreparedStatement pStmt = conn.prepareStatement(sql);
pStmt.setString(1, "123456");
pStmt.setString(2,  "韩梅梅");
pStmt.setString(3,  "han");
int result = pStmt.executeUpdate();
```

其完整代码如下：

```java
package bookProject;

import java.sql.*;
public class UpdateTables {
public static void main(String[] args) {
  String dbDriver = "com.mysql.cj.jdbc.Driver"; // 驱动类名
  String url = "jdbc:mysql://localhost:3306/estoredb?"
  + "characterEncoding=utf8&useSSL=false&serverTimezone=UTC";// 连接数据
库的字符串
  try {
     Class.forName(dbDriver);
     Connection conn = DriverManager.getConnection(url, "root", "root");
     String sql = "UPDATE tb_customer SET password=? ,real_name=?  WHERE
user_name=?";
     PreparedStatement pStmt = conn.prepareStatement(sql);
     pStmt.setString(1, "123456");
     pStmt.setString(2,  "韩梅梅");
     pStmt.setString(3,  "han");
     int result = pStmt.executeUpdate();
     System.out.println("已更新"+result+"条记录");
  } catch (Exception e) {
     e.printStackTrace();
```

```
    }
  }
}
```

若要删除数据表中数据，则采用删除语句。

```
String sql = "DELETE FROM tb_customer WHERE user_name = ?";
PreparedStatement pStmt = conn.prepareStatement(sql);
pStmt.setString(1, "zs");
int result = pStmt.executeUpdate();
```

其完整代码如下：

```
package bookProject;

import java.sql.*;
public class DeleteFromTables {
public static void main(String[] args) {
  String dbDriver = "com.mysql.cj.jdbc.Driver"; // 驱动类名
  String url = "jdbc:mysql://localhost:3306/estoredb?"
  + "characterEncoding=utf8&useSSL=false&serverTimezone=UTC";// 连接数据
库的字符串
  try {
      Class.forName(dbDriver);
      Connection conn = DriverManager.getConnection(url, "root", "root");
      String sql = "DELETE FROM tb_customer WHERE user_name = ?";
      PreparedStatement pStmt = conn.prepareStatement(sql);
      pStmt.setString(1, "zs");
      int result = pStmt.executeUpdate();
      System.out.println("已删除"+result+"条记录");
  } catch (Exception e) {
      e.printStackTrace();
  }
}
}
```

12.8.5 实验 7 用 Servlet 实现商品的模糊查询功能

1. 实验目标

（1）学会在 Servlet 中访问数据库。

（2）学会在 Servlet 中返回复杂的 HTML 响应。

男		
名称	描述	图片
锐步Reebok男运动鞋	锐步Reebok全球著名运动品牌.	1195000845822.jpg
耐克NIKE男短袖针织衫	Nike全球最大的运动鞋品牌.	1195000845826.jpg
耐克NIKE男短袖针织衫	Nike全球最大的运动鞋品牌.	1195000845827.jpg
骆驼男皮鞋19784025棕色	豪迈鞋业有限公司是集研发、设计、生产及市场营销职能于一体的产业实体	1195000845830.jpg

图 12.50 查询结果

2. 实验步骤

此实验在已经创建好的 ServletApp 工程中进行，无须重建工程。

（1）将 MySQL 的 JDBC jar 包加入工程

将 MySQL 驱动包复制到 webContent/WEB-INF/lib 文件夹中。具体操作为：复制 jar 包，直接粘贴在 Eclipse 界面中的 "webContent/WEB-INF/lib" 里，如图 12.51 所示。

📄 mysql-connector-java-5.1.6-bin.jar

图 12.51　将 MySQL 的 JDBC jar 包加入工程

粘贴后的效果如图 12.52 所示。

图 12.52　粘贴后的效果

（2）在 src 下创建 ProductSearchServlet 类

①在 "java Resources/src/myServlet" 中创建一个 Servlet，名为 "ProductSearchServlet"，包名为 "myServlet"，让其继承 HttpServlet，只需要 doPost 方法。

②调整该 Java 文件的编码为 "UTF-8"，右键文件，选择 "properties" 选项。

③设置 import java.io.*，import java.sql.*。

④补充 doPost 方法如下：

```
protected void doPost(HttpServletRequest request, HttpServletResponse
response) throws ServletException, IOException {
    // TODO Auto-generated method stub
    //doGet(request, response);
    response.setContentType("text/html;charset=utf-8");//设置响应的编码形式
    PrintWriter out=response.getWriter();//设置输出流
    request.setCharacterEncoding("utf-8");
    String pname=request.getParameter("pname");//接收前端发来的参数值
    //连接数据库
    String dbDriver="com.mysql.cj.jdbc.Driver";//驱动字符串
    String
url="jdbc:mysql://localhost:3306/estoredb?characterEncoding=utf8&useSSL=fa
lse&serverTimezone=UTC";
    Connection conn=null;
    try {
        Class.forName(dbDriver);
        conn=DriverManager.getConnection(url,"root","root");
        System.out.println("success");
        if(pname!=null &&!pname.equals("")){
        String sql="SELECT name,description,picture FROM tb_product WHERE
name LIKE ?";
        PreparedStatement pStmt=conn.prepareStatement(sql);//预处理查询
        pStmt.setString(1, "%"+pname+"%");//给? 赋值
```

```
        ResultSet rs=pStmt.executeQuery();//执行查询
        out.println("<!DOCTYPE html>");
        out.println("<html>");
        out.println("<body>");
        out.println("<table border='1'>");
        out.println("<tr>");
        out.println("<th>名称</th>");
        out.println("<th>描述</th>");
        out.println("<th>图片</th>");
        out.println("</tr>");
        while(rs.next()){
         //取出结果集中的数据，并且输出到td中
         String name=rs.getString("name");
         String description=rs.getString("description");
         String picture=rs.getString("picture");
         out.println("<tr>");
         out.println("<td>"+name+"</td>");
         out.println("<td>"+description+"</td>");
         out.println("<td>"+picture+"</td>");
         out.println(" </tr>");
         }
        out.println("</table>");
        out.println("</body>");
        out.println("</html>");
    }
        else{
        out.print("输入不能为空！");
        }
        }

    catch (Exception e) {
        // TODO Auto-generated catch block
        e.printStackTrace();
    }
}
```

（3）创建 search.html 页面

在 Webroot 下创建一个页面"search.html"，内容请模仿 main.html 里的表单，要求以 Post 方式提交该表单，提交给 ProductSearchServlet，效果如图 12.53 所示。

图 12.53　创建 search.html 页面效果图

（4）测试

部署应用，用浏览器访问 search.html 页面，输入关键字，单击"提交"按钮，查看结果。请打开数据表查看页面的结果是否正确。

（5）乱码的处理

如果搜索英文关键词可以查出正确的结果，但是中文关键词会乱码，表示数据库的编码没有设置为"UTF-8"。一种解决方法，将数据库连接语句改写为：

```
String url=
"jdbc:mysql://localhost:3306/estoredb?useUnicode=true&characterEncoding=ut
f-8";
```

（6）完善程序

当用户未输入时就提交表单，则返回给用户提醒页面，内容为"对不起，您输入的商品名称为空！"。

当用户输入的查询条件查不到结果，则返回给用户提醒页面，内容为"对不起，您查找的商品不存在！"。

查询结果如图 12.54 所示。

name	market_price	product_amount
大目行车	500.0000	0
液晶显示器	1200.0000	1
液晶显示器	1500.0000	1
休闲	100.0000	2
运动鞋	300.0000	4

图 12.54 查询结果

反侵权盗版声明

电子工业出版社依法对本作品享有专有出版权。任何未经权利人书面许可，复制、销售或通过信息网络传播本作品的行为，歪曲、篡改、剽窃本作品的行为，均违反《中华人民共和国著作权法》，其行为人应承担相应的民事责任和行政责任，构成犯罪的，将被依法追究刑事责任。

为了维护市场秩序，保护权利人的合法权益，我社将依法查处和打击侵权盗版的单位和个人。欢迎社会各界人士积极举报侵权盗版行为，本社将奖励举报有功人员，并保证举报人的信息不被泄露。

举报电话：（010）88254396；（010）88258888

传　　真：（010）88254397

E-mail：　dbqq@phei.com.cn

通信地址：北京市海淀区万寿路173信箱
　　　　　电子工业出版社总编办公室

邮　　编：100036